浙江大学出版社
ZHEJIANG UNIVERSITY PRESS

林政学

主编　周伯煌

浙江省高等教育重点建设教材

林业高等院校教学用书

图书在版编目(CIP)数据

茶席设计 / 周新华主编. —杭州:浙江大学出版
社,2016.1(2023.8 重印)
ISBN 978-7-308-13901-4

Ⅰ.①茶… Ⅱ.①周… Ⅲ.①茶叶—文化—中国
Ⅳ.①TS971

中国版本图书馆 CIP 数据核字(2014)第 222903 号

茶席设计

周新华　主编

策 划 人	黄宝忠
责任编辑	葛玉丹
装帧设计	张　磊
出版发行	浙江大学出版社
	(杭州市天目山路 148 号　邮政编码 310007)
	(网址:http://www.zjupress.com)
排　　版	杭州真凯文化艺术有限公司
印　　刷	杭州高腾印务有限公司
开　　本	710mm×1000mm　1/16
印　　张	20.25
字　　数	310 千
版 印 次	2016 年 1 月第 1 版　2023 年 8 月第 10 次印刷
书　　号	ISBN 978-7-308-13901-4
定　　价	56.00 元

茶席：有边界的无限之美（代序）

王旭烽

关于什么是茶席，已经出现不少定义，不管哪一种，我想茶席本身都构成了空间的具体内涵。而作为实用性茶环境中的茶席，我们也可以理解为一个微茶空间吧，而即便是这样微小的空间，它也已经呈现出了有边界的无限之美。

茶席的意义，可以类比于茶器的意义，尤其是茶器中的紫砂壶的意义。它必定是从功能性开始了它的器物生涯的，继而随着人类生活的演进，它成为功能与审美兼而有之的复合型形态，然后，最纯粹的审美需求，将茶壶从复合型进化为完全的审美对象。试想，谁还敢将一把曼生壶日夜捧在手中喝茶呢。天价之价，金屋藏娇，最终成为美的文化符号。茶席的历史，也不外乎如此。

追根寻源，"席"的最初原意，是用草或苇子编成的成片的东西。古人用以坐卧，今人则通常用来铺床或炕等，故而有席子、草席、苇席、竹席、凉席之说，继而引申出了席地而坐这样的意思。从字形上看，席从巾，那是因为天子诸侯的席都有刺绣的镶边；席又从"庶"，那是因为席是用来接待广大宾客的。所以，一个"席"字，它的功能性和审美性，已经俱在其中了。

既然可以让人席地而坐，便说明已经有请客之意，所以古语中的"席"与"筵"是有相同之意的。比如《诗经·小雅·宾之初筵》中，就出现了"筵"，后人注解说，这个"筵"，就是"席"的意思。筵与席，二名一物，坐下来得有点儿吃的，筵席就这样诞生了。

有了这个吃的意思，酒席也随之而生，茶席貌似要比酒席晚得多，但这个名词出现得晚，不等于这种摆开架势喝茶的形态不存在。两晋时期的王濛喜欢请人到他那儿去喝茶，每次一邀请，朋友就开玩笑苦笑着说：今天王濛先生家又要发大水了。这个发大水，便是拉开了架势的，而拉开架势，便需要茶空间，实际上，茶席就已经诞生了。

茶席也有另一种功能，那是做为礼仪之邦的礼仪样式出现的。比如《周礼》记载的祭祀所用的茶，尤其是南北朝齐武帝萧赜永明十一年（493年）遗诏中所说："我灵座上慎勿以牲为祭，但设饼果、茶饮、干饭、酒、脯而已，天下贵贱，咸同此制。"那就是要让天下人为他祭祀时，都按照他所规定的形制和内容来进行布置，这或许也可以算做是茶席的滥觞了吧。

茶席发展到晚唐，已经是相当有排场了。我们从晚唐的《宫乐图》中可以看到宫女们在宫中一张大茶桌上铺陈着茶具茶品种种，奢华慵懒的后宫气象扑面而来。北宋年间的徽宗时期，从功能上说，茶席可以说也已经进入了一个登峰造极的地步。由宋徽宗自己创作的《文会图》，是户外皇家花园中的露天茶席，天子与臣下济济一堂，茶席的陈设品味极高，贵族气和文人气兼而有之。

我想或许到明朝，尤其是晚明之后，随着清供这种文人的雅玩摆设越来越被器重，单纯作为审美需要的小品式茶席，在佛堂和道观，在书房和私家茶园，便越来越从实际的功能中游离开来，成为单纯的审美摆设。我们可以从晚明文人的诸多画作中看到室内那精简的小茶席，对它们的欣赏似乎超过了对它们的使用。比如陈老莲的一些以品茗为主题的作品中，我们看到了清癯之人、清癯的茶席，席上往往插一枝梅，那股清寒之气幽幽透来。我们也可以从海上画派的代表人物吴昌硕的许多画作中看到完全没有人物的茶席。这些茶席完全超越了我们平时的理解，它往往就在地上构成，一把紫砂茶壶，一只火炉，一柄破芭蕉扇，一株老梅。可见茶席也并非一定要置放在桌上。在审美上，茶席的创制也是法无法的。

今天的茶席，又被引进了一些重要的新概念，主题不再仅仅具备印象性和符号性，而是大量地掺入了戏剧性和叙述性。比如我曾看到过以皮影为元素介入，以《聊斋志异》中的鬼神故事为题材的茶席设计；也看到了具有很强象征性的茶艺《红楼梦》茶席。特别是一些将茶艺与茶席浑然结合成一体的艺术呈现，在这样的茶席形态中，往往茶人本身成为重要的茶席构成。

所有这一切，都在这里得以探讨。这是一部开放式的著作，由周新华教授担纲主编的浙江农林大学茶文化团队，在这部有关茶席内容的书稿中，呈现出了许多新鲜的内容，扩展了许多新鲜的领域。这些新鲜的内容，因其新鲜，不那么光滑，甚至还有些毛茸茸，但却如阳光下的水珠，映入了七彩飞虹。

没有定格前的茶席，自有它独特的魅力，我们目前探讨的对象，也正是在完善中的茶席。事物从庞杂进入丰富，再从丰富中得其精华，茶席的发展也如是。正是这样一个富有动态的过程，使我们的研究更有价值。

在有边界的空间中领略无限之美。是为序。

2015年12月13日

王旭烽，国家一级作家，浙江省作协副主席，第五届茅盾文学奖获得者，浙江农林大学文化学院院长、教授、硕士生导师，茶文化学科带头人。

前　言

周新华

　　"茶席"是个既古老又时尚的事物。

　　说它古老，早在唐代茶圣陆羽的《茶经》里，就依稀可见"茶席"的影子。风炉、汤鍑、瓷碗、罗合、水方……以都篮盛之，于山野林泉之畔铺之，汲泉烹茗，岂不就是一方天然的茶席？自唐宋以来历代文人的茶诗、茶文中，类似"茶席"的描述亦从不鲜见："构一斗室，相傍书斋。内设茶具，教一童专主茶役，以供长日清谈，寒宵兀坐，幽人首务，不可废者。"（明屠隆《茶说》"茶寮"条）又若明罗廪《茶解》中云："山堂夜坐，汲泉煮茶，至水火相战，俨听松涛。倾泻入杯，云光潋滟，此时幽趣，未易与俗人言者，其致可挹矣。"在从古到今流传下来的茶画中，像唐《宫乐图》、宋《文会图》、南宋刘松年《撵茶图》、元钱选《卢仝煮茶图》、明仇英《松亭试泉图》、文徵明《惠山茶会图》、唐寅《事茗图》、陈洪绶《停琴品茗图》、清钱慧安《烹茶洗砚图》、金廷标《品泉图》……里面哪一幅画面少得了茶席的表现？可以说，在一部历史渊源久远、内涵积淀丰厚的中华茶文化卷帙中，茶席是其中必不可少的篇章。

　　说它时尚，因为"茶席"这样的词汇，并不见于浩繁的文献记载，因此予人的感觉它似乎是项新鲜事物；而曾几何时，类似"茶席"的事项及活动，又一度从我们的视野里完全消失，湮没在历史长河中。直到近些年来，因为受日本、韩国以及我国台湾地区茶会与茶席活动的影响，茶席设计才重新在我国大陆悄然兴起，且有蔚然成风之势。在各种茶文化艺术节及茶道、茶艺表演中，时或可见各种风格的茶席的身影，关于茶席设计比赛的消息也屡屡见诸报端。

据报道，2011年深秋，杭州曾举办过一次"七茶馆雅集品菊斗茶"活动。报道中说，该活动灵感源于《红楼梦》大观园的海棠诗社雅集。探春是发起人，共有七人参加，除探春外，尚有迎春、惜春、李纨、宝玉、黛玉和宝钗等六人。定好题目后，七人"各自领了题目去"，吟诗作赋。受此启发，杭州城里享有盛名的七大茶馆的美女老板娘们也从韩美林艺术馆"各自领了题目去"，不过不是写诗，而是准备办一场名为"菊花茶席"的雅集，主题为"秋·最美林"。茶席题目都很雅致，如青藤茶馆的题目"玉京秋意"，出自宋代周密《玉京秋》；你我茶燕的题目"松菊相依"，出自周邦彦《西平乐》；恒庐清茶馆的题目"东篱清事"，句选张炎《新雁过妆楼·赋菊》"风雨不来，深院悄，清事正满东篱"……一共七个茶席，题目还有秋山问道、橙黄橘绿、半壶秋水、人淡如菊等，分别被上林苑、同一号茶馆、盘扣年代、韩美林艺术馆茶馆领走。

从报道的盛况看，"茶席设计"在如今的茶事活动中已深入人心、广受青睐，成为不争的事实。事实上，早在此前一年，浙江农林大学茶文化学院已成功举办过一次别具特色的"2010杭州·国际茶席展"，来自中国各地和日本、韩国、印度尼西亚、意大利等国家的近40席精美的茶席参加了展览。在一篇题为《每组茶席，都是文化的积淀》的报道中，对此次国际茶席展有如下的描述：

> 纯金纯银打造的杯具，一针一线绣出的桌布，这是韩国的茶席；环境清淡素雅、色彩简洁明快，杯具以黑白两色为主，这是日本的茶席；一手是茶、一手是红酒，摆出的"最后的晚餐"的氛围，这是意大利的茶席；小小的铜炉子，精致的紫砂壶，一边煮茶一边喝，这是印尼的茶席；红色的蜡烛，红色的茶壶、茶杯，这是中国新娘结婚时的传统茶席；饮茶者或吹拉弹唱、或吟诗对赋，这是中国传统的文人茶席……

著名作家、茶文化研究专家、浙江农林大学王旭烽教授在为此次茶席展撰写的序文中，这样写道：

> 这是一方美的所在，从绿叶的经络中游走而来的思绪，编织成了这片茶世界——我们称之为茶席。
>
> 茶的世界有它的母语，每个字母都由茶叶组成，它们已然被展示出来了，实际上，它们不需要诠释，我们只需要领略。
>
> 茶席，原本是因为人类生活的日常物质需要而被创造出来的，然后便进入了美。因为美也是人类的需要，人类精神生活的需要，人类诗意地居住在大地上的需要。
>
> 然而美也是必须被丰富，被发现，被一次次再创造的；而且美也是要从固有的法则中一次次被超越，同时又必须一次次被坚守的；凡此种种，都呈现在了本次茶席展的悠久历史和当代风貌中。
>
> 我们将在本次茶席展中看到完全不同风格的艺术品相；同时，我们也会听到茶人内心深处的一声赞叹和一弧疑问：原来茶席可以这样被展示吗？它的疆域究竟在哪里呢？它真的可以脱离原本具有的物质功能内涵而完全进入精神，成为茶领域中独立存在的文化符号吗？
>
> 我们在这里看到了东方茶精神和西方茶精神以及它们在融合中创造的新概念。参赛者们对茶席有着如此鲜明独特的认识，使我们感受到了一片茶叶中内在的巨大张力。在小小一方茶席上，我们闻到了来自太平洋和大西洋的大海的气息。
>
> 难道这不是人类关于茶的最惬意的领悟和享受吗？

王旭烽教授用作家特有的优美而充满诗意的语言，对茶席的审美魅力作了精辟的概括：茶席是"人类关于茶的最惬意的领悟和享受"。这句话对我触动很大。举办茶席展之际，我刚调入学校工作不久。作为茶席展的总统筹，我全程参与了此项工作，并代表学院在同时举行的"杭州国际茶文化空间（茶席）论坛"上作了题为《茶文化空间概念的拓展和茶席功能的提升》的主题发言。可以说，"茶席设计"是我来茶文化学院后接触的首个课题，我也由此对它产生了浓厚的兴趣。之后不久，在王旭烽教授的鼓励下，我领衔成立了"茶文化空间里的茶席设计"课题组，结合平时的教学活动，围绕茶席的概念界定、主题提炼、空间构成、氛围营造、动态演示等子课题，开展了卓有成效的研究活动。

一晃四年过去了。课题组的前期成果已经逐步体现，我本人先后发表了《茶文化概念的拓展及茶席功能提升》《茶席的主题确定及茶具择配》等多篇论文，由我担任主编、课题组全体成员参与撰写的《茶席设计16讲》教材也获得学校出版资助立项，即将出版。而这本《茶席设计》则是课题研究的最终成果，呈现于大家面前。

本书是课题组全体成员集体合作的成果。本人担任主编，全书的编写体例、框架拟定由我负责，具体章节写作分工如下：

第一章"茶席设计的兴起和研究概述"，周新华执笔；

第二章"茶席的概念界定"第一节和第三节，周新华执笔；

第二章"茶席的概念界定"第二节，沈学政执笔；

第三章"茶席的历史钩沉"，周新华执笔；

第四章"茶席的主题提炼"，周新华执笔；

第五章"茶席的创意策划与文案创作"，周新华执笔；

第六章"茶席的视觉艺术传达"，潘城执笔；

第七章"茶席中的茶品及茶具"，黄韩丹执笔；

第八章"茶席中的茶水和茶食"，温晓菊执笔；

第九章"茶席中的配置审美艺术"，温晓菊执笔；

第十章"茶席与茶礼呈现关系"，方雯岚执笔；

第十一章"茶席呈现时的声画配置"，包小慧执笔；

第十二章"茶席呈现时的着装"，钟斐执笔；

第十三章"茶席设计作品赏析"，周新华、潘城执笔。

最后由周新华负责全书的统稿。

目 录

第一章　茶席设计的兴起和研究概述

名为"茶席设计"的活动兴起，是近十年来的事，且有蔚然成风之势。不仅在国内各大茶事节庆活动之中必有"茶席设计"比赛项目，而且在国内一些茶文化院校中也陆续开设了"茶席创意设计"等相关课程。与此同时，"茶席设计"也日益受到普通爱茶人的青睐和推崇，经常可以在网上看到一些爱茶人自行设计的茶席作品展示，甚至开始有一些专业公司出现，专门教人设计各种主题的茶席作品。但与风生水起、蔚成气候的"茶席设计"活动开展态势相比，关于"茶席设计"的学术研究则相对比较滞后和薄弱，迄今只有为数不多的著作和论文面世。由此可见，对"茶席设计"加以系统研究阐述，有其现实需求和必要性。

一、茶席设计的兴起

名为"茶席设计"的茶事活动兴起历史并不久，其开风气之先者是上海。据乔木森《茶席设计》一书所述，2003年底，上海市筹备成立茶业职业培训中心，在培训计划中，有为茶艺师高、中级专业开设的茶具、茶会实务、茶席设计等课程。在同一年，上海市职业培训指导中心委托上海市茶叶学会举办的"首届高级茶艺师培训班"上，也已把"茶席设计"作为毕业设计的内容。

2004年4月，在上海举办的"海峡两岸茶艺交流大会"上，来自北京、浙江、福建、安徽、台湾及上海的代表队布置了30余个茶席设计作品。这些作品构思奇巧、造型精美、形式多样，风格独具且涵义深刻，吸引了海内外茶学专家的注意。

2005年，在已举办多届的上海国际茶文化节上，"茶席设计"首次被纳入活动内容。据《解放日报》报道，在当年4月13日开幕的茶博览会上，除了茶具、新茶推介外，首次举办了"世博畅想"茶席设计展览会。展出的近30席茶席设计，在静与动之间演绎了中国茶道的丰富内涵。每一茶席约占10平方米，且都有一个主题，围绕着主题选择茶叶、配器及四周幕帷布置。一席名为《桥》的茶席，茶桌中央铺垫的黄色"2010"字样代表中国，正面斜展的灰色代表上海，整个结构好似一座桥梁，寓意世博会架起了上海与世界的和平之桥；再用背景对联"煮茗看世博，弄琴好畅想"来点明主题。《上海滋味》茶席则以石库门为背景，以古朴雅致的海派茶具为茶席，饰以清新宜人的插花小品，营造出一种亦古亦今、中西合璧的氛围。这些茶席同时也是茶艺表演空间，近30位高级茶艺师坐在各自的茶桌前，表演茶道。观者如果走累了，也可席地而坐，品尝茶艺师递上的

茶席

香茶。

　　"茶席设计"这一新颖的当代茶文化形式，甫一出现即受到了广大茶艺爱好者的欢迎。之后，上海市又相继推出了"少儿茶席设计""都市茶席设计""社区茶席设计"等由不同群体参与的各种茶席设计类型。许多

茶席

茶馆还将馆内的"茶席设计"作为吸引茶客的有效经营手段。特别是在青年人中，设计茶席已渐渐成为一种新的都市时尚，少年儿童也把设计茶席作为一种寓教于乐的学习茶艺好办法，广泛用于课外学习，丰富了青少年的业余生活。

　　从那之后，海内外先后举办了多起"茶席设计"的专项活动，或者在举办大型茶文化活动时，把"茶席设计"作为一个专项内容列于其中。

　　2008年11月，在福建武夷山市举行的第二届中国（武夷山）禅茶文化节中，有一个项目即为"户外茶席暨'天下茶人一家亲'品茗会"。据报道，活动当日，在位于武夷宫的柳永纪念馆前草坪上，来自日本、韩国、马来西亚等国家，及我国台湾和港澳地区的茶人共同参与了此项活动。关于此次户外茶席的盛况，报道中没有细述，但从活动组织的内容看，内中有茶席设计，有茶叶茶具展示，有自助茶会，游客和嘉宾可亲身参与演绎，自助泡茶、施茶，以茶会友，以示天下茶人为一家。

　　事实上，虽然名称不叫"茶席设计"，但从其内涵看，已经具备了"茶席设计"雏形的活动，在此之前也已屡见不鲜。比较有影响的是2002年举办的"海利金灶杯全国茶具组合艺术大奖赛"。因为有了"茶具组

茶席

合"这一表现形式，原来那些形单影只的茶具便如同组建成一个个家庭，以一种整体的形式出现，别开生面，自然吸引了人们的目光。只是当时还不叫"茶席设计"，而是叫"茶具组合艺术"。

明确以"茶席设计大赛"名义举办的活动，始于2009年。

据《茶博览》杂志报道，"首届中外茶席设计大赛"于2009年4月16日在浙江树人大学举行。台湾陆羽茶艺中心、浙江树人大学茶文化专业、日本茶道丹月流、宝千流、广东恒福茶业、水源合茶坊、太极茶道馆、公刘子茶道苑等多家单位经过选拔，遴选出20个茶席参加比赛。这次茶席设计大赛展不仅体现了当前中外茶具设计的水平，更体现了茶席布局融合文化理念的层次演进，也是一场很好的美学教育课程，为未来同类活动的开展提供了很好的参考。比赛结束后，浙江树人大学请参会的多名资深文化人在树人大学的三易轩开设人文讲堂，给与会代表及大学生讲授茶道、香道、插花、书画欣赏、日本料理赏，谓之"五艺雅集"。这场雅会观者云集，所谈内容集学术性与艺术性于一体，给听众留下深刻的印象。

"首届中外茶席设计大赛"的作品于次日又在杭州吴山广场公开展出，不仅吸引了业内人士的关注，也深受市民的喜爱，韩国釜山女子大学另有40人的团队到现场观摩比赛。

2010年1月8日下午，一场以"和美"为主题的"迎新春创意茶席设计大赛"在杭州中国茶叶博物馆举行。100余名爱茶人士及茶友以各自对茶道、茶艺、茶韵、茶境的不同理解和诠释，共推出了22个茶席设计作品，相互交流切磋，共享茶香飘溢的品质生活。当地报纸以"竹简草蒲皆入茶席，棋盘古书均伴香茗"为题作了报道。

据《天津日报》报道，2010年7月，"天津市首届茶文化艺术节"在人民公园中华花戏楼拉开帷幕。人们观茶艺、品茶香、听诗歌、赏民乐……感受茶文化为炎炎夏日带来的情趣。其中一项重要活动内容就是"茶席设计展示暨茶艺观摩交流"。设计精美的各式茶席展现在观众面前，茶叶和茶具的精心搭配令人赏心悦目。同时进行的茶艺表演不仅展示了泡茶技艺和饮茶艺术，也普及了茶艺文化知识。

当年10月，"2010杭州·国际茶席展"在浙江农林大学开幕，展出了来自我国各地以及意大利、韩国、日本、印尼等国家的近40席茶席。这些茶席充分体现了各自不同的文化特征，吸引了来自世界各地的1000多名爱茶之人的观摩和学习，不少爱茶之人还现场参与了茶席设计、茶艺表演、各种茶叶的品评，共同感受茶文化的魅力。

在茶席展现场，多组韩国茶席的展示区吸引了很多爱茶人的注意。金银等贵重金属打造的茶壶、茶杯，一针一线纯手工精心绣出的桌布，展现出的是韩国茶文化中的精致与隆重，也让很多中国的茶人惊叹不已。来自韩国的茶艺师介绍说，喝茶在韩国是一件很隆重的事情，一般冬天使用纯金的茶具来喝茶，这样可以让人感觉到温暖，而其他季节则多用纯银的茶具，可以调节人的心情。

和韩国的茶席不同，日本的茶席风格显得特别的简约。以黑白两色为主要基调

茶席

茶席

茶席

的环境布置、普通的桌布加上普通的杯具，显示出日本文化的"悲"的一面。与清淡素雅环境不同的是，来自日本的六组茶席的设计者和茶艺师，都把饮茶看作一件十分神圣的事情，从饮茶杯具的摆放、茶水的冲泡，几乎每个过程都能让人感觉到一种神圣，这是因为日本的茶文化已经成为日本文化的重要组成部分。

相比较亚洲的茶文化，来自意大利的茶席则显得特别活泼和充满创意：同一张茶桌上，冲泡好的绿茶与红酒摆在了一起，茶人左手一杯茶右手一杯酒，使得喝茶成为一种休闲。与此同时，茶席设计成《最后的晚餐》，墙上贴着《蒙娜丽莎的微笑》，使得东方的传统与西方的艺术融为一体，给人耳目一新之感。

国际茶席展上，虽然最多的茶席都是中国的茶席，但同样是传统的茶席，却展示着截然不同的风格：新娘茶席，以红色为基调，红蜡烛、红茶杯、红对联，显示的是一种喜庆的氛围；儒家茶席，不仅有各种可口的精致茶点，还有文人的吟诗对赋，展示的是中国传统文化的热闹与雅致并存。此外，中国江南地区的茶席，讲究的是一种婉约、精致，用的是小巧的紫砂杯；而北方的茶席展现的则是豪爽，大茶碗、大茶壶也展现了这种文化的积淀。

2011年7月，在中国共产党建党90周年之际，华南农业大学举办了"茶艺花艺"双艺文化节，以向党的90周年献礼。作为双艺文化节的重头戏，茶席设计比赛和插花比赛吸引了众多爱茶和爱花之人前来感受节日文化氛围的熏陶。参赛选手们自然也不负所望，娴熟的专业技巧，极具创意的作品，吸引许多路过的人驻足细细欣赏。茶席设计比赛场上，作品《蝶恋花》通过不同茶具之间的拼接，将花随蝶舞、蝶随香动的作品创意展现得淋漓尽致。而作品《紫荆花溪》则用紫荆花和柳叶勾勒出溪水潺潺的动人意境，用紫荆花象征亲情的寓意和红茶温馨色彩的结合，含蓄地表达对母校——紫荆校园的祝福。

2011年秋，在杭州植物园内，举办了一场别开生面的秋日雅集活动。时值深秋，几场风雨，植物园里的菊花洒落一地，香气淡了，园子里的工人们赶紧忙着换花。韩美林艺术馆里倒菊香扑鼻，为植物园补了妆——菊茶、菊点、粉青菊花瓷器、菊花书法印章，杭城七大茶馆的美丽老板娘们盛装为客人沏茶。

这场雅集叫作"菊花茶席"，主题"秋·最美林"，一共七席。主题雅致，均来自中国古典诗词文赋或丹青妙品。如同一号清茶馆的茶席叫作"波上寒烟"，创意自北宋范仲淹《苏幕遮》；青藤茶馆领去的茶席题目"玉京秋意"，出自宋代周密《玉京秋》；你我茶燕领走了"松菊相依"，出自周邦彦《西平乐》；恒庐清茶馆"东篱清事"，句选张炎《新雁过妆楼·赋菊》"风雨不来，深院悄，清事正满东篱"……

听说有的见了题目已

茶席

经心有蓝图，比如用金色菊花铺满茶席，茶具就用黑釉盏，压得住。比如上林苑请了浙江画院的画家画茶席，桌布则用旧长袍改制而成。席设露台，菊香绕园。茶席就摆在韩美林艺术馆二楼露台，植物园中心位置，正值杭城菊展盛花期，菊香扑鼻。宾客自愿落座各家茶席，途中可换座，类似流水席。雅集不但品菊斗茶，还有古琴、二胡演奏、诗朗诵等节目。另有赛宝环节，读者需晒出自家宝贝（书画金石、陶瓷紫砂皆可，但需与秋、菊有关）或准备菊花诗赋一首。

这样的茶席设计活动，颇有古代西园雅集的遗韵了。

2012年6月，在北京展览馆举办的2012北京国际茶业展，为弘扬中华民族优秀的传统文化，推崇"绿色""健康""和谐"的茶文化主题，组委会举办了"金汇通"首届全国茶席设计大赛。茶席设计分为实用性与艺术性两大类，设立最佳创意奖、最佳人气奖、最具时代奖、最具实用奖、最佳搭配奖、最佳意境奖、最佳色彩奖、最具民族特色奖、最佳文采奖、最佳异域风情奖等多个奖项。

由元泰茶业选送设计的《中国红》茶席，展现出了香袭百年的中国红茶已经是中国人的文化灵魂，它涵养了千年华夏文明和承载了"以和为贵"的中国传统文化精神。茶席既古朴典质又蕴含了雍容华贵，既儒雅睿智又包蕴了文化神韵，演绎出了中国红茶的精彩，让人在时尚、美丽、浪

茶席

茶席

茶席

漫、健康中感受香袭400年的中国红茶魅力，共享甜醇的红茶盛宴。

由元泰真爱茶艺队设计的《白琳情思》茶席所用的茶具是珍珠壶组。该珍珠壶组设计以圆为基础，表现出天圆地方、人间和谐的意境，搭配珍珠白的凝脂釉，犹如一颗颗圆润、饱满、散发光泽的珍珠，同时造型简单、线条完美，表现出清新淡雅、浪漫唯美的质感。意在表现白琳情思，让人仿佛置身在海上仙都太姥山，一览其隽秀的风景，饱闻白琳的甜香。

精致生活从茶席开始，元泰真爱茶艺队设计的茶席不再局限于茶艺表演，而是不断推出具有当代人所喜欢的生活元素的茶席，让爱茶的消费者在欣赏茶席的同时还可以将成套茶席带回家，在家就可以打造自己的一个温馨的茶生活空间。元泰真爱茶艺队还可以根据茶友的要求，为其量身设计茶席，并通过精美的茶席，将浓郁的茶气息、规范的茶礼仪带进万家，普及精致创意的茶生活。元泰茶业希望借"茶席设计进万家"这一文化营销理念，共同提升大家对茶的认识，起到积极的示范作用。

在2012中国（深圳）国际茶业茶文化博览会上，组委会亦精心筹备了茶席创意设计大赛。元泰真爱茶艺队的茶席作品《千年茶魂》体现的设计概念是茶与历史底蕴的合一。选用古朴典雅的器具，与古树红茶的千年古韵契合得完美无间。铁壶，沉着稳重，寂光幽邃的壶身有着岁月的历练与时光的沉淀。当壶底泉鸣时，涌泉连珠，幻化了古树红茶袅袅的茶烟，散发着穿越千百年的馨香。炉香乍爇，一寸相思，一寸香灰，寄寓了流年的追忆。千年甘露斟入兔毫盏，兔褐金丝宝碗，松风蟹眼新汤。金红色的茶汤，蕴藏着千百年的古韵。每一丝茶香，每一缕香烟，每一滴甘露，都是一个古老的故事。任时光流转，沧海桑田，唯有千年香魂，萦绕于杯中指间。

南昌大学大学生茶艺队的茶席作品《普洱清韵》表现了普洱、茶具与山水自然的浑融。古老的普洱在茶马古道上留下的深深足印，奉献着人们对岁月、对生活的无限感知。每一盏、每一壶将与茶艺师温壶、烫盏，赏茶、投茶，冲茶、奉茶的动作和谐搭配，让人领略到普洱茶的醇和与陈韵。

武夷星茶艺队的诸多作品中，《宁静致远》体现的是茶人对静谧的饮茶环境的追求。两朵小花的浅黄、一片大叶与一个小盆景的深绿，再与茶具的浅灰色相互映照，在整体上形成一种柔和的色调，给人的感觉就是一个"静"字，宁静悠远之意全由境出。

每一个设计作品都从不同的角度阐释了茶文化的意境之美，或深邃悠远，或宁静醇和，或优雅从容，又或清丽自然，每一件作品都代表了一颗玲珑的茶者之魂。

2013年10月，"武阳春雨杯"第二届全国茶艺职业技能大赛总决赛在有着"温泉名城、养生福地"美誉的中国有机茶之乡——浙江武义县举行，大赛同时包含了第二届茶席设计展。这与2006年举办的首届全国茶艺职业技能大赛隔了七年之久。在茶席设计赛中，杭州湖畔居选送的《西湖茶宴》获金奖。

《杭州日报》记者曾用诗意的语言描述这《西湖茶宴》：

这里，不敬美酒，敬茶。

这里，没有一般茶楼惯有的喧哗和闹腾，有的只是"江南丝竹"的清静和那一抹淡淡的茶香。

这时，每道菜的色香味与茶的特性搭配都大有学问，吃上一顿，不仅享受了好茶好菜好汤点，更享受了"茶都"杭州诗一般的品质生活。

二、茶席设计研究概述

尽管近些年来茶席设计活动十分时髦热火，但一个不可忽视的事实是，对于茶席设计的理论探索却十分少见。正如乔木森在《茶席设计》一书序言中所述，在过去相当长的时间里，从事茶文化教育和传播的工作人员也许为了培训和表演之需，每天都要铺好几次茶席，但将"茶席设计"作为一个课题，认真地加以研究，在理论的层面上进行系统的思考者，确乎很少。

2001年，台湾著名茶人范增平《中华茶艺学》一书由台海出版社出版。范增平为台湾新竹人，东吴大学毕业，历任教师、讲师、客座教授等。他从大学时代开始研习宗教、哲学，因"吃茶去"公案得到启示，1979年从林馥泉先生习茶。1982年发起组织"中华茶艺协会"并任秘书长。1985年创办"中华茶文化研究中心"，1987年设"良心茶艺馆"，1988年任"中华茶文化学会"创会理事长。他是第一位把茶艺带入大陆的学者。他所著《中华茶艺学》一书可称是茶艺发展史上第一本对茶艺下定义，立界说，提出茶艺理论和实践经验的参考书。

《中华茶艺学》一书共分15章，分别是第一章"茶艺的基本认识"、第二章"为什么学茶艺"、第三章"认识茶艺馆和茶馆"、第四章"茶文学"、第五章"茶与宗教的关系"、第

茶席

茶席

茶席

六章"陆羽与其《茶经》"、第七章"中华各民族的饮茶习俗"、第八章"台湾茶俗"、第九章"世界各国饮茶习俗"、第十章"日本茶道的形成"、第十一章"为什么要喝茶又吃茶"、第十二章"茶宴与茶食"、第十三章"茶艺的形成"、第十四章"品茗环境要设计"、第十五章"完整的茶会——三段十八步"等。本书虽然篇帙不厚,但内容包罗万象,囊括了茶文化学的方方面面,确实是有开榛辟莽之功。内中虽然没有明确提及茶席设计,但其第十四章"品茗环境要设计",内容所述却与我们后来所说的"茶席设计"有着密切的关联。尤其是其中第一节"场所的营造"和第四节"事物的体统",里面明确提到了茶席设计的几个相关要素,也可以视为最早涉及茶席设计的理论著述。

2005年,上海茶文化学者乔木森所著《茶席设计》一书由上海文化出版社出版,这是大陆第一部关于茶席设计的专著。

乔木森从1988年开始茶文化研究，挖掘、整理中国古茶道30余种，并创办中国茶道艺术团，在国内外演出近3000场。由于具有丰富的茶艺表演指导经验，在后来担任上海市茶业职业培训中心教务主任，从事茶文化教学与研究以来，编写的这本《茶席设计》，可以说是一部集丰富的实践经验之作。

全书分为9章，分别是第一章"茶席设计探源"、第二章"茶席设计的基本构成因素"、第三章"茶席设计的一般结构方式"、第四章"茶席设计的题材及表现方法"、第五章"茶席设计的技巧"、第六章"茶席动态演示"、第七章"茶席动态演示中服装的选择与搭配"、第八章"茶席设计展演中音乐的选择"、第九章"中外茶席设计参考"。涉及茶席的溯源、基本构成要素、设计的结构方式、题材及表现手法、设计技巧、动态演示、服装搭配及音乐选择等，林林总总，考虑甚为周全。

在该书中，乔木森对于"茶席设计"给予了这样的评价："茶席设计"操作性很强，符合茶文化教学的需要；"茶席设计"实用性很强，符合茶市场的需要；"茶席设计"艺术表现空间很广，符合现代人的审美需要；"茶席设计"是当代茶文化的新兴学科，正有待茶学界予以研究。

在《茶席设计》一书中，乔木森对茶席设计的基本构成因素提出了自己的观点。首先，茶席设计是由不同的因素结构而成；其次，因各人的生活和文化背景及思想、性格、情感等方面的差异，在设计茶席时，可能会选择不同的构成因素。但他认为茶席一般的基本因素是由茶品、茶具组合、铺垫、插花、焚香、挂画、相关工艺品、茶点茶果、背景这九项因素组成，这其中，茶是茶席设计的灵魂，也是茶席设计的思想基础。

2006年，台湾茶人池宗宪在艺术家出版社出版了《茶席：曼荼罗》一书。该书为茶叙艺术丛书之一。2010年，生活·读书·新知三联书店出版了该书的简体字版本。

池宗宪，1957年生于台湾台北市。辅仁大学传播系毕业，铭传大学EMBA毕业。台湾大学新闻研究所毕业。曾任《自立晚报》记者、《联合月报》主编、《联合报》专栏记者、《大成报》编辑部总编辑、《人间福报》新闻总监，现任《茶人雅兴电子报》总编辑。

《茶席：曼荼罗》书名的由来，书中这样解释：懂得品茗是人生一大享受。从茶器的选用，到摆放茶席，无论简约潇洒，或是隆重华丽，茶席的高雅情调丰富了现代人味觉飨宴之外的精神情趣。密宗的曼荼罗，意为圆轮具足，茶席曼荼罗，即将茶、器聚集在一起的品茗空间，不仅显现审美趣味，并能在短暂的瞬间，转化为永恒的心灵注脚。一部《茶席：曼荼罗》，从唐、宋、元、明、清，一路走到现代，领略了历代茶席风华，聚集了每个时代的品茗魅力，成为现代人习茶、布置茶席的参照，并陪伴现代人在茶香穿透的愉悦中，建构随心所欲的茶席。

《茶席：曼荼罗》一书共分10章，分别是第一章"茶曼荼罗：美的共感"、第二章"茶席人文：深远况味"、第三章"盛唐茶席：华丽典雅"、第四章"宋代茶席：品不厌精"、第五章"元代茶席：含蓄澎湃"、第六章"明代茶席：浪漫苏醒"、第七章"清代茶席：经典豁达"、第八章"现代茶席：入境随俗"、第九章"生活茶席：韵味故事"、第十章"我的茶席：随心所欲"。

池宗宪是个媒体人，精于收藏鉴赏，痴迷中国茶文化，著有众多茶书，解读中国茶文化的博大精深。因此，本书同时又是文字优美的散文集，从书中的一些标题就可以看出，如"茶杯里的清新野趣""枯索中的新味""点茶流动生活的美学""沉敛后的修炼""点茶法的余晖""釉色与汤色的绿光组曲""初入口的浅尝之美""幽人长日清谈""从茶画看简洁的明代茗风""以天地为茶席""松竹茶席最合味""淡中之味的浑化""无声胜有声的好滋味""挥洒山水画的意境"等，充满诗情画意。

在本书序言中，池宗宪这样写道：

花都巴黎窄小巷弄，飘来阵阵红茶香，正是悠闲的下午茶时辰。

一场味觉的飨宴，是百年老茶行午后的盛典，这里是品饮茶的味觉乐园，人们在此追求愉悦的感受，人体机能的欢愉。

中国泉州开元寺旁的巷弄，飘来阵阵焙火茶香，正是居民三五相聚的品茶时刻，一场只为解渴而举行的茶会，同样是街头议论家常的场域，通过品茶参透街坊邻居的热情。这正和巴黎下午茶的社会场所相同。同样的，茶被人品尝着，没有人注意茶本身的角色、茶作为品饮之外应有的自身价值、以一种改变能量和创造新的能量而存在的价值。

茶，以古老饮料的身份，用不同表现手法制成，是人们心目中具有一定清醒作用的饮品。人们聚在一起品茗创造了仪轨，扩张品茗在社会与空间的范围，由皇宫贵族到平凡百姓，或隆重华丽，或简约潇洒，都得用心品，才知茶在无边，可唤来清醒。

2008年，作为"茶文化系列教材"之一的《中华茶艺》一书由安徽教育出版社出版，主编丁以寿。丁以寿时任安徽农业大学茶业系副教授，茶文化硕士研究生导师，安徽农业大学中华茶文化研究所常务副所长。他长期从事茶文化研究与教学工作，主编《中华茶道》，担任国家"十一五"规划教材《中华茶文化》副主编，参编《茶文化学》《中华茶史》等书。

《中华茶艺》一书熔茶艺理论知识与操作技能于一炉，是大陆第一部关于中华茶艺的大学教材，全面、系统地论述了中华茶艺的基本概念和分类原理、茶艺要素和环节、茶席设计原理、茶艺礼仪、茶艺美学特征、茶艺形成与发展历史、茶艺编创原则、茶艺对外传播，并以图文并茂的方式详解习茶基本手法和基本程式、中国当代各种形式的茶艺。

全书除"绪论"外，分上篇"中华茶艺基础知识"和下篇"中华茶艺技能实践"两部分。在上篇"中华茶艺基础知识"部分，又分10章，分别是第一章"茶艺概论"、第二章"草木英华"、第三章"器择陶简"、第四章"择水候汤"、第五章"茶席设计"、第六章"茶艺礼仪"、第七章"茶艺美学"、第八章"茶艺编创"、第九章"茶艺史略"、第十章"茶艺的传播"。

《中华茶艺》一书上篇第五章专谈茶席设计，共分"茶席概念""泡茶席的功能与配备""茶室和茶庭的功能与配备""茶席上的四艺"和

"茶席设计实例"五节。该书虽非专论茶席设计之专著，但辟出专章予以讨论，也从各个角度提出了关于茶席设计的真知灼见。

2011年，台湾著名茶人蔡荣章主编的《茶席·茶会》一书由安徽教育出版社出版。

蔡荣章，1948年出生于台湾高雄，曾任台北陆羽茶艺中心创办总经理，现任福建漳州天福茶学院教授与茶文化系主任、台湾天仁茶艺文化基金会秘书长。1990年创办"无我茶会"。1980年起主编《茶艺》月刊并执笔社论至2008年。著有《现代茶艺》《无我茶会》《现代茶思想集》《台湾茶业与品茗艺术》《茶学概论》等。

本书是一部关于茶席和茶会的大学教材，重点阐述了茶席设计与茶会组织的基本原理和方法，融理论知识和实践技能于一体。全书共分11章，分别是第一章"茶席概论"、第二章"茶席挂轴"、第三章"茶席插花"、第四章"茶席焚香"、第五章"茶屋"、第六章"茶会概论"、第七章"无我茶会"、第八章"四序茶会"、第九章"八卦斗茶会"、第十章"曲水茶宴"、第十一章"日本茶道的茶会"。

由中国非物质文化遗产保护基金会旗下的凤歌堂品牌所承办的"茶未茶蘼——茶事与生活方式"展览于2012年10月13日至2012年11月11日在上海外滩游艇会举办。

"兼然幽兴处，院里满茶烟。"品茗的趣味是个性化的，因人而异，品茗之道，如人饮水，冷暖自知。有什么样的心境，就会泡出什么样的茶，当你的心境愉悦，茶味是醇美的，当你的心境悲凉，茶味亦是苦涩的，喝什么茶有时候并不重要，重要的是如何把茶泡出应有的味道。

品茗亦是需要阅历的，品茗如品人，佳茗似佳宾，以本色示人，无需掩饰，饮之甘之若饴，齿颊留香。劣茶则如恶友，巧言令色，前恭后倨，言行不一，虽涂脂抹粉却不能掩其恶味，令人难以下咽，喉咙痛如刀割。如若没有训练出足够敏锐的感知力，就可能会喝到劣茶，如同交到恶友，时日既久，味觉会受到损害，便再也品不出真正佳茗的滋味，亦会难以察觉人性的善恶。

品茗之道，存乎一心，茶为上天赐予的恩物，由于对茶的认知因人而异、因地区而异、因国家而异、因民族而异，而茶带来美好感受却是没有分别的，茶的美学意义和哲学意义将是我们将来的探索方向。正如同屈原所说："路漫漫其修远兮，吾将上下而求索。"茶道一途，远未荼蘼。

这场展览旨在提供给贵宾不同寻常的生活与文化体验。展览期间，每日分设四席不同韵味与意境的茶席，带人远离城市的喧嚣，感受清淡里的一思隽远悠长。

展览结束之后，编辑出版了《茶未荼蘼——茶事与生活方式》一书。书分"何为茶席""六大茶类""我有嘉宾""越陌度纤""契阔谈宴""天下归心"六章，另附有"茶器图录"，分门别类地介绍了各种主题的茶席。

2013年1月，由台湾茶人李曙韵所著《茶味的初相》一书中文简体版由安徽人民出版社出版。李曙韵为台湾著名茶人，创办人淡如菊茶书院，曾获第十届台北市文化奖，以茶为一生之志。近年来频繁往返北京、台北之间，推广中华茶文化，并在北京创办晚香茶室。这本书是她编撰的茶人习茶心录，其中有不少章节涉及茶席者。如在"茶人的第三只眼"一节中，专述"茶席之眼——造境"，又辟专节，论"茶席的元素"，包括"烧水壶和炉、壶、壶承、盖碗、碗、茶盅、饮杯与闻香杯、杯笼、杯托、水方、茶巾、茶席巾、茶则与茶匙、茶仓、茶帖、茶布包、茶棚"等，颇有见地。

2013年5月，由台湾茶人古武南编著《茶21席》一书中文简体版由安徽人民出版社出版。古武南为台湾新竹人，著名茶人，创有情有独钟北埔客家老聚落，任新竹文献《新竹介好茶》主编。《茶21席》一书由台湾"商务印书馆"总编辑方鹏程鼎力推荐，获港台茶文化图书畅销第一名，由人淡如菊茶书院汇聚设计师、制茶师、厨师、建筑师、音乐师、摄影师及导演、文学家等21种领域茶人，营造21道品茶氛围，展现21款生活姿态，别具创意。书中也多有关于茶席的阐述。

除以上专著之外，近些年来关于茶席设计的研究论文尚不多见。

2006年，乔木森在《农业考古》中国茶文化专号上撰文《用茶席设计和谐的生活》一文，系统阐述了他对茶席设计的观点。他认为，茶席设计之所以越来越受到人们的欢迎，是其具有的独特茶文化艺术特征符合现代人的审美追求所决定的。它的承传性，使深爱优秀传统的现代人从其丰富的物态语言中更深地感受到陆羽在《茶经》中第一次设计"二十四"茶器具的思想内涵；它的丰富性，使现代爱茶人从一般的茶艺冲泡形式外，获得了更多更丰富的通过茶的冲泡来表达自己独特生活的体验；它的时代性，更使现代人从茶的精神核心"和"的思想中，积极寻找到构建我们当代和谐社会的许多生活和人生的启迪。

浙江农林大学茶文化学院2011届硕士研究生杨晓华的毕业论文为《茶文化空间中的茶席设计研究》。据笔者所见，此文为大陆第一篇关于茶席设计的硕士毕业论文。该文致力于梳理、整合茶席设计的形成发展过程，挖掘探索茶席设计所蕴含的精神内容、策略途径，从而揭示茶席设计所体现的审美特质以及对人们所产生的精神陶冶作用与美学价值。

论文共分六个部分：第一部分概述茶文化以及茶文化与现代生活的关系。第二部分追溯茶文化空间、茶席的发展源头以及茶文化空间的界定和拓展。第三部分论述茶席设计作为茶文化中新的艺术形式的研究历史与近况以及茶席设计在国际视野中的新特点。第四至第六部分着重探索了茶席设计的主要内容以及设计理念、策略途径、美学价值等。结论部分主要阐发了作者对茶席设计的总体认知以及对于茶席设计研究的价值深思。

浙江农林大学茶文化学院作为大陆第一家茶文化本科学院，其本科生论文也早有关注茶席设计者。2011届毕业生童汝菲的论文选题是《韩国传统文化元素在茶席设计中的应用》。韩国文化不间断地吸收数不清的外来文化元素，尤其是中国的传统文化元素。历经千年的文化交流与融合，韩国文化在发展与继承的同时，也都保留着本民族自身的文化痕迹，形成了极具特色的韩国民族传统文化。韩国的茶最早也是从中国引进的，在吸收了中国的茶文化之后，发展形成了其本民族特有的茶礼。茶文化生活中，韩国的传统文化无处不在，在茶席的设计中也充分地运用了韩国的传统文化元素，形成了一道极具韩国特色的茶席风景。

由于撰写这篇论文时，童汝菲同学正在韩国留学，因此很难能可贵地将韩国茶席的有关第一手资料写入论文中。她的论文分为四个部分：

一为引言；二为韩国茶席的基本概况；三为韩国传统文化元素的应用；四为结论。在第二部分韩国茶席的基本概况中，介绍了韩国茶席的三种类型：日常型茶席、专门的茶席、仪式性茶席。在第三部分韩国传统文化元素的应用中，着重从两个方面展开叙述：一是精神文化层面，主要是指禅文化在茶席中的运用，同时指出人在茶席设计中的重要作用；二是物质文化层面，主要从器具、食品、饮品、服饰以及其他物质元素等五个角度进行论述。

茶文化专业2012届本科毕业生徐希承是韩国留学生，她的毕业论文选题也确定为与茶席有关，题目是《韩中茶席设计的比较研究：以茶具为例》。此文进一步以茶具为载体，选择中韩茶席进行对比研究，在选题上更有突破。论文分为五个部分：一为引言；二为茶席的概念和茶席中的茶具；三为茶具在韩国茶席中的运用；四为茶具在中国茶席中的运用；五为结论。

笔者本人于2010年杭州国际茶文化空间（茶席）论坛上作为浙江农林大学茶文化学院代表参加大会，并作了题为"茶文化空间概念的拓展及茶席功能的提升"的大会发言，后来该论文在《农业考古》2011年第2期中国茶文化专号上发表。论文分为四个部分：一、传统意义上的茶文化空间概念；二、茶文化空间概念的拓展；三、传统意义上茶席功能的分类；四、茶席功能的提升。该文主要观点为：茶席是一种另类的茶文化空间。传统意义上的茶席，根据不同的茶文化空间有不同的功能，首为实用功能，是可看并可实际享用的；其次是审美功能，一席精美的茶席，能予人美的享受。茶席首先要具备实用功能，虽然在客观上实用功能已在减退，而更多地侧重于审美功能。文章观点：除了物质层面的意义，理应有另一种纯审美意义上的茶席。而这种纯审美的茶席，不仅是对茶席功能的提升，也是弘扬中华茶文化，提升生活品质的时代的需求与选择。

2012年，本人结合茶文化学院为2011年"茶与生态"主题"全民饮茶日"原创的茶艺《竹茶会》，撰写《茶席设计的主题提炼与茶器择配》一文，在《农业考古》2012年第5期中国茶文化专号上发表。文章分为三个部分：一、主题的提炼；二、茶器的择配；三、几点思考。该文主要观点：在茶席设计中，主题的提炼以及相应的茶器择配，应该是最为关键的要素。过去茶文化学者研究认为，茶席题材可归纳为"茶品""茶事"及"茶人"三大类。毫无疑问，以上三者固然是茶席设计主题的当然之选，但事实上，从教学的实践看，茶席设计的题材理当要广泛得多，在茶席设计中，确定、提炼主题的思维需要开拓，不能局限于一隅。

第二章　茶席的概念界定

不可否认，尽管在现在国内的茶事活动中，"茶席设计"项目深受欢迎，影响巨大，但无论在茶文化界还是普通茶人心目中，对于什么是"茶席"，并没有一个统一的概念界定。有人将"茶席"视同于"茶会"，有人以为"茶席"就是茶具艺术的展示组合，有人认为"茶席"就是指经过精心布置的泡茶席，更有人简单地将"茶席"与"酒席"类比，以为只是易"酒"为"茶"而已……概念既多，众说不一，容易造成观者的认识模糊。与此同时，对于茶席的功用和功能定位，茶文化学界也有不同认识。古人云，名不正则言不顺。因此，在开始对茶席设计的研究之前，对于究竟什么是茶席，进行一个清晰的概念界定，应是当务之急。

一、茶席概念种种

究竟什么是茶席？关于它的概念界定，目前的茶文化界尚有诸种不同的说法。归纳起来，有"品茗环境的布置""由茶器组成的艺术装置""茶道（茶艺）表演的场所""有独立主题的茶道艺术组合整体"等诸种观点。

（一）茶席是品茗环境的布置

2012年10月至11月，由中国非物质文化遗产保护基金会旗下的凤歌堂品牌所承办的"茶未茶蘼——茶事与生活方式"展览在上海举办。展览结束之后，编辑出版了《茶未茶蘼——茶事与生活方式》一书，书中"何为茶席"一章，提出了关于"茶席"的见解：

> 茶席其实是一种人与茶，人与器，茶与器，人与人之间的对话。只有你亲自喝到，才能体会这"一期一会"的表达，每次冲泡，都是与一片叶子一生唯一的对话。
> 从广义上讲，茶席布置就是品茗环境的布置，即根据茶艺的类型和主题，为品茗营造一个温馨、高雅、舒适、简洁的良好环境。懂得品茗是人生一大享受。从茶器的选用到摆放茶席，无论简约潇洒，或是隆重华丽，茶蒿的高雅情调丰富了现代人味觉飨宴之外的精神情趣。

《茶未茶蘼——茶事与生活方式》一书提出"茶席布置就是品茗环境的布置"的见解，不无道理。在古代文人士大夫看来，"使佳茗而饮非其人，犹汲泉以灌蒿莱，罪莫大焉"。所以，喝茶得讲究品饮的清趣和雅尚。为与茶性的冲淡、清和相合，古人喝茶很讲究环境，若在室门内，则需凉台静屋、明窗净几之类，而犹以野趣为好。或处竹木之阴，或会泉石之间，或对暮日春阳，或沬清风朗月。柳宗元诗："日午独觉无余声，山童隔竹敲茶臼"；苏东坡诗："敲火发山泉，烹茶避林樾"；陆游诗："细啜襟灵爽，微吟齿颊香。归来更清绝，竹影踏斜阳"……描绘种种情景下的饮茶野趣。

更有一些古代文人，不仅吟诗作赋，更对品茶一道，从理论上概括出了一些近乎"苛刻"的必要条件和"注意事项"。如明许次纾《茶疏》中将"饮时"之宜陈述为："心手闲适，披咏疲倦，意绪纷乱，听歌拍曲，歌罢曲终，杜门避事，鼓琴看画，夜深共语，明窗净几，洞房阿阁，宾主款狎，佳客小姬，访友初归，风日晴和，轻阴微雨，小桥画舫，茂林修竹，课花责鸟，荷亭避暑，小院焚香，酒阑人散，儿辈斋馆，清幽寺观，名泉怪石。"明代冯可宾《茶笺·茶宜》中，提出"饮时十三宜"之说：无事、佳客、幽坐、吟咏、挥翰、徜徉、睡起、宿醒、清供、精舍、会心、赏鉴、文童。明徐渭也称："品茶宜精舍，宜云林，宜永昼清谈，宜寒宵兀坐，宜松月下，宜花鸟间，宜清流白云，宜绿藓苍苔，宜素手汲泉，宜红妆扫雪，宜船头吹火，宜竹里飘烟……"由此可知，古人凡饮茶，则必论其清韵高致，方算后晓。就中，对于饮茶环境的讲究，简直到了"挑剔"的地步。

台湾茶人李曙韵所著《茶味的初相》一书中，有"茶人的第三只眼"一节，内中谈到"茶席之眼——造境"，文谓"茶席是茶人展现梦想的舞台，借由茶器的使用，茶仪规的进行，完成近似宗教般的净化过程"。当然，她同时也认为"茶毕竟不同于宗教，茶人并非宗教家，茶席也非神坛，茶仪规更非禅苑清规，更多的是茶人以茶作为俯仰天地间的依归"。撇开其中宗教意味的评述，她所提到的"茶席之眼"在于"造境"，这种所谓的"境"，也就是指茶人所希冀达到的那种"品茗环境"。从这个意义上讲，上述二说殊途同归。

（二）茶席是由茶器组成的艺术装置

台湾茶人池宗宪在其所著《茶席：曼荼罗》一书中，关于"茶席"有另样的定义。在此书的序言"欢愉满足 尽在茶席"中，他这样写道："懂得品茗是一种品位。从茶器的选用到摆放茶席，成就的是高雅情调……茶香与茶器具有芬芳缥缈、令人陶醉的诗意。它们共同造就茶席的情景气氛。茶席正随着般若曼荼罗的境地带来满足感。"

"借用密宗图像之一的'曼荼罗'（Mandala，意为圆轮具足），将茶、茶器聚集，意图使茶席达到一种美学境地。"

"《茶席：曼荼罗》走入唐、宋、元、明、清历代茶席风华，聚集每一时代品茗特质和茶器魅力，成为现代人习茶、布置茶席的美感地带，并在茶席贯穿的愉悦中，建构你我随心所欲的茶席。"

池宗宪在书中引入了一个佛教概念"曼荼罗"，在书的前言"曼荼罗——茶席美之源"中，他这样阐述："茶席的吸引力从何而生？明白茶席曼荼罗的基本图像就知晓：一次茶席想要表达的指涉程度为何？或在图像上、用器上创造华丽或优雅沉敛的风格，或用方便善巧单壶孤杯陈列俭朴的茶席，或以瑰丽满席的茶壶、杯、托……茶器加上花器的幻化，来满足艳丽的丰盛。取自茶席的审美趣味在哪儿获得？洞悉历代名茗风格和制茶之法，深入探索茶器形制釉色的结构，都将连动着茶人内化的底蕴，其实看似无形却有形，关联了整个茶席美感位置。"

"布置茶席，因茶人之品位、茶客之需要而异。茶席布置产生的图像就如显现审美趣味，煞是短暂的刹那，如何化成永恒的心灵注脚？"

撇开《茶席：曼荼罗》一书中浓厚的佛教元素不论，通观池宗宪关于茶席的见解，可知他的着眼点主要还是在茶器之上。在该书第一章"茶曼荼罗：美的共感"第一节"茶席是一种什么味道"中，池宗宪即开宗明义地指出："将茶席看成是一种装置，是想传达摆设茶席的茶人的一种想法，一种漫游于自我思绪中，曾经思索所想表达的语汇，将茶席成为一种自我询问与对话的作业方式。"

由此可见，在池宗宪的理解中，茶席就是一种"装置"，当然是由茶器组成的"艺术的装置"。这也是一种代表性的观点。毋庸异议，在茶席的设计中，茶器是至关重要的事项，但那毕竟不是茶席的全部。否则，也无需专门发明"茶席设计"这一专门称谓，可径直叫"茶具艺术组合"就行了。

（三）茶席是茶道（茶艺）表演的场所

丁以寿主编的《中华茶艺》一书第五章"茶席设计"，对茶席的定义是："茶席是茶艺表演的场所，有狭义和广义之分。狭义的茶席是单指从事泡茶、品饮或兼及奉茶而设的桌椅或地面。广义的茶席则在狭义的茶席之外尚包括茶席所在的房间，甚至还包括房间外面的庭园。"同时认为，挂画、插花、焚香作为衬托茶艺、增强茶艺表现力的辅助性项目，在茶席中是必不可少的。

丁以寿在书中并指出了"茶席"与"茶艺"之别。这的确是一对容易混淆的概念。他认为，泡茶者可以利用泡茶的桌面或地面，茶具的质材、造型与色泽，加上用以搭配的挂件、插花或摆饰以及自己的穿着与举止，甚至音乐等声响来营造自己想要表达的意境。但这些都还只是属于茶艺舞台的搭建与气氛的酿造而已，到此都还与茶艺无关。一定要等到泡茶者坐上茶席，开始了泡茶、奉茶或品饮的动作，茶艺的主轴戏才展开。结论是，泡茶者尚未登台之时是谓"茶席"，泡茶者登台之后才能称为茶艺或茶道。

台湾茶人蔡荣章在其主编的《茶席·茶会》一书中，对茶席作出了这样的定义："'泡茶席'可以简称为'茶席'，但'茶席'除狭义的指'泡茶席'外，尚有人作广义的解释而将泡茶席、茶室、茶屋等统统包括在'茶席'之列。总的来说，茶席就是茶道（或茶艺）表演的场所，它具有一定程度的严肃性，必须有所规划，而不是任意一个泡茶的场所都可称作茶席。"

《茶席·茶会》与《中华茶艺》二书对茶席的定义基本一致。二书中均将"茶席"解读为"茶道（或茶艺）表演的场所"，并强调其有"一定程度的严肃性，必须有所规划"，不是任意一个泡茶的场所都可称作茶席。换言之，这里所说的"茶席"是泛指"喝茶的环境"，或说是"品茗空间"，还可细分为"泡茶席""茶室""茶屋"与"茶庭"。

以上对"茶席"的理解，与《茶未茶蘼——茶事与生活方式》一书提出"茶席布置就是品茗环境的布置"的见解有异曲同工之处，只不过将这种"品茗环境"或曰"品茗空间"更加细化，更具体地指向"泡茶席""茶室""茶屋"与"茶庭"等意象。同时，书中对这些"喝茶的环境"意象作了具体的解释：泡茶席仅就泡茶、喝茶、奉茶的直接空间而言，通常就是一张桌子或地上一块席位。家里没有足够的地方，在客厅的一角摆设一张桌子，就可布置成一处泡茶席。如果条件许可，腾出一个房间作为设置泡茶席的场所，就可以更不受干扰地展现自己想要的氛围，这时就是所谓的茶室。如果条件更加允许，那就将一组房间设计成更加完备的品茗空间，如多了专门料理茶具、花器等用品的"料理间"，多个"第二室"作为喝茶中场休息时赏画、闻香等的转换空间。这时的这组房间就可以称作茶屋。如果茶屋外头还有庭园，就可将之规划成"茶庭"，是为转换心情的场所。

（四）茶席是有独立主题的茶道艺术组合整体

乔木森在《茶席设计》一书中，首先对茶席的渊源作了一番追溯。从以往史乘文籍看，中国古代似无"茶席"一词。茶席的含义应从"席"字引申而来。"席，指用芦苇、竹篾、蒲草等编成的坐卧垫具。"（《中国汉字大辞典》）后又引申为座位、席位。如《论语·乡党》："君赐食，必正席，先尝之。"正席，即首要或主要的席位。后又引申为酒席。《吴越春秋·阖闾内传》："要离席阑至舍，诫其妻。"

"酒席"的概念从古至今，屡见不鲜，迄今仍是很有生命力的一个词语。但"茶席"一词却前所未见。

"茶席"一词，在日本出现不少。但其意并非本书所指，而指的是"本席""茶室"，即茶屋。"在日本，举办茶会的房间称茶室、茶席或者只称席。""……去年的平安宫献茶会，在这种暑天般的气候中举行了。京都六个煎茶流派纷纷设起茶席，欢迎客人。小川流在纪念殿设立了礼茶席迎接客人……略盆玉露茶席有四百多位客人光临。"（《小川流煎茶·平安宫献茶会》）

又一则介绍日本京都旅游的广告《华属世代自游自在》，就更是说得再明确不过了："……左侧的古池前是第一间茶席三巴亭茶席。"

韩国也有"茶席"一词。"茶席：为喝茶或喝饮料而摆的席。摆放各种茶、糖水、蜜糯汤、柿饼汁以外，还放蜜麻花（油蜜饼、梅果、饺子）、各种茶食、油果（江米条、米果），各类煎饼、熟实果（枣、栗丸、生姜片、栗子）等等。"以上是韩国一则观光公社中的一段广告文字，并有"茶席"的配图。图中为一桌面上摆放着各类点心干果，并有二人的空碗和空碗旁各一双筷子。显然，韩国的"茶席"，指的是桌上摆放的各种茶果及点心，亦非本书中所指的"茶席"。

近年，在我国台湾，"茶席"一词出现较多。但多指茶会，如有一种主题茶会，就叫"露雪茶席"。

从当代文献中第一次看到"茶席设计"一词，是2002年1月由浙江摄影出版社出版的童启庆编《影像中国茶道》一书。童启庆教授在书中是这样解释"茶席"的："茶席，是泡茶、喝茶的地方。包括泡茶的操作场所，客人的坐席以及所需气氛的环境布置。"不久，又在周文棠所著《茶道》（浙江大学出版社2003年版）一书中，看到"茶席（案）设计"一词。周文棠在书中解释"茶席（案）设计与布置"说："根据特定茶道所选择的场所和空间，需布置与茶道类型相宜的茶席、茶座、表演台、泡茶台、奉茶处所等。茶席是沏茶、饮茶的场所，包括沏茶者的操作场所、茶道活动的必需空间、奉茶处所、宾客的座席、修饰与雅化环境氛围的设计与布置等，是茶道中文人雅艺的重要内容之一。茶席设计与布置包括茶室内的茶座，室外茶会的活动茶席，表演型的沏茶台（案）等。"

从上述所引可知，无论在台湾还是在大陆，茶席的设计和茶室的布置，在实际内容的划分上仍比较模糊，但"茶席"一词所指，实际意义仍是"茶室"。

最后，乔木森提出了关于茶席定义的独特见解："所谓茶席，就是以茶为灵魂，以茶具为主体，在特定的空间形态中，与其他的艺术形式相结合，所共同完成的一个有独立主题的茶道艺术组合整体。"

乔木森在茶席的定义中，首次明确提出其应有"独立主题"，这是深具卓识的。应该说，这是迄今为止，关于茶席概念的第一个比较系统全面的解释。

二、茶席与茶会

如前所述，在一些茶文化学者（尤其是台湾茶人）的著述中，往往将茶席与茶会相提并论（如蔡荣章先生的书籍即名为《茶席·茶会》）。在我国台湾，"茶席"一词出现较多，但多指茶会，如有一种主题茶会，就叫"露雪茶席"。这其实是容易引起歧义的。事实上，茶席与茶会的确是有着非常密切的关联，要举办茶会，内中势必少不了精美的茶席布置，但简单地将二者画等号，显然是不甚妥当的。因为稽考史籍可知，茶会在中国的历史渊源非常久远，自成系列，同样有着非常丰富的内涵。

（一）历史视野中的茶会

所谓茶会，简言之，就是用茶点招待宾客的社交性集会，是一种历史悠久的茶事活动。作为社会化的产物，茶会具有鲜明的功能性，是茶文化传播的重要平台，也是茶文化知识体系中不可或缺的一部分。中国茶会最早可追溯到魏晋南北朝时期，据史料记载与后人推论，东晋陆纳是茶会活动的最早发起人，被称为"开路者"。而日本、韩国和英国的茶会，也以各自民族文化为背景，呈现出不同的风格。

茶会活动发展至今，已有一千多年的历史。在现代汉语词典中，关于"茶会"这一词条，被解释为是用茶点来招待宾客的社交性集会，而"茶宴"则是用茶叶和各种原料配合制成的茶菜举行的宴会，两者并不等同。事实上，经考证，在茶会活动出现的初期，茶会被广泛称为"茶宴"。换言之，古代文献中记载、提及的"茶宴""茗宴"就是茶会活动的前身。

《三国志·吴书·韦曜传》中记载："孙皓时，每餐晏飨，无不竟日，坐席无能否，饮酒率以七升为限，虽不悉入口，皆浇灌取尽。曜素饮酒不过二升，初见礼异时，或为裁减，或密赐茶荈以当酒，至于宠衰，更见逼强，辄以为罪。"讲的是"以茶代酒"的由来，有人误将此作为茶会活动的起源，实则不然。孙皓在宴会上对爱臣韦曜的"以茶代酒"，说明席间众人均在饮酒，韦曜酒力不胜以茶代之，这是典型的酒宴而非我们所说的茶宴。

茶会之始可追溯到魏晋南北朝时期的东晋时代（316—420年），《晋中兴书》曰："陆纳为吴兴太守时，卫将军谢安尝欲诣纳。纳兄子俶怪纳无所备，不敢问之，乃私蓄十数人馔，珍馐毕具。及安去，纳杖俶四十，云：'汝既不能光益叔父，奈何秽吾素业。'"因此，东晋吴兴太守陆纳的"以茶设宴"是历史记载最早的茶会活动。

茶会活动是饮茶风气盛行的产物。茶会起源于东晋，说明从魏晋时期开始，茶荈已不仅仅是被当作养生服食的药物，而逐渐开始以一种饮料的身份为时人所接受、喜爱，饮茶之风在当时已逐渐兴起、普及。

唐朝是中国封建社会发展的一个高潮，社会条件的完善为饮茶的进一步普及和茶会的继续发展奠定了良好的基础。茶更普遍、更深入地进入了社会各个阶层的日常生活，饮茶成为一种全社会的生活习惯和嗜好，茶会活动在此基础上掀起了发展的第一个高潮。

唐代有一种"宫廷清明宴"，可视为一种大型的茶会。

相较于早前的魏晋南北朝时期，唐朝皇室对茶的需求量逐渐扩大，要求入贡的茶也越来越多。唐大历五年（770年），湖州刺史在吴兴顾渚山侧的虎头岩设立贡茶院，由州官监制贡茶紫笋茶。这是历史上首个由皇室设立专门的贡茶院，足见皇室对贡茶提出了更高、更严的要求。同时朝廷还规定，贡茶院在清明节前必须将紫笋茶送到长安，不得延误。因此，每年提早采摘，制作紫笋，及时入贡，成为当地百姓的首要工作。

自汉以来，长安一带流行清明节以茶果等祭祀先祖的习俗，宫廷亦很重视，而当时一年一度最为豪华、盛大的"清明茶宴"就源于此。在入贡的紫笋茶送入长安后，宫廷中就忙碌起来，大家都在张罗着清明宴的筹备工作。张文规的《湖州贡焙新茶》叙述的便是这一情景：

唐宫廷清明茶宴图

风辇寻春半醉回，仙娥进水御帘开。

牡丹花笑金钿动，传奏湖州紫笋来。

张文规，猗氏（今山西猗县）人，曾任吴兴（今浙江湖州）刺史。此诗描述听到新贡紫笋茶到京后宫中的喜悦情形，充分体现了茶对于宫廷生活的重要性。清明茶宴排场盛大，热闹非凡，是君王以新到的顾渚贡茶宴请群臣的盛宴。其仪规大体是由朝廷礼官主持，既有仪卫以壮声威，又有乐舞以娱宾客。席间，香茶佐以粽子、百花糕等各式点心，还出示精美的鎏金宫廷茶具，君王希望通过盛大的茶宴来展示大唐威震四方、富甲天下的气象，也同时显示出自己精行俭德、泽被群臣的风范。

除清明茶宴外，唐代宫廷也常举办其他茶会。如唐代茶画《宫乐图》描绘的就是宫中女子在宫廷内举行茶会的情形。

这是一次嫔妃们的聚会，图中共绘12人，除两侍女站立左旁，其余10人均围坐在长方桌旁。除了供应茶汤、茶点之外，桌上没有摆放其他食物，乐器演奏者前也只有茶碗，这是宫中女子们的一种自娱自乐，是典型的茶会。

唐人顾况的《茶赋》也描绘了宫廷茶宴的盛况：

> 罗玳宴，展瑶席，凝思藻，间灵液。赐名臣，留上客，谷莺转，宫女嚬，泛浓华，漱芳津，出恒品，先众珍，君门九重，圣寿万春。

唐代周昉《调琴啜茗图》

唐王朝的宫廷茶宴，对唐代茶会之风的兴盛产生了极大的推动作用。

除了宫廷茶宴，唐代的民间茶会也值得一提。

唐代宫廷茶宴发展得如火如荼，民间各式茶会也是异军突起，如在湖州顾渚和常州阳羡毗邻的花山"境会亭"茶会。

"境会亭"是亭名，为古时的茶宴饮茶场所，位于浙江长兴顾渚山西部山脚与江苏宜兴交界处。唐时建，为湖州、常州二郡分山造茶宴会处。清康熙《长兴县志》中记载："唐时每岁吴兴、毗陵二郡太守分山造茶宴会于此。有景（境）会亭，一名芳岩，以岭中为两州之界。"茶会每年由两州太守定期举办，邀请各界名士参与，旨在品尝、鉴定贡茶质量，宾朋满座，歌舞相伴，形成茶宴。著名诗人白居易的《夜闻贾常州、崔湖州茶山境会亭欢宴》就描述了当时这一盛大景象：

> 遥闻境会茶山夜，珠翠歌钟且绕身。
> 盘下中分两州界，灯前合作一家春。
> 青娥递舞应争妙，紫笋齐尝各斗新。
> 自叹花时北窗下，蒲黄酒对病眠人。

唐代还有繁多的文人茶集，以茶酌而代酒，是只品茶不饮酒、边品茶边联句赋诗的文人雅集。大历十才子之一的钱起（722—780年），曾写下一首《与赵莒茶宴》诗：

> 竹下忘言对紫茶，全胜羽客醉流霞。
> 尘心洗尽兴难尽，一树蝉声片影斜。

全诗采用白描的手法，写作者与赵莒在翠竹之下举行茶宴，一道饮紫笋茶，并一致认为茶的味道比流霞仙酒还好。饮过之后，已浑然忘我，自我感觉脱离尘世，红尘杂念全无，一心清静了无痕。俗念虽全消，茶兴却更浓，直到夕阳西下才尽兴而散。诗人还以蝉为意象，使全诗所烘托的闲雅志趣愈加强烈。人们在自然山水的幽静清雅中拂去心灵的尘土，求得净化与升华。

宋朝是一个茶风炽盛的时期，饮茶与唐代相比，有了较大发展和变化。宋代饮茶方式由唐代的煮茶法演变为点茶法，而点茶法的盛行又相应促成了斗茶的习俗。斗茶始于茶宴，足见宋代茶宴、茶会之风在唐代的基础上又进一步发展。其中径山茶宴就是有代表性的一种。

自古茶与佛教就有着千丝万缕、密不可分的联系，"茶禅一味"是最好的阐释。宋代禅寺遇到重要的庆典或祈祷会时，往往举行盛大的茶宴款待宾客，参与者多为寺院高僧及当地知名的文人学士。"径山茶宴"，是中国禅门清规和茶会礼仪结合的典范。

径山是著名茶区，寺院饮茶之风极盛。径山茶宴，自身有一套固定和较为讲究的仪式：佛徒们围坐一起，按照程序和教仪，依次献茶、闻香、观色、尝味、瀹茶、叙谊。先由住持法师亲自调沏香茗供佛，以表敬意；尔后命近侍——奉献给赴宴者品饮，这便是献茶；僧客接茶后，先打开碗盖闻香，再举碗观色，接着才是细细品尝；一旦茶过三巡，便开始品评茶色、茶香，称赞主人品行；最后，论佛诵经，谈事叙旧。

径山茶宴还对日本茶道的起源、形成起了决定性的作用。南宋开庆元年（1259年），日本和尚南浦绍明来中国，拜径山虚堂法师为师，1267年回国时，获赠径山寺茶道具"台子"一式并茶典七部。有学者在日本关西大学图书馆中找到一部反映日本历史生活原貌的百科全书《类聚名物考》，此书是18世纪日本江户时代中期国学大师山冈俊明所编纂的。书中第四卷中记载："茶宴之起，正元年中（1259年），驻前国崇福寺开山南浦绍明，入唐时宋世也，到径山寺谒虚堂，而传其法而皈。"这一史料记载清晰地点明了日本茶道源于我国径山茶宴，成为径山茶宴是日本茶道之源的铁证。

径山茶宴在我国禅文化史、茶文化史和礼文化史上享有至高地位，尤其是在中日文化交流史上地位突出，对后世产生了广泛而深远的影响。2010年5月18日，文化部公布了第三批国家级非物质文化遗产名录推荐项目名单（新入选项目）。浙江省杭州市余杭区申报的"径山茶宴"入选，列入民俗项目类别的非物质文化遗产。

与唐代一样，宋代也盛行宫廷茶宴。

宋朝一建立就延续了前朝在宫廷兴起的饮茶风尚，宋太祖赵匡胤就有饮茶嗜好。而且，宋代宫廷皇帝也都极好饮茶、斗茶，尤以宋徽宗赵佶为最。

北宋蔡京在《延福宫曲宴记》一文中记载了宋徽宗参加在延福宫举行的曲宴："宣和二年（1120年）十二月癸巳，召宰执亲王等曲宴于延福宫……上命近侍取茶具，亲手注汤击拂。少顷，白乳浮盏面，如疏星淡月，顾诸臣曰：'此自布茶。'饮毕，皆顿首谢恩。"

在这次茶宴中，皇帝亲自注汤、击茶，以表现自己的茶学知识，接着又将茶分赐诸臣，使得饮茶的大臣受宠若惊，纷纷叩首感谢皇恩。

宋徽宗亲自绘制的《文会图》，描绘的也是一次宫廷中的文人茶会。

从画中可以看到，当时的茶会就是饮茶与吃茶果，没有菜肴，只有与插花、弹琴、焚香等艺术相结合，显示出了其高雅风韵。

诗画作品可以让世人领略到宋代宫廷茶会的具体情形，也可以让人从中感受到当时皇帝以茶作为媒介，对臣下的赏赐与宠恩之情。

迨至明代，文士茶会一时兴起，蔚成风气。

明代是我国茶类生产和制茶技术发展的重要时期。明太祖朱元璋于洪武二十四年九月初六（1391年10月14日）下令罢造"龙团"，改进芽茶。这一倡导以散条形茶代替穷极工巧的团饼茶，以沸水冲泡的瀹饮法改变传统研末而饮的煎饮法的诏令，在我国饮茶史上是具有划时代意义的变革。散茶冲泡品饮方式的盛行，使得茶器具随之改变，饮茶变得更为普遍、便捷，茶会活动在民间的开展也愈加顺利。其中，文人墨客成为明代民间茶会的主角。

明代文人寄情山水，饮茶、茶聚也趋于自然化，对饮茶时的自然环境要求颇高，旨将茶与自身融于美丽的大自然中，并极力追求饮茶过程中自然美、环境美与茶饮美之间的和谐统一。在一些明代著作中，提及饮茶环境，出现最多的字眼不外乎山、石、松、竹、泉、云等，超凡脱俗。

除了要求在大自然中茶聚外，明代文人对同饮的茶人也颇多讲究。田艺蘅《煮泉小品》专著"宜茶"一章，对茶人作出了规定。许次纾也在

《茶疏》"论客"中云："宾朋杂沓，止堪交错觥筹；乍会泛交，仅须常品酬酢。惟素心同调，彼此畅适，清言雄辩，脱略形骸，始可呼童篝火，汲水点汤。"可见当时文人对饮茶之人的重视。

由于明代文人对饮茶、茶聚的"严苛"要求，茶会活动也形成了明代所特有的茶会风格，或称之为"文士茶会"。文徵明的《惠山茶会图》就是一幅典型反映明代文士茶会的画作。

该图描绘的是明正德十三年（1518年）清明时节，文徵明与好友蔡羽、汤珍、王守、王宠等一行人游览无锡惠山，在惠山泉边饮茶聚会赋诗的情景。画中文士们置身于青山绿水间，或三两交流，或倚栏凝思，身旁茶桌、茶具一应俱全，风炉煮着水，侍童备着茶，好一派闲然自得的神情。这幅露天文士茶会图，直观展示出了当时茶会的风格特点。

清朝是中国最后一个封建王朝，也是宫廷茶宴的鼎盛时期，茶在清朝宫廷礼仪中占据非常重要的地位。

清朝的宫廷宴饮，每宴必用茶，茶则皆为红、白两种奶茶。除此之外，清王朝还推崇"茶在酒前""茶在酒上"的宫廷礼仪。康乾两朝曾举办过四次大型的"千叟宴"，把全国65岁以上的老人都请来，每次都多达两三千人，实属万古未有之盛举。虽然千叟宴并非专门的茶宴，但是饮茶也是其中一项重要的内容。开宴时首先就要"就位进茶"，席间酒菜人人皆有，唯独"赐茶"只有王公大臣才能享用，茶象征了荣耀和地位。

普通宴会尚且如此，宫廷茶宴更是隆重至极，远过唐宋。史载，乾隆时期（1735—1795年），仅重华宫所办"三清茶宴"就多达43次。重华宫原是乾隆登基之前的住所，他既好饮茶，又爱作诗，便首创在重华宫举行茶宴，旨在"示惠联情"。因茶宴自乾隆八年（1743年）起便固定在重华宫举行，亦称之"重华宫茶宴"。

三清茶宴于每年正月初二至初十间择日举行，由乾隆钦点能诗的大臣参加。茶宴的主要内容是饮茶作诗，每次举行前，宫内都会择一宫廷时事为主题，群臣们则是边品饮香茗，边联句吟咏。而茶宴所用到的"三清茶"，是乾隆亲自创设的，系用梅花、佛手、松实入茶，以雪水烹之而成。乾隆认为，以上三种物品皆属清雅之物，以之瀹茶，具幽香而不致夺茶味。他还曾作诗云："何必宣城寻旧器，越窑新样煮三清。"可见，他对三清茶的偏爱之情。

清后期开始，国家日渐动荡，战事不断、经济衰退，出现了一段较长时间的混乱。国家的不稳定，也直接导致了茶事活动发展的停滞，甚至还出现了茶产业倒退的迹象。这样的局面一直到新中国成立后，才有所好转。改革开放后，社会稳定，经济发展迅速，茶业、茶事相继复苏发展，现代茶会活动也由此进入高速发展期。

（二）国际视野中的茶会

中国是茶的发源地，茶会同样起源于此。而随着制茶、饮茶的对外传播，茶会活动也随之在各个国家陆续开展，尤其是亚洲的日本、韩国和欧洲的英国，可与中国并称当今世界茶会发展繁荣的四大国。

1. 日本茶会

日本是较早从中国引进制茶技术、饮茶习俗、茶事活动的国家之一，日本茶道流传至今，也是流派众多，发展繁荣，为世人所熟知。日本对茶会记录非常重视，而且保存得相当完好。日本的茶会记录主要分为两种：一种是主人所作的"自会记"；一种是被招待的客人所作的"他会记"。最著名的就是在茶道风气鼎盛的桃山时代的"四大茶会记"：《松屋会记》《天王寺屋会记》《今井宗久茶汤书拔》和《宗湛日记》，它们都记载了当时的茶会活动，对后人研究日本茶会发展史，起到了不可替代的作用。

随着日本茶区的扩充，名茶产地每到产茶季节，都会迎来众多求茶客，斗茶也因此而兴起。主要分为如下四种：

（1）无礼讲：是斗茶早期所流行的一种聚会形式，也叫作"破礼讲""随意讲"。就是不分贵贱上下、舍弃礼仪的聚会，有时也进行纯粹的品茶会。

（2）茶寄合：就是茶会。寄合就是会合、集会的意思，这种斗茶从民间到幕府、朝廷，僧侣、神事人员都参与，每个月十数次，从傍晚斗到天亮，持续十数小时也有。

（3）宫座寄合：宫座就是日本古代部落的祭祀组织。这种农村的宫座寄合在斗茶流行的时代也很发达，由共同饮用一碗绿茶达到心灵的互相沟通，有时也会讨论农村的事务。

（4）顺茶事：也称顺事茶会、巡立茶。当茶成为赌博的工具时，在13世纪40年代镰仓末期，已经有所谓七十服、百服的斗茶，到了室町时代更为流行，因此如由固定的人举办斗茶会谁也受不了，所以就以抽签的方式轮流作乐。

由于日本人的饮茶行为从生活上养生的目的演变为游兴式的"斗茶"歪风，奢侈糜烂，对社会产生了不良影响，于是珠田村光按照禅宗寺院简单朴实、沉稳寂静的饮茶方式，制定了"茶法"，并创立"草庵茶法"。后由其弟子武野绍鸥（1502—1555年）精炼为"空寂茶道"，而继承"空寂茶道"的集大成者则是千利休（1522—1591年），他处于茶道风气鼎盛的时代，上至公卿贵族、武士，下至平民，无不喜爱茶道。日本茶道史上最大的事件"北野大茶会"，据说一共设立了800座茶席。北野大茶会是天正十五年（1587年），丰臣秀吉在北野之森所举行的大茶会。秀吉并将此次大茶会的旨趣，颁下如是的告示：

（1）于北野之森，从十月朔日至十日之间，视气候之状况，举办大茶会，展示秀吉珍藏的名物道具，供爱好茶道者观赏。

（2）潜心茶道的人，不管是青年武士、町人、百姓以下，只要准备釜一个、钓瓶一只、饮料一种，没有茶的话，以谷物做成的炒粉也可以，如此即可拿来参加茶会。

（3）茶席的仪式，是在松原之间，铺上榻榻米两张，但是佗者（空寂茶道者）可就地或以草席铺地均可。可自由设席，不拘次序。

（4）不同于日本的形式，但是爱好茶道的唐国人士也可以参加。

（5）为使远地之人都可参加，所以规定十月朔日（一日）延到十日。

（6）此次茶会，特别为爱好"空寂茶道"的人士设想，若这次不参加，以后连点炒粉的资格也没有，到不参加者的地方去的人也一样。

（7）至于空寂之人，不论是谁，只要是从远地来的，秀吉都亲自点茶赐饮。

利休在继承了空寂的精神基础上，创立"草庵式小茶席"，以精纯朴拙的手法，表达茶会的旨趣和茶道精神，开辟了日本现代茶会的根本主旨。日本现代茶会，传承着"和敬清寂"的茶道精神，具有相当繁琐的礼仪和规程，力求整个茶会在茶器、环境、礼仪上达到完美。日式茶会非常讲究品茶场所，多在合乎规矩、环境清幽的茶室中举行，并配以精心设计的花艺、香道，让宾客在品茗之余，也可欣赏庭院、茶室内精致的景致；参与茶会的主客，均由精于习茶之人组成，茶会内容也多是切磋习茶之技艺、感受习茶之美妙；在茶会进行中，主客都需严格遵守茶会礼节，从着装、入席到备茶、习茶、品茶再到赞赏茶具、感谢招待等，茶会流程的每一个细微动作，都讲究分毫不差，严谨之至。

日本茶会充满了禅宗的精神，在简朴和程式中寻找道的修炼，追求极致美感。利休大师的"最后的茶会"可谓精彩绝唱。

利休被太阁赐死，确定自己赴死的那一天，他邀请了他的主要弟子来参加最后的茶会。客人们悲痛地在指定时刻集合在门廊，一阵珍奇的异香从茶室中飘出，召唤客人进入。他们依次走进就座。不久，主人进入茶室，顺次为客人斟茶，客人们轮番饮尽，最后主人也一饮而尽。按照固定的程式，主客表达了观赏茶具的愿望。所有的人表达完对茶具之美的赞辞后，利休将它们分赠给每位宾客，只留下了其中一个："被不幸的人的嘴唇玷污过的茶碗不该给别人使用。"然后，打碎了自己的茶碗。茶会结束了，客人们强忍着眼泪向利休诀别。利休脱下茶会服，换上一直珍藏的赴死时洁白无瑕的装束，微笑着走入天国。

2. 韩国茶会

韩国不是茶的原产地，茶是从外国传入的，但具体从哪国传入，在韩国有两派不同的意见，分别是中国传入说和印度传入说，但可以肯定的是，韩国茶之流行，全盛于高丽时代（936—1392年），再兴于19世纪的朝鲜时代（1392—1910年）。

韩国茶道史上第一次的茶会，相传是圣僧元晓大师（617—689年）结庐于今全罗北道扶安县边山险阻的崖上举行的。那时蛇包圣人想点茶给元晓大师饮用，正苦于找不到好的点茶用水时，忽然从岩石缝隙间涌出清澈的泉水，味甘如乳，于是称之为"岩清水"。这个传说记载于高丽茶人李奎报（1168—1235年）的《南行月日记》。

尔后跟随茶饮之流行，各色茶会也时常举办。但在1910年韩国沦为日本的殖民地后，日本人占据了朝鲜半岛的茶产业，并实施同化教育，普及日本式茶道，韩国传统茶道、茶会近乎消亡，直到韩国二战后独立，国内的日式茶室才逐渐改为韩式，韩国现代茶道才得以发展，现代茶会才得以延续。

韩国现代茶会，根据主题的不同，会有不一样的行茶法和茶礼，但韩国茶礼与日本茶道在一些流程上仍留有一定相似度，茶会也依旧遵循了原有日式茶道严谨的茶会礼仪和繁琐的习茶规程，茶会过程较为严肃刻板。

以下为专栏作家许玉莲对"茗真茶礼院"流派的"煎茶道"茶会流程的记录，我们也可从中作一管窥。

（1）迎接客人：茶会需作出邀约，一般是一位主客、二位陪客、主泡者和助手要在正门迎接客人的来临。主泡者带领客人入茶室，助手把所有脱下的鞋子摆放整齐，关上门。

（2）鞠躬欢迎：进了茶室，主泡者向客人面对面深深一鞠躬，以示欢迎。

（3）主客就位：泡茶席面向正门，客人席设置于泡茶席右方，品字形三个座位，客人先受邀就座于预先安排好的座位，主客坐正方，陪客坐左右，然后主泡者与助手则到茶席就位，主泡者坐正方，助手坐右侧。

（4）泡茶流程：

第一步，主泡者与助手将茶桌上盖茶具的茶席巾掀开并叠整齐，放在右下侧。

第二步，主泡者将清水缸（蓄清洁水备用）及釜（当煮水壶煮热水用）的盖子一一掀开。

第三步，从清水缸舀起冷水加入煮水壶，使热水稍微冷却，再用水杓舀水注入熟盂（装已经煮好可用来泡茶的热水）。

第四步，将熟盂内的热水注入茶壶，温壶。

第五步，舀起釜中的热水再次注入熟盂（先让水降温，等一下用来泡茶）。

第六步，提起茶壶，将热水一一注入茶杯，温杯。

第七步，拿起茶罐，用茶匙取茶，投入茶壶。

第八步，将茶罐归位。

第九步，将熟盂的热水注入茶壶，浸泡茶叶。

第十步，将温水倒入水盂。

第十一步，将茶壶的茶汤先倒入一点点进主泡者的杯（主泡者的杯排在第一位），轻轻检视汤色是否达到要求，再来回平均分两次倒入茶杯，最后一滴茶汤会来到主泡者的杯。

（5）奉茶：助手把奉茶盘放在泡茶席右下方，主泡者把茶摆在盘上，助手将一杯一杯泡好的茶端至客人席前，奉茶，先奉主客，再奉左方客及右方客。奉茶时，奉茶盘放在客人席的正方，放好了才双手拿起杯托与茶杯奉至客人席上。

（6）品茶：主泡者端起自己的茶杯，观色、闻香、品茶，试过味道，再敬请客人品茶。然后，主泡者请助手将准备好的茶食奉至客人席，主泡者再亲自来到席上，为客人分布茶食，让客人茶与茶食一起享用。这时候，主客可以进行一些与茶会有关的话题交流。

（7）清理归位：

第一步，茶会准备结束，助手将茶杯和茶点盘收到奉茶盘中。

第二步，主泡者及助手将奉茶盘端回泡茶席。

第三步，助手将茶点盘、叉子整理并放归原位。

第四步，主泡者将茶杯与杯托归位。

第五步，主泡者清理茶渣入水盂。

第六步，将釜中的热水倒入熟盂。

第七步，将熟盂的清水倒入茶壶。

第八步，将茶壶中的清水分注入杯，清洗茶杯后，用茶巾将茶杯擦干。

第九步，主泡者及助手将茶席巾放在正确位置盖好茶具。到此，茶会算是初步结束。

第十步，主泡者及助手向客人轻轻行礼，表示谢谢与结束，客人也可起立轻轻行礼致意，准备离去。

（8）送客：主泡者及助手要随客人一直走到茶室大门外，站在当地目送客人离开，直至客人的身影消失。

3. 英国茶会

英国人虽然早在1615年就知道有茶这样的饮料，且在1657年之前就有茶饮料的销售，但均是以桶装如麦酒的方式供男士们饮用，并无特别的饮茶礼仪和茶会活动。到了1662年查理二世的皇后葡萄牙公主凯瑟琳将饮茶带入宫廷后，英国的饮茶礼仪和习惯才开始形成，这也是英国妇女饮茶和下午茶的开始。

英国有名目繁多的茶宴（Tea-Party）、花园茶会（Tea in Garden）以及周末郊游的野餐茶会（Picnic-Tea）。红茶成为全国性饮料后，下午茶这一饮茶习惯就成为英国茶文化最具代表性的常态活动。下午茶可谓女主人的领域，下午四点钟左右，女主人就会把家中珍藏的茶具取出，铺上美丽的桌巾，放上蛋糕等小点心，悠闲地品着香醇的奶茶。到了19世纪，下午茶已经成为维多利亚时代（1837—1901年）社会生活重要的部分。一首英国民谣这样唱道："当时钟敲响四下时，世上的一切瞬间为茶而停。"因此从左邻右舍主妇们联谊的下午茶，到招待亲朋好友的茶会，都会选择下午茶的这一时段，尤其是在周末，下午茶或茶会进而成为英国人结交朋友的重要途径之一。

现代英国人依然保留着下午茶和茶会的习惯。茶会举行的时段，除了下午茶的时间外，也会在下午六时之后举行。从二三人到七八人，有时类似大宴会几百位宾客的正式茶会也有，也可成为茶宴，地点除了在家里，另择场地举行的也有。

除了传统的英国茶外，如今，英国人又在红茶中添加了各类鲜花、水果以及名贵香料，配制成花茶、果茶和香料茶。是否加糖、加奶或柠檬，正统的英式下午茶并无严格规定，只看个人喜好。不过基本原则是：浓茶加奶精口感润滑，淡茶或加味水果茶要喝原味。英国茶点最常见的有苏格兰奶油饼干、维多利亚松糕、松饼。通常顺序按照口味区分：由淡而重，由咸而甜。因此，取用时从底层逐渐往上取用，先吃最底层容易饱腹的三明治和松饼，然后是第二层的蛋糕等甜点，最后才是第三层的水果饼干等小点。下午茶讲究的是轻松的家庭风格，所以用手而不是用刀叉取点心仍是至今的传统。

传统的茶会礼仪，讲究交谈声音要小，瓷器轻拿轻放；女士举止从容，有人从面前经过时要礼貌地轻轻挪动身姿，报以微笑。松饼的吃法，是先以刀切开，但是不能切到底，然后用手撕，先涂果酱，再涂奶油。吃完一口，再涂一口。杯中茶喝完后，将茶匙放到茶杯中，表示到此为止，否则主人会不断续茶。

红茶文化是英国人社交生活的重要组成部分，朋友间的交往在日常生活中特别被重视，下午茶或茶会则被作为沟通的桥梁，发挥着巨大的作用。

（三）现代视野中的茶会

作为一种社会产物，茶会具有相应的社会性功能。传统的茶会模式，其社会性功能主要表现为"以茶为贵"的政治性功能。由帝王举办的宫廷茶宴也就成为当时社会规模最大、最为豪华的茶事活动，能受邀出席的无外乎战功卓著的军人武士、文采熠熠的王公大臣以及皇帝喜爱的皇亲国戚，大都地位显赫。而在茶宴中，皇帝更以赐茶来表示对臣下的宠爱，臣子以得到赏赐为荣，茶会赐茶成为帝王巩固政权、统治的一种政治方式，茶会发挥着其政治性的社会功能。

在原有茶会模式发展的中后期，随着饮茶的普及，茶会又衍生出一种有别于政治的新功能，那就是"以茶为乐"社交性的社会功能。明代散茶冲泡法的盛行，简化了茶的品饮步骤，加速了茶的普及发展，茶会在明清时期开始迅速在民间普及。文人雅士的"文士茶会"，将雅趣与饮茶结合，寄情山水。文人墨客从茶会中获得养性之修养、情操之陶冶、清净之心境、精神之滋养，且与同僚、同乡一起，借茶抒情，以茶为乐。

1. 现代茶会："以茶为媒"的社交性功能

中国现代茶会，根据活动主题、参与者的不同，有着不同内容、形式的茶会：既有深谙茶道之人汇聚的"无我茶会"，也有与宗教结合的"佛教茶会""道家茶会"；除此之外，中国还保留了"茶宴"这样充满情趣、分外讲究的吃茶习俗和茶话会这样活泼多变的茶会形式。

在传承古代茶会模式的基础上，现代茶会有了更大深度的发展，社交性功能发挥着其举足轻重的作用。茶会成为一种相当重要的媒介和平台，展现出一种"以茶为媒"的社交功能。现代茶会形式多样，但主要可分为两大类：

一种是以精致的茶水及茶点招待宾客的带有联谊娱乐、商讨事宜、同学聚会等性质和形式的茶话会。此类茶会形式多样，内容多变，"茶"一般不为活动参加者的主要焦点，重点是"话"，茶更多的是作为一种媒介，将大家联系在一起，进而展开相关活动。参加此类茶会的人也形形色色，也许他们并非都好饮茶，但均乐于通过茶话会的方式来提供平台、开展活动。

另一种则是爱茶之人汇聚一堂，以"以茶识友，以茶会友"为主要内容的茶会。此类茶会虽也由多种形式组成，但始终不变的是其中"茶"的精神体现。茶会均由爱茶人士参与其中，不论是精通茶道的老茶者，抑或是初来乍到的新茶人，大家围坐一圈，一齐识茶、品茶、论茶，一齐交流茶艺心得感想，茶会成为他们进行文化交流与传播的一种社交手段。

2. 商业茶会："以茶为饵"的品牌推广功能

近年来，茶会的商业性社会功能也是在诸多社会功能中异军突起，占据着一定份额。现代茶叶公司，销售渠道日渐多样，而根据自身茶品受众的需求来举办相关新茶推介会、品评会，也成为众多渠道中的一种。在此类茶会上，"茶"是活动的主角，公司多会在活动中推出相对应的茶品介绍、茶艺表演等内容，以加强来宾对茶的了解、认识。应邀出席的贵宾，多具有相当的消费能力，是茶叶公司的目标消费群，公司通过茶会的形式，来增加此目标受众对公司品牌的认同，进而达到增加品牌忠诚度、带动产品销售的最终目的。

随着现代企业客户服务意识的加强，各企业都会针对自己的客户来举办相应的答谢会，感谢客户对自己产品的支持，茶会就是其中非常重要的活动项目之一。一些网站、社团，为了给自己的会员提供活动机会、增添团队人气，也常常举办茶会，以此拉拢、巩固会员。除此之外，不少企业还相当注重企业文化的形成、公司人才的培训等，并专门开班设课。在这些课程的间隙，通常会安排较为休闲、有意义的活动，做到劳逸结合，茶会也是他们的不二选择。

不论是哪种形式、何种内容的茶会活动，茶会本身都只是其中的媒介，企业借茶会来向目标消费群推广企业品牌、产品形象，向员工传达公司对他们的关怀与爱，并因此巩固原有顾客的品牌忠诚度、建立新客户的信任与忠诚、凝聚员工对公司的责任与热爱，最终汇聚这多股力量，拉动产品销售，促进企业发展。正是由于这样的目的，茶会活动的商业性社会功能得以产生并发展。

3. 台湾无我茶会

迄今为止，茶会品牌化最为成功的就是由时任台湾陆羽茶艺中心总经理蔡荣章在1990年首创的"无我茶会"。茶会以"人人泡茶、人人奉茶、人人品茶"的大众化、新颖茶会形式，迅速在世界茶文化爱好者中传播开来，并以每年在世界各地举办茶会的方式，将茶会主旨、形式传播到各个国家和地区，奠定了其在当代茶会中不可动摇的地位。

创立、推广"无我茶会"的蔡荣章先生，1980年投身茶艺事业，创办"陆羽茶艺中心"，长期进行茶艺推广和教育工作，成绩斐然。1990年5月，蔡先生提出创立"无我茶会"的设想并组织学员进行具体实践。在短短20年间，无我茶会分别在中、日、韩等国各地，举办了近十届国际无我茶会，吸引了世界各地茶人的关注和参与。

无我茶会与传统茶会形式相比，具有独到之处：它没有固定坐席，依自然地形而设，没有统一茶叶、茶具和冲泡方式，全由参与者自行决定，每人既泡茶给他人喝，也喝他人的茶，大家一律平等、一视同仁。茶会精神分为无尊卑之分、无报偿之心、无好恶之心、求精进之心、遵守公共约定和培养团体默契六项。

"无我茶会"是一种既吻合茶道精神，但又完全区别于传统茶会形式的崭新茶会，而经过20年的长期实践，现已拥有稳固的群众基础，并产生了广泛的国际影响力，是独一无二且具有强大生命力的茶会品牌。

作为一种良好的社交手段，茶会作为茶文化的传播途径的作用与日俱增。在茶会上，大家"以茶识友，以茶会友"，精于习茶之人与初入门者同桌而坐，习茶论茶，共同探讨习茶之心得、体会，感受习茶之心境、感悟，渐入品饮佳境，茶文化之奥秘、美妙，也都尽享其中。

三、茶席是有主题的茶文化空间

2010年10月，杭州国际茶文化空间（茶席）论坛在浙江农林大学举行。笔者受茶文化学科带头人王旭烽教授的委托，代表茶文化学院参加了此次论坛，并在会上作了题为"茶文化空间概念的拓展及茶席功能的提升"的大会发言。会后同题论文在《农业考古》中国茶文化专号上发表。

在本次发言中，笔者表达了这样的观点：茶席是茶文化空间的一种，是有独立主题的，最为精致的、浓缩了茶文化菁华的一个美妙的茶文化空间。

所谓茶文化空间，是指根据茶文化的内涵布置出来的，或室内或室外，由茶文化元素构成的审美空间。这是传统意义上关于茶文化空间的概念定义。要构成一个茶文化空间，它要具备"茶文化内涵"，是"人工布置"的，由"茶文化元素"构成，是一个具有"审美意味"的空间，这几项元素缺一不可。更重要的是，这个空间，是一个具象的、可视的、可触摸的实际空间。

从其品类来说，茶文化空间可大略地分为以下几类：

第一，茶席。茶席是一个狭义的、最为精致的、浓缩了茶文化菁华的美妙的茶文化空间。

第二，各类茶艺馆，公司的茶艺室，有品位的家庭中布置的茶艺一角以及专用于茶艺教学培训的场所等室内空间。

第三，室外公共空间，如中国传统的园林庭院、广场、露天的茶座等。虽设施布置未必有室内那般精致考究，但因有茶人活动其中，也都应该算是茶文化空间。

第四，大自然空间。虽非人为形成，但有山有水，是非常适合饮茶品茗的景致清幽之地。

比较有争议的是户外的自然场景，即古人所谓的"泉石之胜"，能不能算是茶文化空间？答案是肯定的。陆羽《茶经·四之器》提到一种茶器曰"都篮"，以"悉设诸器而名之"。有了都篮，陆羽外出作茶事，茶具可担而行之。这个"都篮"，已经勾勒了一个意境旷远的户外的茶文化空间。在这个空间中，茶人以茶为媒介，完成了人的自然化，达到了天人合一的境界。

在古代诗文中，这样的情景比比皆是。如唐柳宗元《夏昼偶作》诗："南州溽暑醉如酒，隐几熟眠开北牖。日午独觉无余声，山童隔竹敲茶臼。"宋苏轼《游惠山》诗："敲火发山泉，烹茶避林樾。明窗倾紫盏，色味两奇绝。……岂如山中人，睡起山花发。一瓯谁与共，门外无来辙。"宋陆游《北岩采新茶用忘怀录中法煎饮欣然忘病之未去也》诗："细啜襟灵爽，微吟齿颊香。归时更清绝，竹影踏斜阳。"元谢应芳《寄题无锡钱仲毅煮茗轩》诗："星飞白石童敲火，烟出青林鹤上天。午梦觉来肠欲沸，松风吹响竹炉边。"可见，为与茶性的冲淡、清和相投合，古人饮茶特别讲究环境之清幽，尤其崇尚一种"野趣"：或处竹木之阴，或会泉石之间，或对暮日春阳，或沐清风朗月。

明代许次纾《茶疏》中，说到"饮时"最宜是："心手闲适，披咏疲倦，意绪纷乱，听歌拍曲，歌罢曲终，杜门避事，鼓琴看画，夜深共语，明窗净几，洞房阿阁，宾主欢狎，佳客小姬，访友初归，风日晴和，轻阴微雨，小桥画舫，茂林修竹，课花责鸟，荷亭避暑，小院焚香，酒阑人散，儿辈斋馆，清幽寺观，名泉怪石。"从这些字里行间，可以想见古人之清韵高致，也让我们领略到了一个个让人产生无限遐想之美妙的茶文化空间。

除了具象、可视的实景空间，另一些包含了丰富的茶文化元素的虚拟的空间，是不是也应该纳入茶文化空间的范畴？

先举文学作品的例子。

苦茶老人周作人在《雨天的书·自序一》中写道："在江村小屋里，靠玻璃窗，烘着白炭火钵，喝清茶，同友人谈闲话，那是颇愉快的事。"在《喝茶》一文中，又这样写道："喝茶当于瓦屋纸窗下，清泉绿茶，用素雅的陶瓷茶具，同二三人共饮，得半日之闲，可抵十年的尘梦。"我们读这样平和冲淡的文章，想象这"江村小屋"里、"瓦屋纸窗"下品茶清谈的意境，是不是让人觉得悠然神往？这样一种由意境而生的心灵的空间，我们也将之视为茶文化空间何如？

南宋大诗人陆游作有一首《临安春雨初霁》诗："世味年来薄似纱，谁令骑马客京华。小楼一夜听春雨，深巷明朝卖杏花。矮纸斜行闲作草，晴窗细乳戏分茶。素衣莫起风尘叹，犹及清明可到家。"内中"矮纸斜行闲作草，晴窗细乳戏分茶"一联，与茶事有关。

这首诗的背景是，南宋淳熙十三年（1186年）春，陆游奉命权知严州事，由山阴被召入京。他向孝宗皇帝慷慨陈词，力主抗金，但没有得到皇帝的响应。诗人壮志难酬，情怀郁悒，于是在临安旅舍中写下了这首诗。

"晴窗细乳戏分茶"，有"晴窗"，有"细乳"，再加上一个"戏""分茶"，如果只是把它简单地看成诗人百无聊赖地品茗戏茶的活动，那就差矣。内中其实透露了诗人的一种报国无门、感伤抑郁的心情，这难道不是一个内涵极其丰富的茶文化的空间么？

还可以举国外的例子。

英国的"下午茶"文化很有名。英国著名作家乔治·吉辛在其作品《四季随笔》冬之卷里对下午茶有精彩的描述。香港著名作家董桥这样评价："吉辛到底是文章大家，也真领悟得出下午茶三味，落笔考究得像英国名瓷茶具，白里透彩，又实用又堪清玩：午后冷得溟蒙，散步回家换上拖鞋，披旧外套，蜷进书房软椅里等喝下午茶，那一刻的一丝闲情逸致，他写来不但不琐碎，反见智慧。笔锋回转处，少不了点一点满架好书、几幅旧画、一管烟斗、三两知己：说是生客闯来啜茗不啻渎神，旧朋串门喝茶不亦快哉！见外、孤僻到了带几分客气的傲慢，实在好玩。"

"到了女仆端上茶来，吉辛看见她换了一身爽净的衣裙，烤面包烤出一脸醉红，神采越显得焕发了。这时，烦琐的家事她是不说的，只挑一两句吉利话逗主人一乐，然后笑嘻嘻退到暖烘烘的厨房吃她自己那份下午茶。茶边温馨，淡淡描来，欲隐还现，好得很！"

吉辛笔下这个英国下午茶的美好空间，在他的描述下，栩栩如生，宛在眼前。的确是"好得很"！

吉辛笔下描写的英国下午茶，我们无由得见其具象的描绘。但著名画家詹姆斯·蒂索所绘的一幅下午茶油画，则让我们从一个侧面领略了西方下午茶的风采。

詹姆斯·蒂索是法国人，曾在安格尔的学生拉莫特和法兰德林的画室学习绘画，所以承袭了新古典主义绘画的风格，又与德加等现代派画家共同探索现代艺术，追随革命风潮。于是，他的画风介于新古典主义的精致与印象派朦胧之间，在古典的气息中透着印象派的优美、明媚与阳光。

蒂索不喜欢巴黎的艳俗，他追求英国的绅士风度，在巴黎公社失败后逃到伦敦。于是，他此时的作品风格非常得维多利亚——茶和爱情来了。

在伦敦，他遇到了一生为之迷恋的女子凯瑟琳·纽顿。凯瑟琳年轻而迷人，曾经的丈夫是位军官，长期在外服役，在这个期间她与别人有了私情并生下孩子，这在维多利亚时期的英国是很大的耻辱。然而蒂索毫不介意，凯瑟琳就成了他的情人，为避流言蜚语，二人搬到郊外的房子里生活。之后，他们几乎与社会隔绝，沉浸于二人世界中，这是蒂索一生中最为快乐的时光。就是这个时期他把他的幸福和热烈表现在艺术上，画了大量的下午茶的油画，画面上竟是那些美丽、幽雅的"凯瑟琳"。

如此六年，才28岁的凯瑟琳因肺炎突然死去。蒂索离开这个国家，重回巴黎。从此，他没有再让任何女人走近他的生活，他的创作再也没有鲜艳的色彩和美丽的女人，只画那些禁欲的宗教主题。

他有一幅在庭院中饮茶的作品，光影迷离，池塘里泛着涟漪，一树将落未落的黄色的树叶，阳光斜斜射来，是将近傍晚了。一位美丽的少女穿着一身纯洁的白衣裙躺在藤椅上甜美地睡着了，边上的圆形茶几上满是银质的茶具，切剩一半的面包，还有从中国进口的青花瓷茶壶。一位老夫人坐在藤椅上，正出神地望着那梦中的少女。也许她在怀想吧，那少女曾就是她自己，在下午茶的片刻宁谧之中，无论是画家还是画中的女人都不知今夕何夕了。

以上所述是文学作品。再来看两幅漫画。

丰子恺先生曾画过一幅漫画，题为《山路寂，顾客少，胡琴一曲代RADIO》。画面是一个山中小茶店，山雨忽来，茶博士坐在门口咿咿呀呀地拉胡琴，他觉得有趣极了。后来，他在《山中避雨》这篇散文中这样写道："茶越冲越淡，雨越落越大。最初因游山遇雨，觉得扫兴；这时候山中避雨的一种寂寥而深沉的趣味牵引了我的感兴，反觉得比晴天游山趣味更好。"

这样一种山中遇雨、村店喝茶的茶文化空间，是不是也牵引了你的感兴？

丰子恺先生还创作过另一幅漫画：《人散后，一钩新月天如水》。这幅漫画是丰子恺先生早期漫画之一，1924年最早发表在《我们的七月》杂志上。当时丰子恺先生在白马湖春晖中学任教，与叶圣陶、夏丏尊、朱自清等共事。他们往往在月下倚栏观赏新月，手持清茶一杯闲谈。夜深了，人散去，他画了此意境。

我们看这画面：一钩新月，半卷竹帘，人去楼空，茶烟未散。寥寥数笔，却将那一种凄清怅惘之感，表达得淋漓尽致。

欣赏这样一幅茶画，是不是也让你感受到了另一种茶文化空间的魅力？

这样的例子还可以举出很多。比如，我们欣赏与茶有关的音乐，观赏《印象大红袍》这样融历史、民俗、山水、茶文化于一体的山水实景演出，观看田壮壮导演的茶马古道系列电影……是不是也时时恍若置身于一种别样的茶文化空间，感受到最具历史渊源、最为厚重的文化——中国茶文化的力量？

如上所述，我们所谓的茶文化空间概念的拓展，事实上是对茶文化空间概念的另一种解读。这是一种虚拟的心灵的空间，是充分发挥了人的想象，由意念与意境组成的，有着丰富的茶文化元素符号的神奇的另类的空间。这样的虚拟空间，与前述的实景空间，互为映衬，虚实相济，使得茶文化空间的理念，更加耐人寻味，发人深思。

我们相信，随着时代的发展，茶文化研究的深入，许多传统的理念也将得到有益的拓展和更新。这种拓展和更新，并不是对传统的简单颠覆，而是在新的文化视野下，对传统的新的诠释和解读。

四、茶席功能的提升

传统意义上的茶席，根据不同的茶文化空间而有不同的功能。首先是实用功能，是可看并可实际享用的；其次是审美功能，一席精美的茶席，能予人美的享受。茶席首先要具备实用功能，虽然在客观上实用功能已在减退，而更多地侧重于审美功能。

古代的茶宴或许可归入纯粹实用功能的茶席。

茶入宴最早可追溯至三国，当时孙皓设宴"密赐茶荈以代酒"。茶真正成为宴饮中心的茶宴，至迟在东晋初年就有了，那时称"茶果"宴。《晋书》中曾有两则记载。"茶宴"这个名称最早就出现在唐诗里，首见于唐诗人钱起《与赵莒茶宴》一诗中。杜甫有"枕簟入林僻，茶瓜留客迟"句。白居易有"村家何所有？茶果迎来客"句。

以茶会友、结宴咏谈之事在魏晋时已然出现，但作为大规模的皇室礼仪活动，茶宴在宋代达到了鼎盛的程度。蔡京在《延福宫曲宴记》一文中写道："宣和二年（1120年）十二月癸巳……上命近侍取茶具，亲手注汤击拂。少顷，白乳浮盏面，如疏星淡月，顾诸臣曰：'此自布茶。'饮毕，皆顿首谢恩。"现多以此为佐证。但是，早在元祐四年（1089年），黄庭坚就有了《元祐四年正月初九日茶宴和御制元韵》的诗书，要比蔡京早约30年，其中的"茶宴"二字殊为难得。黄庭坚的书法，恐怕是迄今为止最早书写的"茶宴"手迹了。

到了两宋，越来越多的画家加入到茶宴中，茶宴场面在宋代的很多绘画作品中都能见到，宋徽宗就曾画过一幅《文会图》，描绘了文人宴饮雅集的盛大场面。明代文人雅士喜好在自然山水胜地举行茶会，唐寅的《事茗图》，就是一幅在青山环抱、林木苍翠间邀朋品茗的佳作。

经历代文人雅士以及专业茶师的完善，茶宴逐步成为茶文化的重要载体。茶话会是文艺界、工商界以及机关团体等社会各阶层普遍采用的聚会交流形式，20世纪30年代，漫画家鲁少非画过一幅《文坛茶话图》，鲁迅、徐志摩等当时活跃在中国文坛的作家几乎都在画上。20世纪80年代至今，盛行以茶入菜或将茶叶融入食品，从而组合成为"茶宴"。

现代的茶宴，以杭州湖畔居仿古设计的茶宴最为典型。湖畔居茶楼，复古了2000多年前的场景。一张古朴的长方形桌子，12张红木椅子，12套青花瓷餐具，12个竹制卷帘。

伴随着悠扬的"江南丝竹"，穿着青色长褂的茶艺师开始表演茶道。一杯杯泛着清雅兰花香的西湖龙井茶，作为第一道茶被送到了12位宾客手中。接着，上茶食——吴山酥油饼。之后是三道菜品：龙井虾仁、清汤鱼圆以及手剥春笋。细细品味之后，第二道茶武夷岩茶以及相配套的茶食和菜品，也陆续上桌。

先上茶，后送点，再配菜，每一道茶和菜都能相互提香。茶宴继承了古今茶宴茶会重在品茶、佐以茶食点心的传统格调，全部以菜配茶，品茗喝茶由此回归成为茶宴的"主角"。茶宴上的佐茶菜点，制作精良，而且基本上是晚明以来文人学士创制或推崇的"文人菜"以及时下"茶菜"中的精品，有袁枚《随园食单》里记载的"茶腿"、有原载于南宋林洪《山家清供》的东坡豆腐、有周作人《雨天的书》中记载的煮干丝。

茶宴所取佐菜肴比如龙井虾仁、荷包鲫鱼、腌笃鲜、清炒苦瓜等，均为以苏、扬、杭为代表的江南菜，强调的是在平淡无奇的食材中发掘出真味来。其中大多数又是晚明以来文人学士，比如李渔、袁枚、梁实秋、周作人、蔡澜等人推崇的菜肴，这些文人"视食物为感官乐趣来源"的饮食价值观，与饮茶强调品茶的"本色""原味""真香"是一致的。

最后成形的西湖茶宴创意方案，其设计的基本理念就是"清雅、养生、艺文、时尚"。不仅茶宴所取佐菜肴均以清鲜为上，而且讲究饮食平衡，讲究宴饮雅集与艺文之乐相结合。

在民间，有许多质朴无华的茶席，是纯粹讲究实用功能的。这可以举浙江德清三合乡的"咸橙茶"为例。咸橙茶的冲泡，是先将细嫩的茶叶放在茶碗中，用竹爿瓦罐专煮的沸水冲泡；尔后，用竹筷夹着腌过的橙子皮或橘子皮拌野芝麻放入茶汤，再放些烘豆或笋干等其他佐料，少顷即可趁热品尝，边喝边冲，最后连茶叶带佐料都吃掉。这是一种洋溢着浓郁"土风"的茶俗，茶具也很朴陋，似乎不登大雅之堂。但这种咸橙茶具有明显的兴奋提神作用，尤其在冬春之交，夜特别长，乡民们晚上吃了咸橙茶，可以顿消白天疲劳。显而易见，这是一种特别讲究实用的茶席。

更多的茶席则不仅具备实用功能，且更多强调其审美功能，或者换言之，是实用与审美功能兼具者。

在浙江农林大学举办的"2010杭州·国际茶席展"中，来自韩国、日本、意大利、新加坡、印度尼西亚等国家，及我国澳门等地各高校和单位的近40席精美茶席，予人以深刻印象。其中来自韩国的一席名为《晚秋香气》的茶席，选择了与清冷的深秋相配的黑釉扣金茶具，铺垫上的茶具因美丽黑釉间的金扣纹显得耀眼突出。汤色金黄透亮，茶香明净。它的理念是，希望在分享一杯俭朴、纯净的清茶的同时，在平等、和平的精神下，相互之间用真诚的心来传递一份关爱、一个微笑、一份宽容。通过一盏热茶来分享幸福，通过布置这样的茶席，引导我们摆脱日常生活中的烦恼，达到灵魂的仙界。显而易见，这样的茶席就是兼具实用与审美功能者。

我们一直在思索一个话题：有没有这样一种茶席，它是一种纯审美功能的？

之所以产生这样的"奇想"，其实是受到中国古代一种"看席"的启发。

在我国隋唐时期，曾经流行一种"看席"。这种看席也叫"饤饾"（或曰"饾饤"，韩愈《南山诗》中有"或如临食案，肴核纷饤饾"之句）。所谓"看席"，就是形制华美，寄有寓意，主要供食客观赏而并非吃的系列肴馔。唐代宫廷宴会十分注重看席，唐人卢言撰《卢氏杂说》记载："唐御厨进食用九饤食，以牙盘九枚装食于其间，置上前，并谓之'香食'。"也就是说，这种看席是仅供皇帝"看看"以增强宴会华贵氛围用的，看席中的"香食"要陈放在洁白的象牙盘中，穿插于供食用的看馔之间，由此也可见唐时宫廷饮食餐具之讲究。

有人或许有异议，如果不具备实用功能，那为什么还要设计茶席？那岂不是"无用之物"吗？

其实这所谓"有用"与"无用"，都是相对而言的，看我们怎么去理解了。

周作人在《北京的茶食》一文中说："我们于日常必需的东西以外，必须还有一点无用的游戏与享乐，生活才觉得有意思。我们看夕阳，看秋河，看花，听雨，闻香，喝不求解渴的茶，吃不求饱的点心，都是生活上必要的——虽然是无用的装点，而且是愈精炼愈好。"

我完全认同苦茶老人的这一观点，但不太认可"无用的装点"一语。我们理解的茶席功能的提升，即上升到纯粹审美的境界，并非"无用的装点"，而更希望这一新的理念能够具有实践的指导意义。

纯审美茶席的理念，或许可以回答这一疑问：一席精美的茶席，真的可以脱离原本具有的物质功能内涵，而完全进入精神、成为茶领域中独立存在的文化符号？

这一文化符号，可以将历史长河中那许多无意识的文化的遗存，串珠成链，熠熠闪光。

我们以为，纯审美的茶席，不仅是对茶席功能的提升，也是弘扬中华茶文化、提升生活品质的时代的需求与选择。

第三章　茶席的历史钩沉

　　毫无疑问，"茶席"是近些年新冒出来的一个词语，在中国古籍中，似乎找不到它的渊源出处，就连最权威的《辞海》《汉语大词典》中也没有收录。不过，虽说在中国古代无茶席之名，但不意味着就无类似茶席的事物。事实上，只要有饮茶，只要有茶艺、茶道，就一定会有茶席的存在。

　　古来好茶之人，在饮茶之时或借饮茶之机，往往以茶为题，赋诗吟词，留下不少意境高远的茶诗文。通过这些茶诗文，往往可以依稀发现古代"茶席"的暗通消息；又有一干文人雅士，挥毫泼墨，著写丹青，留下不少直观、优美的茶文化事象，其中的各类茶席图像，更是为现代人研究茶席这一优美的茶文化空间提供了鲜活的注脚。

一、古诗文中的茶席

　　西汉辞赋家王褒著有《僮约》一文，是其作品中最有特色的文章，记述他在四川时亲身经历的事。西汉神爵三年（公元前59年），王褒到"煎上"即渝上（今四川彭州市一带）时，遇见寡妇杨舍家发生主奴纠纷，他便为这家奴仆订立了一份契券，明确规定了奴仆必须从事的若干项劳役以及若干项奴仆不准得到的生活待遇。这是一篇极其珍贵的历史资料，其价值远远超过了受到汉宣帝赞赏的《圣主得贤臣颂》之类的辞赋。在《僮约》中有这样的记载："脍鱼炰鳖，烹荼尽具"；"牵犬贩鹅，武阳买荼"。这是我国，也是全世界最早的关于饮茶、买茶和种茶的记载。

文中提到，当"舍中有客"时，须"烹荼尽具"，以茶待客，这是中国最早关于烹茶的记载。但是用什么样的器具烹茶，茶席如何布置，因行文简略，一概阙如，后人不得而知。

西晋文人杜育所撰《荈赋》是世界上第一篇描写茶事的美文。杜育，西晋襄城郡（今河南鄢陵县）人，先后任汝南太守、右将军、国子监祭酒。《荈赋》是我国历史上第一次全面而真实地记述当时茶树生长环境、采茶、用水、茶具、茶汤、泡沫等方面的作品，其学术价值超过了它的文学价值，是研究晋代茶叶出产的珍贵资料。可惜因历时久远，这篇赋文流传至今已残缺不全，仅剩十句：

> 灵山惟岳，奇产所钟。厥生荈草，弥谷被岗。承丰壤之润泽，受甘霖之霄降。月惟初秋，农功少休。结偶同旅，是采是求。水则岷方之注，挹彼清流。器择陶简，出自东隅。酌之以匏，取式公刘。惟兹初成，沫成华浮。焕如积雪，晔若春敷。

此文虽非全璧，但从其叙述中仍可依稀了解晋时饮茶习俗之方方面面，比如用器和择水、茶汤形色等。"器择陶简，出自东隅"，表明其时所用茶具，为产自东隅地区（应指浙江越州一带越窑所生产的青瓷茶具），这与考古发现的史实是相佐证的。"酌之以匏，取式公刘"，意为用葫芦瓢挹取茶水，饮茶效仿《诗经·大雅·公牛》记载的喝酒方式，既清朴而又有古雅之风。不过，此文虽描写了晋时烹茶饮茶的器物之属，但因骈文文体行文简洁之特性，文中对其时茶席如何布置并未展开叙述，后人也就无从得知。

到了唐代，"自从陆羽生人世，人间相约事新茶"。因茶圣陆羽的大力倡导，唐代茶道大兴，有关茶事的诗文记载和书画作品亦较前丰富许多。从陆羽《茶经》的记载以及一些同时代人的画作中，我们也可对唐代茶会及茶席的情况得知一些端倪。

唐代流行煎茶，陆羽《茶经·四之器》系统地记述了唐代煎茶用的各种茶器，计有风炉（含灰承）、筥、炭挝、火筴、鍑、交床、纸囊、碾（含拂末）、罗、合、则、水方、漉水囊、竹筴、鹾簋（含揭）、碗、熟盂、畚、札、涤方、滓方、巾、具列、都篮等24种煮茶饮茶用器。就制作材料而言，有银、生铁、锻铁、生钢、熟铜、泥、石、白瓷、青瓷、海贝之类金属和非金属物质，还有青竹、葫芦、棕榈皮、剡藤纸、木漆、白蒲、鸟羽、绢、粗绸、油布之属，所用木料选用槐、楸、梓、茱萸、橘、梨、桑、桐、柘、桃、柳、蒲葵、柿树之类。由此可见，唐代煮茶器具之繁多。

单从陆羽《茶经·四之器》来看，唐时若布置一席茶席，可谓器类繁复，蔚然大观。不过，懂得繁复又懂得化繁为简的陆羽在《茶经·九之略》中又提出"六废"之说，在六种情况下可以简化茶具使用，可以让茶席简约实用。这也反映出在茶道大兴的盛唐时期，茶事兼容并包的一种时代风格。

这"六废"并非指废茶事，而指茶器的损益："其煮器，若松间石上可坐，则具列废；用槁薪、鼎鈩之属，则风炉、灰承、炭挝、火筴、交床等废；若瞰泉临涧，则水方、涤方、漉水囊废；若五人以下，茶可末而精者，则罗废；若援藟跻岩，引絙入洞，于山口炙而末之，或纸包、合贮，则碾、拂末等废；既瓢、碗、筴、札、熟盂、鹾簋悉以一筥盛之，则都篮废。"这"六废"，显出唐人品茗不拘泥的潇洒。

从唐宋以来诗人的诗文看，其时文人茶席大多设在自然环境中，和山林融为一体，追求一种野趣。且看唐代大诗人杜甫的两首诗，一曰《重过何氏五首》之三，诗云：

落日平台上，春风啜茗时。石栏斜点笔，桐叶坐题诗。
翡翠鸣衣桁，蜻蜓立钓丝。自今幽兴熟，来往亦无期。

一曰《夜宴左氏庄》，诗云：

> 林风纤月落，衣露净琴张。暗水流花径，春星带草堂。
>
> 检书烧烛短，看剑引杯长。诗罢闻吴咏，扁舟意不忘。

又如岑参《暮秋会严京兆后厅竹斋》诗，有"京兆小斋宽，公庭半药阑。瓯香茶色嫩，窗冷竹声干"之句，意境也是相当幽静。

唐诗僧灵一《与元居士青山潭饮茶》诗，将古人好于野外饮茶之俗描绘得更是直接：

> 野泉烟火白云间，坐饮香茶爱此山。
>
> 岩下维舟不忍去，青溪流水暮潺潺。

大自然茶席让茶人由居室内的茶席环境，转入极致融入自然生态的调和之中。大自然茶席包括了建筑物、植物、溪山、泉石……这些物象，都屡屡出现在诗人笔下。

如唐顾况《过山农家》诗："板桥人渡泉声，茅檐日午鸡鸣。莫嗔焙茶烟暗，却喜晒谷天晴。"寥寥数语，写出农家田园气象。在此山家品茗，岂不令人有出世之想。

刘言史《与孟郊洛北野泉上煎茶》："粉细越笋芽，野煎寒溪滨。恐乖灵草性，触事皆手亲。敲石取鲜火，撇泉避腥鳞。荧荧爨风铛，拾得坠巢薪。……"在野泉边煮茶，敲石取火，风铛煮汤，用的薪柴也是跌落的鸟巢，一派古意盎然。

以天地为茶席。茗舍、茶屋、茶亭、茶寮等，都是文人隐入大自然茶席常提起的。陆羽在湖州的"三癸亭"就是他与茶友的大自然茶席学习地点。当时陆羽与诗僧皎然相互品茗，参禅精进，皎然爱茶品茗吟诗，在他留给后人追怀的诗词中，强调着品茗与自然的搭配。诗人留下的诗词都将当时该茶席称为"物境"。

皎然在《五言渚山春暮会顾承茗社联句效小庚体》联句诗，说着在茗舍中的茶会、联咏。茗舍的环境是崔子向所说"湿苔滑行屐，柔草低藉瑟"，十分幽清；茗舍的性质是陆士修所说"颇容樵与隐，岂闻禅兼律"，宜于隐逸。张籍在《和左司元郎中秋居十首》中说："菊地才通履，茶房不垒阶。"茶室幽洁，自然朴素，藉地而设。

唐人在大自然中设茶席，茶人茶客置身大自然中，首先和自然景色相融相造。"松声冷浸茶轩碧""香阁茶棚绿蜡齐""竹经青苔舍，茶轩白鸟还"。青苔、竹林，加上飞过的白鸟，大自然茶席让人潜吟相伴。

如唐李德裕《故人寄茶》诗云：

剑外九华英，缄题下玉京。开时微月上，碾处乱泉声。
半夜邀僧至，孤吟对竹烹。碧流霞脚碎，香泛乳花轻。

又如宋苏轼《游惠山》诗云：

敲火发山泉，烹茶避林樾。明窗倾紫盏，色味两奇绝。
吾生眠食耳，一饱万想灭。颇笑玉川子，饥弄三百月。
岂如山中人，睡起山花发。一瓯谁与共，门外无来辙。

曾瑞在《村居》诗中说："量力经营，数间茅屋临人境。车马少得安宁。有书堂药室茶亭，甚齐整。"书堂、药室、茶亭三样都有，山家清事可谓备矣。茶的物境营造着大自然茶席的安宁祥和，才能在平静田园尽享品茗乐事。

陆树声《茶寮记》载："园居敞小寮于啸轩埤垣之西，中设茶灶，凡瓢汲罂注濯拂之具，咸庀择一人稍通茗事者主之，一人佐炊汲，客至则茶烟隐隐起竹外。"表明旧时茶人会特意经营，选好茶席位置。

茶室境小而景幽。茶室是根据茶的特性而设计的。要使人感受茶的精神与氛围。茶室境小而景幽，坐于茶室，身心便自然归于安宁静寂。茶人进入茶室，受特定环境的影响会更自然地遵守茶人的言行规矩，也加深了茶道的气氛。茶室布置得精美文雅，有书、画、插花等可供欣赏，增添了品茗时的美感。

明徐渭《煎茶七类》中有"茶宜"条，谓："凉台静室，明窗曲几，僧寮道院，松风竹月，晏坐行吟，清谭把卷。"

屠隆《茶说》中专有一条说"茶寮"："构一斗室，相傍书斋。内设茶具，教一童专主茶役，以供长日清谈，寒宵兀坐，幽人首务，不可废者。"反倒是自然景观中的植物更能增添好滋味。

明人罗廪《茶解》中云："山堂夜坐，汲泉煮茶。至水火相成，俨听松涛。倾泻入杯，云光潋滟。此时幽趣，未易与俗人言者，其致可挹也。"

物境的房舍，成为大自然茶席的重点是周遭自然植物，竹松最惹人爱，松竹茶席最合味。从古来诗人的诗文来看，宜茶的植物主要有竹、松两种。历来茶诗文中，对竹下品茗设茶席描写特别多。竹有清香，与茶香相宜。"茶香绕竹丛""竹间风吹煮茗香"，竹下烹茶品茗，茶香飘荡，文人高风亮节无竹令人俗的况味自然涌现。

如唐柳宗元《夏昼偶作》诗：

南州溽暑醉如酒，隐几熟眠开北牖。
日午独觉无余声，山童隔竹敲茶臼。

宋陆游《北岩采新茶用忘怀录中法煎饮欣然忘病之未去也》诗：

槐火初钻燧，松风自候汤。携篮苔径远，落爪雪芽长。
细啜襟灵爽，微吟齿颊香。归时更清绝，竹影踏斜阳。

宋赵湘《饮茶》诗：

昼梦回窗下，秋声碾树边。僧敲石里火，瓶汲竹根泉。
影照吟髭碧，香医酒病痊。坐余重有味，犹见半墙烟。

金代李俊民《陶学士烹茶图》诗：

> 斗室天寒对酪奴，竹间雪鼎与风炉。
> 书生事业真堪笑，莫谓粗人此景无。

元谢应芳《寄题无锡钱仲毅煮茗轩》诗：

> 星飞白石童敲火，烟出青林鹤上天。
> 午梦觉来肠欲沸，松风吹响竹炉边。

不但有竹下煮茗，更有以竹炉烹茶之雅事，如宋杜耒《寒夜》诗云：

> 寒夜客来茶当酒，竹炉汤沸火初红。
> 寻常一样窗前月，才有梅花便不同。

其中"寒夜客来茶当酒"一句，成为传颂千古的名句。又如明吴鼎芳《前溪》诗：

> 野风迎白衲，随步已前溪。落日在流水，远山青不齐。
> 花寒聊自䕶，鸟倦偶然啼。何处茶烟起，渔舟系竹西。

他如唐代王维诗"茶香绕竹丛"；唐代贾岛诗"对雨思君子，尝茶近竹幽"；唐代钱起诗"竹下忘言对紫茶"；宋代陆游诗"手挚风炉竹下来"；宋代张耒诗"蓬山点茶竹阴底"；元代马祖常诗"竹下茶瓯晚步"；明代高启诗"竹间风吹煮茗香"……不胜枚举。竹与茶，可谓休戚相关，须臾不可分离。

竹之外，古代文人好于松下煮茶。如唐李郢《题惠山》诗："乳洞阴阴碧涧连，杉松六月冷无蝉。黄昏飞尽白蝙蝠，茶火数星山寂然。"又如唐皮日休《茶瓯》诗：

邢客与越人，皆能造兹器。圆似月魂堕，轻如云魄起。

枣花势旋眼，蘋沫香沾齿。松下时一看，支公亦如此。

唐人陆龟蒙《煮茶》诗则将松下煮茶之雅人高致描绘得更其清晰：

闲来松间坐，看煮松上雪。时于浪花里，并下蓝英末。

倾余精爽健，忽似氛埃灭。不合别观书，但宜窥玉札。

从南唐进士成彦雄的《煎茶》诗中，后人可知古人不但喜于松下煮茶，更喜捡拾松枝煎茶，取其清香之韵也：

岳寺春深睡起时，虎跑泉畔思迟迟。

蜀茶倩个云僧碾，自拾枯松三四枝。

他如唐人王建的"煮茶傍寒松"、宋人陆游的"颇忆松下釜"、元人倪元林的"两株松下煮春茶"、明人沈周的"细吟满啜长松下"等，他们选择松下烹茶品茗，乃受禅茶相通。

松与僧谐音，有着较浓厚的佛教文化背景，于是松下喝茶，体会一种僧境与僧性。苏轼的"茶笋尽禅味，松杉真法音"，即将茶与禅、松与法音之间的关系做了明确的关联，对于普遍具有禅悦情怀的文人来说，松下饮茶是魅力的指标。

除了松、竹，与茶席有关的还有花。对于茶席上放花，自古以来就有不同看法，有花既宜茶又不宜茶之说。

从前文人有花不宜茶之说，宋人胡仔《苕溪渔隐丛话》引《三山老人语录》说："唐人以对花啜茶，谓之杀风景。"视对花饮茶为杀风景，最早见于李商隐的《义山杂纂》，列举了几种在当时被看作是杀风景的事，包括"清泉濯足，花上晒裤，背山起楼，烧琴煮鹤，对花啜茶，松下喝道"。说花不宜茶是由于花太艳，太丽，太喧，太浓。这与茶的幽、静、冷、淡、素的特性不符，甚而有些相悖。所以晏殊教人饮茶别去杀风景，要赏花时你就饮酒好了，他的一首诗正是这样说的："稽山新茗绿如烟，静挈都篮煮惠泉。未向人间杀风景，更持醪醑醉花前。"北宋时人也受唐人观念影响，如王安石也认为花不宜茶，在给他的兄弟王安甫寄茶时所附的一首诗中说道："碧月团团堕九天，封题寄与洛中仙。石楼试水宜频啜，金谷看花莫漫煎。"

到了南宋后期，对花品茶已不再被人认为是"杀风景"了。《冷庐杂识》说："对花啜茶，唐人谓之杀风景，宋人则不然。张功甫'梅花宜称'，有扫雪烹茶一条；放翁诗云'花坞茶新满市香'，盖以此为韵事矣。"此后对花饮茶更成风尚，如明人曹臣在《舌华录》中即说"花令人韵"，韵是一种极具艺术化的气质之美。花宜茶，插花入茶席成为现代茶席与大自然机能的结合，以花入茶席增添美的意象。

竹、松、花入茶境，入茶席，有了自然之乐，但若能将茶席位移在自然之境，使自己沐浴在大自然茶席中，更能享受野趣茶味。

茶席首重环境，就是所谓"物境"，亦即茶席的环境必须区分出宜用与不宜用。这是古人早已注意到的。徐渭在《徐文长秘集》中列出"茶事七式"的情境："宜精舍，宜云林，宜永昼清谈，宜寒宵兀坐，宜松月下，宜花鸟间，宜清流白云，宜绿藓苍苔，宜素手汲泉，宜红妆扫雪，宜船头吹火，宜竹里飘烟。"

中国茶人对于宜茶之境做了解释，此期宜茶之境多一些，带出品茗情境的随缘性……由心境、物境、事境、时境、人境提出了"饮茶十三宜"。冯可宾《茶笺》中说："无事，佳客，幽坐，吟咏，挥翰，徜徉，睡起，宿醒，清供，精舍，会心，赏鉴，文童"等境宜茶。

物境自然优雅释放的气氛，在山之巅，在水之涯，在远山，在近水，对茶人而言，达到大自然茶席的极致，必由心中的精神愉悦贯穿，才能在大自然茶席漫步中获得茶趣。

二、古书画中的茶席

现在所能见到的最早的唐代茶席是在传为阎立本所作的《萧翼赚兰亭

图》画中。该画内容是表现唐太宗李世民派遣御史大夫萧翼假扮商人，以计谋从辩才和尚那里骗取书法杰作《兰亭集序》的故事。

《萧翼赚兰亭图》绢本，设色，纵27.4厘米，横64.7厘米，无款印。作者相传为唐代著名的人物画家阎立本。贞观二十三年（649年），唐太宗自感不久于人世，下诏死后一定要以王羲之的《兰亭序》墨迹为随葬品。为此他派出监察御史萧翼，乔装成一个到南方卖蚕种的潦倒书生模样，从越州僧人辩才手中骗得王羲之的真迹。唐太宗遂了心愿，辩才气得一命呜呼。

此画就是根据唐人何延之《兰亭记》中记载的这个故事创作的。画面上正是萧翼向辩才索画，萧翼洋洋得意，老和尚辩才张口结舌，失神落魄，各人物表情刻画入微。画的左前部分为一煎茶场景，司茶者为一老一少。老者坐在蒲团上，面对风炉，风炉上置一茶镀，镀中水已沸，茶末似刚刚放入，老者手持茶夹正欲搅动茶汤。少者弯腰，手持托盏，小心翼翼地等待酌茶。方形矮几上，放置着托盏、茶叶罐等茶具。这幅画表现了唐代煎茶、饮茶所用器具及方法，矮几、托盏、茶叶罐和风炉、茶镀构成了一方唐代煎茶席。

宋代也有人提出此画的内容并非"萧翼赚兰亭"，而是《陆羽点茶图》，画面中的白衣书生正是陆羽，而那老僧是陆羽的师父智积。尽管如此，但《萧翼赚兰亭图》中的煮茶场景从茶文化研究的角度来看，却是引

唐阎立本《萧翼赚兰亭图》

人注目的。此画对反映唐代茶文化具有重要的价值：第一，这是迄今为止所见的最早在绘画形式中表现茶饮的作品；第二，形象地反映了"客来敬茶"的传统习俗；第三，画面中的茶具形制和煮茶方式可以作为研究当时禅门茶饮风格的重要参照。

有一幅佚名的唐代绘画《宫乐图》，描绘的是唐代宫廷仕女品茗赏乐的夏日消闲生活。

《宫乐图》的作者是谁虽无从考证，但此画仍是唐代最为著名的茶画之一。《宫乐图》绢本设色，并没有画家的款印，原本的签题是《元人宫乐图》，然而这画怎样看都是唐代的风貌。后来据沈从文先生考证，此画出自晚唐，画中应是宫廷女子煎茶品茶的再现，遂改定成《唐人宫乐图》。现藏于台北故宫博物院。

画中描摹了宫中仕女奏曲赏乐、合乐欢宴的情景，也同时留下了当时品茶的情状。画面中央是一张大型方桌，后宫嫔妃、侍女十余人，围坐、侍立于方桌四周，姿态各异。有的在行令，有的正用茶点，有的团扇轻摇，品茗听乐，意态悠然。

方桌中央放置一只大茶釜，每人面前有一茶碗，画幅右侧中间一名女子手执长柄茶杓，正在将茶汤分入茶盏里，再慢慢品尝。中央四人，则负责吹乐助兴。所持用的乐器，自右而左，分别为筚篥、琵琶、古筝与笙。旁立的二名侍女中，还有一人轻敲牙板，为她们打着节拍。她身旁的那名宫女手持茶盏，似乎听乐曲入了神，暂忘了饮茶。对面一名宫女则正在细啜茶汤，津津有味，侍女在她身后轻轻扶着，似乎害怕她便要茶醉了。众美人脸上表情陶醉，席间的乐声定然十分优美，连蜷卧在桌底下的宠物狗，都似乎醺醉了，整个气氛多么闲适欢愉。

这画上的美人实在是真正大唐的气象，虽不知作者究竟是谁，但其气韵风度反倒更切近于张萱、周昉二家"衣裳劲简，彩色柔丽，以丰厚为体"的风格。有的美人发髻梳向一侧，是为"坠马髻"，有的则把发髻向两边梳开，在耳朵旁束成球形的"垂髻"，有的则头戴"花冠"，凡此皆是唐代女性的装束。

千余载传下来的《宫乐图》，绢底多少有些斑驳破损，然作画时先施

唐佚名《宫乐图》

了胡粉打底，再赋予厚涂，因此，颜料剥落的情形并不严重，画面的色泽依旧十分亮丽。美人脸上的胭脂，似是刚刚绽出。身上所着的猩红衫裙、帔子，连衣裳上花纹的细腻变化，至今犹清晰可辨。可见有唐一代的工笔画之极其精到。

晚唐正值饮茶之风昌盛之时，茶圣陆羽的煎茶法不但合乎茶性茶理，且具文化内涵，不仅在文人雅士、王公朝士间得到了广泛响应，女人品茶亦蔚然成风。从《宫乐图》可以看出，茶汤是煮好后放到桌上的，之前备茶、炙茶、碾茶、煎水、投茶、煮茶等程式自然由侍女们在另外的场所完成；饮茶时用长柄茶杓将茶汤从茶釜盛出，舀入茶盏饮用。茶盏为碗状，有圈足，便于把持。可以说这是典型的"煎茶法"品饮场景的重现，也是晚唐宫廷中女人们茶事昌盛的写照。

反映唐代宫廷女子品茗情景的画作还有一幅甚为有名，这就是唐代画家周昉的《调琴啜茗图》。

周昉是中唐时期重要的人物画家，其画风"衣裳简劲，彩色柔丽，以丰厚为体"。多写仕女，所作悠游闲适，容貌丰腴，衣着华丽，用笔劲简，色彩柔艳，为当时宫廷、士大夫所重，称绝一时。此画现藏于美国密苏里州堪萨斯市纳尔逊·艾金斯艺术博物馆。

《调琴啜茗图》以工笔白描的手法，细致描绘了唐代宫廷女子品茗调琴的场景。画面分左右两部分，共五个女人。画幅左侧一青衣襦裙的宫中贵人半坐于一方山石上，膝头横放一张仲尼式的雅琴，左手拨弦校音，右手转动轸子调弦，神情专注；她身后站立一名侍女，手捧托盘，盘中放置茶盏、茶囊，等候奉茶；旁边侧坐一红衣披帛女子，正在倾听琴音。画幅右侧一素衣披帛的宫中贵人端坐绣墩上，双手合抄，意态娴雅；她身旁也站立一名奉茶侍女。画幅中心那名调琴女子刻画得最是精细、生动，从她身上那薄如蝉翼的披帛到拨弦转轸的玉指，都描绘得十分传神。

图中绘有桂花树和梧桐树，寓意秋日已至。颇有些美人迟暮之感，贵妇们似乎已预感到花季过后面临的将是凋零。那调琴和啜茗的妇人肩上的披纱滑落下来，显出她们慵懒寂寞和睡意惺忪的颓唐之态。

全卷构图松散，与人物的精神状态是和谐的。整个画面人物或立或坐，或三或两，疏密有致，富于变化，有很强的节奏感。人物组合虽不及张萱之作紧凑，但作者通过人物目光的视点巧妙地集中在坐于边角的调琴者身上，使全幅构图呈外松内紧之状。卷首与卷尾的空白十分局促，疑是被后人裁去少许。

画中人物线条以游丝描为主，并渗入了一些铁线描，在回转流畅的游丝描里平添了几分刚挺和方硬之迹，设色偏于匀淡，衣着全无纹饰，有素雅之感。人物造型继续保持了丰肥体厚的时代特色，姿态轻柔，特别是女性的手指刻画得十分柔美、生动。

唐人封演《封氏闻见记》卷六"饮茶"条载："御史大夫李季卿宣慰江南，至临淮县馆，或言伯熊善茶者，李公请为之。伯熊著黄被衫，乌纱帽，手执茶器，口通茶名，区分指点，左右刮目。"常伯熊擅长茶艺，娴于布置茶席，营造氛围。

白居易在《睡后茶兴忆杨同州》诗中写道："婆娑绿阴树，斑驳青苔地。此处置绳床，旁边洗茶器。白瓷瓯甚洁，红炉炭方炽。沫下麹尘香，

宋赵佶《文会图》

花浮鱼眼沸。"野外饮茶，茶席设在树下。

由此看来，唐代茶席朴素自然，注重实用性，既可在室内布置，也可在室外展开。

到了宋元时期，由于流行点茶茶艺，点茶的器具有风炉、汤瓶、茶碾、茶磨、茶罗、茶盏、茶匙、茶筅等，从当时人留下的画作和文献来看，宋元时期的茶席另有一番风情。

宋徽宗赵佶《文会图》即描绘了宋代文人会集的盛大场面，其中就有茶事内涵。

宋徽宗赵佶，轻政重文，喜欢收藏历代书画，擅长书法、人物花鸟画。一生爱茶，嗜茶成癖，著有茶书《大观茶论》，是中国第一部由皇帝编写的茶叶专著，致使宋人上下品茶盛行。他常在宫廷以茶宴请群臣、文人，有时兴至还亲自动手烹茗、斗茶取乐。

《文会图》绢本，设色，纵184.4厘米，宽123.9厘米，现藏于台北故宫博物院。《文会图》描绘了文人会集的盛大场面。在一个豪华庭院中，设一巨榻，榻上有各种丰盛的菜肴、果品、杯盏等，九文士围坐其旁，神志各异，潇洒自如，或评论，或举杯，或凝坐，侍者们有的端捧杯盘，往来其间，有的在炭火桌边忙于温酒、备茶，场面气氛热烈，人物神态逼真。

图中从根部到顶部不断缠绕的两株树木，虽然复杂，但由于含蓄的表现，因此毫无杂乱夸张之感，而像是观察树木真实生长状况后描绘出的细腻作品。徽宗时期画院作品常有种纤尘不染的明净感。《文会图》中即使在各种树木垂下的细小叶片上，也可以发现这种特质。

从图中可以清晰地看到各种茶具，其中有茶瓶、都篮、茶碗、茶托、茶炉等。名曰"文会"，显然是一次宫廷茶宴。画的主题虽是文人雅集，茶席却是其中不可缺少的内容。

此画中左前方有一点茶场景，方形桌上置黑色盏托、青瓷茶盏，方鼎形火盆中有一汤瓶、一酒壶，另有都篮等茶器。一侍者正从茶罐中量取茶粉置茶盏，准备接下来点茶。这是典型的宋代点茶茶席，环境在室外。

宋徽宗另绘有一幅《十八学士图卷》，今藏于台北故宫博物院。图

南宋刘松年《撵茶图》

绘典型的文人酬应，内容包括游园、赋诗、奏乐、宴饮，气氛热闹欢愉。聚会备以茶酒、珍馐的品酌，士人在溪亭、花石、松竹丛中，品茗酒食赏景。仆役分备茶酒，桌上置茶具，旁竹编茶笼内摆茶托。图中文士围桌而坐，箱形束腰平列壶门大案，唐、五代流行。此卷有数本传世，此为其中较佳者。

《十八学士图卷》描绘文人雅集，中有备茶、吃茶之场景描绘，是一种文人寄语郊野的茶席活动。中绘茶器有黑漆茶托、建窑茶盏、水注汤瓶、水瓮、放置茶器的都篮……

南宋画家刘松年《撵茶图》，为工笔白描，画面展示了贵族官宦之家品茗论艺的生动场面。

刘松年，宋钱塘（杭州）人，因居住在杭州清波门，而清波门又被称为暗门，故刘松年又被称为"暗门刘"。他的画精人物，神情生动，衣褶清劲，精妙入微。

刘松年有两幅重要的茶画作品，一曰《撵茶图》，一曰《茗园赌市图》。先来看《撵茶图》，该图描绘了宋代从磨茶到烹点的具体过程和场面。

画中一人跨坐凳上推磨磨茶，旁边方桌上有筛茶的茶罗、贮茶的茶盒以及叠起的茶盏和盏托、茶筅、茶匙等。出磨的末茶呈玉白色，当是头纲芽茶；另一人伫立桌边，提着汤瓶点茶，左手边是煮水的炉、壶和茶巾，右手边是贮泉瓮。一切显得安静整洁、专注有序，是贵族官宦之家讲究的品茶的幕后场面，反映出宋代茶事的繁华。画面的右边有三人，一僧人伏案作书，另有两位文人观看。说明当时文人的诗意生活离不开茶的佐助，这一情形在此画中显得尤为生动。

该画描绘了磨茶、点茶的情形，是宋代点茶的真实写照。茶席在室外树边布置，与《文会图》类似，属文人雅士茶会。《撵茶图》中也表现了不少当时的茶器，如茶磨、茶帚、拂末、茶筅、青瓷茶盏、朱漆茶托、玳瑁茶末盒、水盂、提梁镶等，多项茶器组合复现宋代品茗茶席的极致。

刘松年另一幅茶画作品《茗园赌市图》亦堪称精品，艺术成就很高，成了后人仿效的样板画。该图为绢本，浅设色画，无款，现藏于台北故宫博物院。画中以人物为主，男人、女人，老人、壮年、儿童，人人有特色表情，眼光集于茶贩们的"斗茶"，茶贩有注水点茶的、有提壶的、有举杯品茶的。右前方有一挑

南宋刘松年《茗园赌市图》

宋赵伯骕《风檐展卷图》

茶担卖茶小贩，停肩观看。个个形象生动逼真，把宋代街头民间茗园"赌市"的生动情景淋漓尽致地描绘在世人面前。

同样藏于台北故宫博物院的宋赵伯骕（1124—1182年，字希远）绘《风檐展卷图》中，则确切地展示了宋代文人生活四艺——点茶、挂画、插花、焚香。画中主角坐几榻悠闲自得，等待茶童送来茶器。茶童托盘上绘着黑漆茶托、茶盏、水注，这些正是宋代点茶必备的茶器。

南宋钱选《卢仝烹茶图》，以卢仝《走笔谢孟谏议寄新茶》诗意作画。画中头戴纱帽，身着白色长袍，仪态悠闲地坐于山冈平石之上的是卢仝。观其神态姿势，似在指点侍者如何烹茶。女仆着红衣，手持纨扇，正蹲在地上给茶炉扇风。男仆站立一旁。画面上芭蕉、湖石点缀，环境幽静可人。此画表现的是室外煎茶的场景，以石为席，坐席与茶席合一。此画虽名为《卢仝烹茶图》，实是虚构，所反映的并非唐代饮茶情形，茶席在一定程度上反映了宋人的追求。

除了茶画作品，宋人书法中也有不少茶事的反映。比如黄庭坚的《奉同公择尚书咏茶碾煎啜三首》。

黄庭坚字鲁直，自号山谷道人，洪州分宁（今江西修水）人，是北宋盛极一时的江西诗派开山之祖。他是苏门四学士，但与老师苏轼并称为"苏黄"。他的书法在中国书法史上独树一帜。

该帖为行书，与黄庭坚其他气势开张、连绵遒劲、长枪大戟的风格不同，中宫严密，端庄稳重，又不失潇洒。所书内容是其自作诗三首，建中靖国元年（1101年）八月十三日书，第一首写碾茶，"要及新香碾一杯，不应传宝到云来。碎身粉骨方余味，莫厌声喧万壑雷"；第二首写煎茶，"风炉小鼎不须催，鱼眼常随蟹眼来。深注寒泉收第二，亦防枵腹爆乾雷"；第三首写饮茶，"乳粥琼糜泛满杯，色香味触映根来。睡魔有耳不及掩，直拂绳床过疾雷"。

再如米芾的《道林帖》。

米芾字元章，号襄阳漫士、海岳外史、鹿门居士。祖籍山西太原，后定

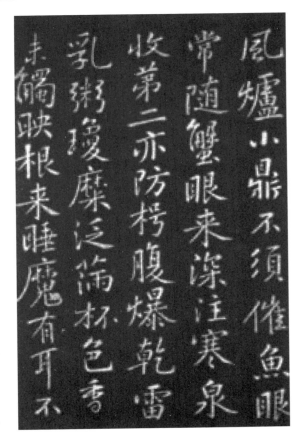

北宋黄庭坚《奉同公择尚书咏茶碾煎啜三首》

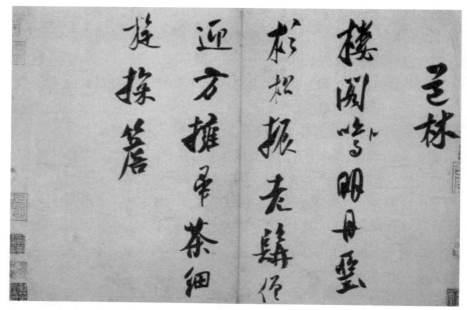

北宋米芾《道林帖》

居润州（今江苏镇江）。因他个性怪异，举止癫狂，人称"米癫"。徽宗诏为书画学博士，人称"米南宫"。米芾能诗文，擅书画，精鉴别，书画自成一家，创立了米点山水。

他的《道林帖》纸本，行书，纵30.1厘米，横42.8厘米，现藏于北京故宫博物院。诗题"道林"，诗云"楼阁明丹垩（中原有一'鸣'字，后点去），杉松振老髯……"诗中描写的是在郁郁葱葱的松林中，有一座寺院，僧人一见客来，就扫去地上的尘埃相迎，以示敬意。"茶细旋探檐"是说从屋檐上挂着的茶笼中取出细美的茶叶烹煮待客。"探檐"一词也生动形象地记录了宋代茶叶贮存的特定方式。

米芾的绢本诗书《吴江垂虹亭作》是他在湖州行中所书，用笔枯润相间，诗中写道："断云一叶洞庭帆，玉破鲈鱼金破柑。好作新诗寄桑苎，垂虹秋色满东南。"诗中虽未见茶字，但"桑苎"指陆羽，表达了米芾钦慕陆羽遗风的心绪。此外，他的书法代表作《苕溪诗卷》中也写道："懒倾惠泉酒，点尽壑源茶。"

20世纪七八十年代，考古发掘中发现一批宋辽时期的墓道壁画，其中绘有不少茶事的内容，十分形象地再现了当时的饮茶情景。

《夫妇对饮图》壁画是河南白沙宋墓（宋元符二年，1099年）壁画之一，画中共六人，两人是主人，为夫妻对坐。女的着红衣，男的着素色衣服。后四人一男三女，似为仆人，将进茶。画中茶盏和白瓷壶十分清晰。

1971年，在河北省张家口市宣化区下八里村考古发现一批辽代的墓葬，墓葬内绘有一批茶事壁画。虽然艺术性不高，有些器具比例失调，却也线条流畅，人物生动，富有生活情趣。这些壁画全面真实地描绘了当时流行的点茶技艺的各个方面，也反映出契丹统治下的北方地区的点茶状况。

张文藻墓有壁画《童嬉图》。壁画右前有船形茶碾一只，茶碟后有一黑皮朱里圆形漆盘，盘内置曲柄锯子、毛刷和茶盒。盘的后方有一莲花座风炉，炉上置一汤瓶，炉前地上有一扇。红漆方桌上置茶盏、酒坛、酒壶、酒碗等物，另一方桌上是文房四宝。画左侧有一茶具柜，四小童躲在柜和桌后嬉乐探望。壁画真切地反映了辽代晚期的点茶用具和方式，细致真实。这是日常生活中的茶席，它们与备酒席合而为一。

张世古墓有壁画《将进茶图》。棕色方桌上置有红色盏托，白色茶盏，具列，

白沙宋墓壁画《夫妇对饮图》

宣化辽墓壁画《备茶图》

一只大茶瓯，瓯中有一茶匙。桌前地上矮脚火盆炉火正旺，上置一汤瓶煮水。中间女子手捧带托茶盏，托黑盏白，似欲奉茶至主人。右侧女子手捧吐盂（或渣斗），左侧女子左手执扇，右手指点，似为女主人。这是一个奉茶场景，茶席简洁。

1号墓有壁画《点茶图》。壁画中有两男子，左侧一男子左手托托盏，右手持茶匙作搅拌状；右侧一男子作注汤状。两人之间的红桌上，置黑托白盏两套，以及茶瓯（含鱼尾柄勺）、茶罗。桌前地上矮脚火盆炉上置一汤瓶。这也是一个点茶场景，茶席简洁。

6号墓有壁画《茶作坊图》。左右各有一桌，左侧桌上摆放茶勺、茶匙、茶筅、茶砭、茶箸、茶刷、茶罐、茶笼、瓶篮等。右侧桌画面模糊，桌上似有茶瓯、茶盏等。左侧桌后一男子双手执茶瓶往右走。右侧一女子侧身回头，画面模糊不清。右前一童子跪坐地上，执扇对着莲花座风炉扇风。风炉上置汤瓶（比例较大）煮水，中间后面一童子伏在具列上观望。这是比较完全的点茶茶席，器具较齐备。

元代书画家赵孟頫（1254—1322年）绘有《斗茶图》，现藏于台北故宫博物院。该画是茶画中的传神之作，画面上四茶贩在树荫下作"茗战"（斗茶）。人人身边备有茶炉、茶壶、茶碗和茶盏等饮茶用具，轻便的挑担有圆有方，随时随地可烹茶比试。左前一人手持茶杯、一手提茶桶，意态自若；其身后一人手持一杯，一手提壶，作将壶中茶水倾入杯中之态；另两人站立在一旁注视。斗茶者把自制的茶叶拿出来比试，展现了宋代民间茶叶买卖和斗茶的情景。

元赵原《陆羽烹茶图》，以陆羽烹茶为题材，用水墨山水画反映优雅恬静的环境。自题画诗："山中茅屋

元赵孟頫《斗茶图》

元赵原《陆羽烹茶图》

是谁家，兀坐闲吟到日斜。俗客不来山鸟散，呼童汲水煮新茶。"画中远山近水，有一山岩平缓突出水面。一轩宽敞，堂上一人，盘膝而坐，当是陆羽。旁边有一童子，拥炉烹茶。此画虽为陆羽烹茶，也是虚构，实际上反映出元人的品茗意境。

　　元钱选绘有《卢仝煮茶图》。在流传至今的以卢仝为主角的茶画中，最著名的当数元代钱选的《卢仝煮茶图》。钱选字舜举，生于南宋嘉熙三年（1239年），卒于元大德六年（1302年），是"吴兴八俊"之一。钱选在宋亡之后隐居不仕，终生与诗画为伍。在中国茶文化史上，卢仝是与陆羽齐名的人物，所谓陆羽著经、卢仝作歌，一向被称为中国茶文化史上的两件大事，在茶肆绘画中，卢仝可以说是不亚于陆羽的一大热门话题。这些茶画共同的特点是都表现了卢仝在山坡上、峭石旁煎茶的情景，反映出卢仝在济源老家的山坡煎茶的闲适生活。 这幅《卢仝煮茶图》选取的正是卢仝刚刚收到孟谏议遣人送来阳羡名茶、迫不及待地烹点品评的典型场景。画中的玉川子白衣长髯，在一片山坡上席地而坐，身后有芭蕉浓荫、怪石嶙峋。身左有书画，身右为茶盏。旁立一人，显然是孟谏议所差送茶之人，前方一仆人正在烹茶。画中三个人物，目光集中在那个茶炉上，自然地形成了视觉焦点。整个画面构图简练，格调高古，把卢仝置于山野崖

元钱选《卢仝煮茶图》

畔，深刻体现了卢仝"恃才能深藏而不市"（韩愈语）的超逸襟怀。

元倪瓒绘有一幅《安处斋图卷》，纸本，水墨，纵25.4厘米，横71.6厘米，藏于台北故宫博物院。画画仅为水滨土坡，两间陋屋一现一隐，旁植矮树数棵。远山淡然，水波不兴，一派简朴安逸的气氛。

如果没有倪瓒的题诗，我们对其所要表达的主题可能不甚了了。诗曰："湖上斋居处士家，淡烟疏柳望中赊。安时为善年年乐，处顺谋身事事佳。竹叶夜香缸面酒，菊苗春点磨头茶。幽栖不作红尘客，遮莫寒江卷浪花。"乾隆皇帝御览之后，雅兴大发，也作题一首，更加清楚地点出了画意："是谁肥遁隐君家，家对湖山引兴赊。名取仲舒真可法，图成懒瓒亦云嘉。高眠不入客星梦，消渴常分谷雨茶。致我闲情顿展玩，围炉听雪剪灯花。"

有这些诗的铺垫，我们已经不难想见那些屋中"高士"围炉点茶、乐在其中的悠闲之态。倪瓒的这幅画虽非以茶为主题，却浸润着茶的韵味，浓缩了那个时代所特有的茶文化内涵。赵原与倪瓒过从甚密，倪瓒那种萧疏淡远、清逸苍凉的画风，一向被认为是元代画家崇尚自然、遁迹山林的画型代表。该作品与赵原的《陆羽烹茶图》并观，虽有隐现、静动、简繁之别，但其旨趣则同一。（倪瓒《安处斋图卷》见于良子《翰墨茗香》，第76—77页。）

此外，史载倪瓒还作有《龙门茶屋图》，他在画上的题诗意境也与《安处斋图卷》有共同之处。诗曰："龙门秋月影，茶屋白云泉。不与世人赏，瑶草自年年。上有天池水，松风舞沧涟。何当蹑飞鸟，去采池中莲。"一个隐士的乐趣尽在其中。

出土的墓室壁画写真着元代品茗风格，画中描绘着元人品茶的情景，殊为难得。1958年10月，山西大同市宋家庄发现元代冯道真、王青墓，墓中壁上绘有《道童进茶图》，画出了当时点茶所用的汤瓶、盏、托、筅等，茶器一应俱全。考古报告记录着："画面南北长1.52米，宽1.18米。道童面带喜悦，右手托碗，左手捧物置于胸前，立于草坪之中。道童身高73厘米，腰宽14厘米，发梳双髻，身穿大斜领宽袖土黄色道袍，内穿短布水裤，脚穿云履，腰系丝带，垂于袍外。道童背后绘有毛竹，竹前有形式古朴的八仙桌，桌腿及装板为深土黄色，桌面深棕色，上置覆碗三件，大盆一件（下置圆形座），带盖罐一件，罐腹部斜画一长条方块，上用墨写楷书'茶末'两字，碗托子三件，叠放于左，其旁置勺一件，另外还有小笤帚一件，仙桃一盘，'仙品'一盘。桌高46厘米，宽44.5厘米。道童前侧绘有虎眼石及牡丹花。"报告记录者因不谙茶事，故描述比较啰嗦。但这幅画的意义在于直观地反映出元代仍流行宋代点茶的历史事实。（《道童进茶图》见于良子《翰墨茗香》，第91页。）

另内蒙古赤峰市元宝山元墓壁画《进茶图》亦将茶瓶、茶盏、茶托、茶筅等点茶茶器画成一幅写实茶席图，弥足珍贵。

1982年7月，赤峰市元宝山发现一座元代古墓，墓室中的生活图共两幅，画于东西壁面之右半壁，大小相同，幅宽140厘米，高84厘米。出土报告记录着："东壁在醒目位置上画一长方形高桌，四足细长，桌沿下镶曲线牙板，腿间前后连单枨，左右连双枨。桌上一端倒扣三件圈足、敞

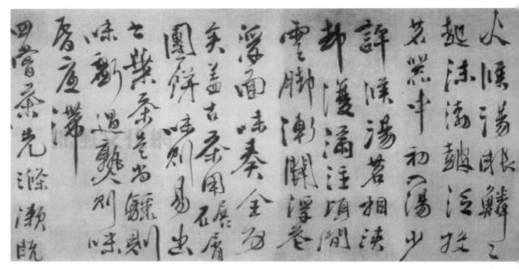

明徐渭《煎茶七类》

口、浅腹碗。碗侧一物近似近代民间惯用的炊帚。桌面正中放一黑花执壶，壶盖成莲花状。盖纽为宝珠形，盖上及腹部均饰莲纹。旁有一黑花盖罐，盖形同前，器腹饰卷云纹构成的兽首。"敞口浅腹碗为宋代流行的斗茶必用的盏器，碗侧放的就是用来击拂茶汤的"竹筅"，而放在桌面的黑花执壶正是用来注汤的"水注"。斗茶用器一应俱全，正为元人品茗茶席的布置作了说明。

出土报告说："桌旁立一人，头戴有花饰的硬角幞头，长圆脸，身着圆领紧袖蓝长袍，中单红色，外加短护腰。左手捧一碗，碗中一物似为研杵，握于右手。西壁画高桌上放黑花瓷壶，盖罐和元代典型的'玉壶春'各一件。桌旁也立一人，头戴硬有幞头，身着圆领窄袖袖袍，加短护腰，脚穿黑靴，双手托盘，盘内置两碗，作供奉状。"碗中的研杵系原自茶碾器，功能在于将茶饼经由团茶器细碾成粉末状，以作为点茶之用。（《进茶图》见于良子《翰墨茗香》，第90页。）

明清时期的茶席，可以观照的材料甚多，举凡文人的著述、画士的作品，我们一一细探之。

许次纾《茶疏》"茶所"条记："寮前置一几，以顿茶注、茶盂，为

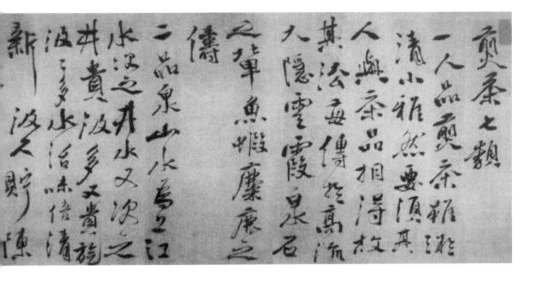

临时供具。别置一几，以顿他器。旁列一架，巾帨悬之。"

明代大书画家徐渭有《煎茶七类》书法一帧，其中谈及茶事，精见颇多。

徐渭字文长，号天池山人、青藤道士，府山阴（今浙江绍兴）人。明代文学家、书画家。他一生坎坷，晚年狂放不羁，孤傲淡泊。他的艺术创作鲜明地反映了这一性格特点。他的《煎茶七类》是艺文双璧的杰作，此帖带有米芾遗风，笔画挺劲庚润，布局潇洒而不失严谨，行笔自由奔放，独具一格。

《煎茶七类》释文如下：

一、人品。煎茶虽微清小雅，然要领其人与茶品相得，故其法每传于高流大隐、云霞泉石之辈、鱼虾麋鹿之侣。

二、品泉。山水为上，江水次之、井水又次之。并贵汲多，又贵旋汲，汲多水活，味倍清新，汲久贮陈，味减鲜冽。

三、烹点。烹用活火，候汤眼鳞鳞起，沫浮鼓泛，投茗器中，初入汤少许，候汤茗相浃却复满注。顷间，云脚渐开，浮花浮面，味奏全功矣。盖古茶用碾屑团饼，味则易出，今叶茶是尚，骤则味亏，过熟则味昏底滞。

四、尝茶。先涤漱，既乃徐啜，甘津潮舌，孤清自萦，设杂以他果，香、味俱夺。

五、茶宜。凉台静室，明窗曲几，僧寮道院，松风竹月，晏坐行吟，清谭把卷。

六、茶侣。翰卿墨客，缁流羽士，逸老散人或轩冕之徒，超然世味者。

七、茶勋。除烦雪滞，涤醒破睡，谭渴书倦，此际策勋，不减凌烟。

清代著名书画家郑板桥有《茶诗》书法一帧，摘录于此共赏。

郑板桥，名燮，字克柔，江苏兴化人。清代书画家、文学家，是"扬州八怪"中影响最大的一位。人称画、诗、书三绝。善于画竹，与茶有关的作品丰富。

他有一首脍炙人口的茶诗作品："溢江江口是奴家，郎若闲时来吃茶。黄土筑墙茅盖屋，门前一树紫荆花。"他的书法初学黄庭坚，加入隶书笔法，自成一格，将篆、隶、行、楷融为一体，自称"六分半书"，后人以乱石铺街来形容他书法的章法特征。郑板桥喜欢把饮茶与书画并论，在他看来两者均随人的不同而不同。雅俗之间的转换就看能否得到真趣。而雅趣的知音，不在百无聊赖的"安享"之人，而是那些"天下之劳人"。从这首诗书作品中最能品味出这样的韵味。饮茶的真趣与书画的创作对他来说是如此的契合。

明人茶画作品甚多，为后人了解明代文人雅士茶会与茶席提供了直观的素材。从流传至今的明代茶画来看，因明代饮茶方式的改变，茶席布置也由华丽繁复趋向隐逸清静。明代四大才子沈周、仇英、文徵明、唐寅等人均有关于茶事的绘画，就中可以一探究竟。

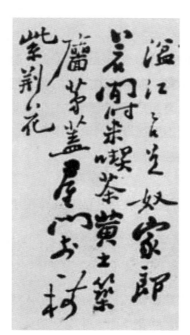

清郑板桥《茶诗》

沈周（1427—1509年），字启南，号石田，又号白石翁、玉田生、有居竹居主人，长洲（今江苏苏州）人。他的《汲泉煮茗图》描绘的就是江南文人以天下第三泉——虎丘泉煮泉烹茗的故事。

仇英（约1498—约1552年），字实父，号十洲，江苏太仓人，寓居苏州。作有《松亭试泉图》，反映明代文人幽雅清静的品茶环境，以品茗喻个人追慕的人生理想境界——清幽自在。《松亭试泉图》，绢本设色，纵约128厘米，横61厘米。原画藏于台北故宫博物院。画中峰峦峥嵘，在云雾间半藏半露，近处陡峭的山岩间，一挂飞瀑跌成数叠，曲折流至松林溪间，临溪一歇山重檐松亭，亭中隐士品茶赏景，童子蹲着煮茶，亭外溪边一童子正持瓶汲泉。作者画出了一片娱性怡情的天地。

明仇英《松亭试泉图》

仇英除了《松亭试泉图》外，还有不少与茶有关的作品。如《园居图》，有居士临溪而坐，抚琴吟唱，松下童子，俯仰顾盼，或吹嘘鼎爐，或执盘布碗。高山流水，茶烟琴韵，见其形如闻其声。（《园居图》见于良子《翰墨茗香》，第96—97页。）

文徵明《惠山茶会图》，描绘正德十三年（1518年）清明时节，文徵明同书画好友蔡羽、汤珍、王守、王宠等游览无锡惠山，在惠山山麓的二泉亭饮茶赋诗、畅饮友情的聚会场景。

文徵明，原名璧，字徵明，号衡山居士，长洲（今江苏苏州）人。明代画家、书法家、文学家，是继沈周之后吴门画派的领袖。文徵明好茗饮，一生以茶为主题的书画颇丰，书法有《山静日长》《游虎丘诗》等，绘画有《惠山茶会图》《品茗图》《林榭煎茶图》《茶具十咏图》等，而《惠山茶会图》在其茶画中堪称精妙之作。

明文徵明《惠山茶会图》

　　此图纸本设色，纵21.9厘米，横67厘米，现藏于北京故宫博物院。画面景致是惠山一个充满闲适淡雅氛围的幽静场所：高大的松树、峥嵘的山石，树石之间有一井亭，亭内二人围井栏盘腿而坐，右一人腿上展书。亭后一条小径通向密林深处，曲径之上两个文士一路攀谈，漫步而来，一书童在前面引路。一文士伫立拱手，似向井栏边两文士致意问候。

　　松树下有一方茶席，茶桌上摆放多件茶具，桌边方形竹炉上置壶烹泉，一童子在取火，另一童子备器。作品运用青绿重色法，构图采用截取法，突出"茶会"场面。树木参差错落，疏密有致，并运用主次、呼应、虚实及色调对比等手法，把人物置于高大的松柏环境之中，情与景相交融，鲜明表达了文人的雅兴。笔墨取法古人，又融入自身擅长的书法用笔。画面人物衣纹用高古游丝插，流畅中间见涩笔，以拙为工。这幅画令人领略到明代文人茶会的艺术化情趣，可以看出明代文人崇尚清韵、追求意境。

　　《品茗图》自题七绝："碧山深处绝尘埃，面面轩窗对水开。谷雨乍过茶事好，鼎汤初沸有朋来。"末识："嘉靖辛卯，山中茶事方盛，陆子傅过访，遂汲泉煮而品之，真一段佳话也。"可知该画作于嘉靖辛卯年（1531年）。图中绘在草席上两人对坐品茗，上置一壶两杯，茶室简朴清静，傍溪而建。屋中品茶叙事者当是文徵明、陆子傅二人。画中茅屋正室书房，内置矮桌，桌上只有一壶二杯，主客对坐，相谈甚欢。侧室茶寮中有泥炉砂壶，一童子专心煮火候汤。此画反映出明代中叶已有专门的茶室（茶寮），茶室一般紧挨书房。（文徵明《品茗图》见陈文华《中国茶文化学》，中国农业出版社2006年版，前彩页。）

《林榭煎茶图》突出了品茶环境的幽静，几间空屋，各色树木，斜坡曲廊都恰到好处地烘托出作品的意境。正是"茶灶疏烟，松涛盈耳，独烹独啜，故自有一种乐趣……若明窗净几，花喷柳舒，饮于春也"（明黄龙德《茶说》）。（文徵明《林榭煎茶图》见于良子《翰墨茗香》，第112页。）

《茶具十咏图》立轴，作于嘉靖十三年（1534年）谷雨前三日。画上空山寂寂，丘壑丛林，林榭清新，老藤如虬，苍松傲立，翠色拂人，晴岚湿润。有小屋数楹，草堂之上，一位隐士独坐凝览，神态安然，正品茗其中。右边侧屋，一童子静心煮水候汤。图之上部，有文徵明以晚唐诗人陆龟蒙的《奉和袭美茶具十咏》为例所作的诗书，诗中的十个标题也与陆诗相似，计36行，分上、下两段，占据了画面的三分之一，故后人称之为《茶具十咏图》。（文徵明《茶具十咏图》见于良子《翰墨茗香》，第107页。）

明代最著名的"吴门画派"的一批书画大家对以茶事为题材的书画均有佳构。比如唐寅的《事茗图》。

唐寅，字伯虎，一字子畏，号六如居士、桃花庵主等，吴县（今江苏苏州）人。他玩世不恭而又才气横溢，诗文擅名，与祝允明、文徵明、徐祯卿并称"江南四才子"；画名更著，与沈周、文徵明、仇英并称"吴门四家"。

唐寅《事茗图》长卷，纸本，设色，纵31.1厘米，横105.8厘米，现藏于北京故宫博物院。

此图描绘文人雅士夏日品茶的生活景象。开卷但见群山飞瀑，巨石巉岩，山下翠竹高松，山泉蜿蜒流淌，一座茅舍藏于松竹之中，环境幽静。屋中厅堂内，一人伏案观书，案上置书籍、茶具，一童子扇火烹茶。屋外板桥上，有客策杖来访，一僮携琴随后。泉水轻轻流过小桥。透过画面，似乎可以听见潺潺水声，闻到淡淡茶香，具体而形象地表现了文人雅士幽居的生活情趣。此图为唐伯虎最具代表性的传世佳作。画面用笔工细精致，秀润流畅的线条，精细柔和的墨色渲染，多取法于北宋的李成和郭

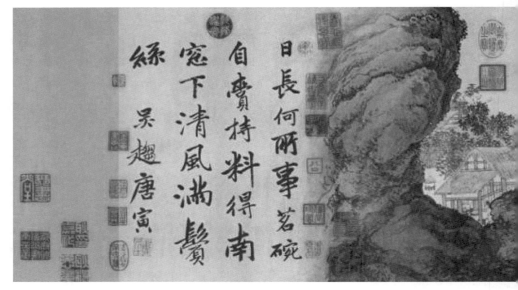

明唐寅《事茗图》

熙，与南宋李唐为主的画风又有所不同。幅后自题诗曰："日长何所事，茗碗自赍持。料得南窗下，清风满鬓丝。"引首有文徵明隶书"事茗"二字，卷后有陆粲书《事茗辨》一篇。

唐寅尚有《品茶图》《烹茶图》《琴士图》等。《品茶图》画面峰峦叠嶂，一泉直泻。山下林中茅舍两间，错落相接。前间面南敞开。一老一少，老者右手持盏，左手握书，悠闲地端坐品茶、读书；少者为一童子，正蹲在炉边扇火煮水。后间门面窗东，从窗中隐约可见一老一少似在炒茶。画上有自题诗："买得青山只种茶，峰前峰后摘春芽。烹煎已得前人法，蟹眼松风候自嘉。"（唐寅《品茶图》见陈文华《中国茶文化学》，前彩页。）

《烹茶图》，一隐士在高山修竹旁，坐一躺椅上，右边一小童正蹲在炉前煮茶，旁边的竹几上摆放着各种茶具。隐士手捋胡须，超然物外。《琴士图》画的是一位儒生在深山旷野中品茗弹琴。画面上青山松树，飞瀑流泉，琴韵松风，茶釜里的水沸声与泉声、松声、琴声、茶人的心声交融一体。隐士在茶与自然的契合中抚琴，自然的琴声在宇宙间回响，达到

物我两忘的境界。

钱谷《惠山煮泉图》轴，纸本，浅设色，纵66.6厘米，横33.1厘米，今藏于台北故宫博物院。钱谷此图绘与友人四人品茶赏景谈天，三童一汲方池惠泉，另二人于松下扇火备茶。图中树木多以干笔皴擦、人物偶现几处浓墨点缀，浓淡表现恰到好处，笔法灵巧，呈现了晚明文人潇洒怡然的生活情景。

明代大书画家陈洪绶也有两幅茶画作品堪称经典。陈洪绶，字章侯，号老莲，浙江诸暨枫桥人。明末清初书画家、诗人。崇祯年间召入内廷供奉，明亡入云门寺为僧，后还俗，以卖画为生。一生以画见长，尤工人物画，画中人物亦仙亦道，不落人间的尘埃，作品多有茶事题材。一为《停琴品茗图》，一为《闲话宫事图》。

《停琴品茗图》，亦称《品茶图》，绢本，设色，纵76厘米，横53厘米。画面清新简洁，线条勾勒笔笔精到，设色高古。款曰："老莲洪绶画于青藤书屋。"画中描绘两位高人逸士相对而来，手捧茶盏，蕉叶铺地，司茶者趺坐其上。左边茶炉炉火正红，上置汤壶，近旁置一茶壶。司

明钱谷《惠山煮泉图》

明陈洪绶《闲话宫事图》

琴者以石为凳，置琴于石板上。琴弦收罢，茗乳新沏，良朋知己，香茶间进，边饮茶边论琴。以蕉叶作铺垫，花瓶中荷叶青青，白莲盛开，将插花运用到了茶席中。（《停琴品茗图》见于良子《翰墨茗香》，第117页。）

《闲话宫事图》中有一男一女品茶，两两对座，中间为一巨型长条石桌，上置茶壶、茶杯、贮水瓮、茶盒、瓶花，以石为席，配以插花。女子手执一卷，眼光落于书上，深思却在书外。宫事早去，只能闲话一二。这美人画的神会，装束古雅，眉目端凝，古拙中自有一段风流妩媚，似澹而实美。冲淡中至妙境，不落形迹。勾线劲挺，透着怪诞之气，其中女子虽仍旧是一派遗世独立样子，有"深林人不知，明月来相照"的意境。如此再看他的茶画，就读出一代王朝的遗老对前朝往事的去国之痛，便生孤冷更兼几分禅意。

丁云鹏《煮茶图》，以卢仝煮茶故事为题材，但所表现的已非唐代煎茶而是明代的泡茶。图中描绘了卢仝坐榻上，双手置膝，榻边置一竹炉，炉上茶瓶正在煮水。榻前几上有茶罐、茶壶、托盏和山水盆景等，构成典型的明代泡茶席。旁有一长须男仆正蹲地取水。榻旁有一赤脚老婢，双手端果盘正在走来。画面人物神态生动，背景是满树白玉兰花盛开，湖石和红花绿草美丽雅致。

丁云鹏《玉川煮茶图》，内容与《煮

茶图》大致一样，但场景有所变化。如在芭蕉和湖石后面增添几竿修竹，芭蕉树上绽放数朵红色花蕊，树后开放几丛红花，使整个画面增添绚丽色彩，充满勃勃生机。画中卢仝坐蕉林修篁下，手执羽扇，目视茶炉，正聚精会神候汤。身后蕉叶铺石，上置汤壶、茶壶、茶罐、茶盏等。右边一长须男仆持壶而行，似是汲泉去。左边一赤脚老婢，双手捧果盘而来。

王问《煮茶图》画于嘉靖戊午年（1558年），以白描技法绘成。画面右边主人，席叶坐于竹炉前，正聚精会神挟炭烹茶，炉上提梁茶壶一把，右旁两罐，一上置水勺，罐内或贮山泉，以便试茶。主人面前，一仆收卷侍侧，一文士展卷挥毫作书，状至愉悦。席上备有笔、砚、香炉、盖罐、书卷、画册等。画面呈现文人相聚，论书品茗，弥漫书香、茶香的清雅悠闲生活，也是明晚期绘画常见的题材。（王问《煮茶图》见池宗宪《茶席：曼荼罗》，第102页。）

明清时期的茶席较唐宋时期有所发展，出现了专门的茶室（茶寮、茶所）。茶席在实用性之外，也注重艺术性，与插花、古玩、文房清供等结合，起到了承前启后的作用。

清代茶画作品亦较丰富，颇堪玩赏，如王翚的《石泉试茗图》、金廷标的《品泉图》、董诰的《复竹炉煮茶图》、阮元的《竹林茶隐图》、金农的《玉川先生煎茶图》、钱慧安的《烹茶洗砚图》、薛怀的《山窗清供图》、吴昌硕的《品茗图》等。

明丁云鹏《煮茶图》

明丁云鹏《玉川煮茶图》

扬州八怪之一的汪士慎（1686—1759年），安徽歙县人，字近人，号巢林，又号溪东外史。自述"茗饮半生千瓮雪，蓬生三径逐年贫"，有"汪茶仙"之号。高翔（1688—1753年，江苏扬州人，字凤岗，号西唐、樨堂）为巢林作《煎茶图》："巢林先生爱梅兼爱茶，啜茶日日写梅花。要将胸中清苦味，吐作纸上冰霜桠。"

阮元《竹林茶隐图》中有"画竹林茶隐图小照自题一律"序："时督两广，兼摄巡抚印。抚署东园，竹树茂密，虚无人迹。避客竹中，煮茶竟日，即昔在广西作一日隐诗意也。画竹林茶隐图小照，自题一律。"

据阮福《雷塘庵主弟子记》记载：1823年正月二十，为阮元六十寿辰，恩赐御书"福"字、"寿"字，巧于是日到粤省，大人拜受后，福（阮福）、祜（阮祜）、孔厚等拜庆后，携妇孺皆随往抚署东园湛清堂下万竹林中，煮茶看竹，谢绝一切，秉烛始返，谓之竹林茶隐，记五十六岁谓一日之隐也。画《竹林茶隐图》。

钱慧安《烹茶洗砚图》，画中亭榭傍山临溪，掩映在古松之下。亭中一文士手扶竹栏，斜依榻上。身后的长桌上，一壶一杯，古琴横陈，还有瓶花、书函、古玩等。一童子在溪边洗砚，引来金鱼数只。一童子在石上挥扇煮水，红泥火炉上置提梁砂壶。

清钱慧安《烹茶洗砚图》

薛怀，清乾隆年间人，字竹君，号季思，江苏淮安人，擅花鸟画。他的《山窗清供图》以线勾勒出大小茶壶和盖碗各一，用笔略加皴擦，明暗向背十分朗豁，其中掺有西画的手法，使其质感加强，更加突出了茶具的质朴可爱。画面上自题五代诗人胡峤诗句："沾牙旧姓余甘氏，破睡当封不夜候。"另有当时诗人、书家朱星诸题六言诗一首："洛下备罗案上，松陵兼列径中。总待新泉活水，相从栩栩清风。"道出了茶具功能及其审美内涵。在清代茶具作为清供入画，反映了清代人对茶文化艺术美的又一追求，更多的隽永之味，引发后人的遐想。

清金廷标绘《品泉图》，今藏于台北故宫博物院。图上文士独坐品茗沉思，或在构思诗文，此景或如沈周所言"细吟满啜长松下，若使无诗味亦枯"。浅设色山水，笔墨清练，人物清秀。

吴昌硕，名俊卿，号缶庐，浙江安吉人。清末民国时期"海上画派"最有影响力的画家之一，诗、书、画、印四绝，堪称近代的艺术大师，是西泠印社的首任社长。

吴昌硕爱梅爱茶，他的作品也不时流露出一种如茶如梅的清新质朴感。他74岁时画的《品茗图》充满了朴拙之意：一丛梅枝自右上向左下斜出，疏密有致，生趣盎然。花朵俯仰向背，与交叠穿插的枝干一起，造成

清金廷标《品泉图》

清吴昌硕《品茗图》

强烈的节奏感。作为画中主角的茶壶和茶杯，则以淡墨勾皴，用线质朴而灵动，有质感，有拙趣，与梅花相映照，更觉古朴可爱。吴昌硕在画上所题"梅梢春雪活火煎，山中人兮仙乎仙"，道出了赏梅品茶的乐趣。

第四章　茶席的主题提炼

　　茶席设计的确是一件有意味、有趣味的事情。对于钟情茶艺的朋友而言，拥有独具风格的茶席实在是一件快乐的事。然而，要想做到独具风格，除了形式方面的考虑之外，恐怕最要紧的还是在立意之初，就是要为茶席确定一个鲜明的主题。主题是茶席设计的灵魂，有了明确的主题，在设计茶席时方能有的放矢。

　　台湾著名茶人蔡荣章在《茶席·茶会》一书中，在"茶席设计要领"一节提到茶席设计要"主题单一，印象显明"，"茶席设计，要先决定所要表现的主题，再依照这个主题及可能应用的素材勾画出蓝图，然后将之表现出来"。这是颇有见地的。

　　然而，如何做到茶席"主题单一，印象显明"，却非易事。在多年的茶席设计教学、科研实践中，我们意识到，要设计一个好的茶席，如何提炼主题是个至关重要的环节，不可轻视。

一、茶席的主题提炼

（一）两个案例：竹茶会与田舍茶席

"竹茶会"茶艺是为2011年第三届"全民饮茶日"活动启动仪式而特意准备的。该届"全民饮茶日"的主题是"茶与生态"，如何以一种别开生面的创意来恰切地表达这一主题，颇费周思。

生态是一个既时髦又古旧的话题。事实上，早在两千多年前，中国的道家创始人老子就曾明确提出了"人法地，地法天，天法道，道法自然"和"道常无为而无不为"的无为型超人类中心主义生态伦理观，将天、地、人同等对待，进而提出了"道大、天大、地大、人亦大"的生态平等观，以及"天网恢恢"的生态整体观和"知常曰明"的生态爱护观。因此，在商议确定本次茶艺主题时，"道法自然"这一道家思想的精髓即成为一个基准的指导思想。

至于茶艺定名为"竹茶会"，倒是由来已久的创意。天目西径山脚下的浙江农林大学致力于以生态为特色的校园文化建设，校园、植物园"两园合一"，《中国绿色时报》曾报道说"不出校门认识三千种植物"。千种植物，争奇斗艳，其中有两样却有着述不尽的文化和特有的魅力，且又是临安一地的两个优势产业，浙江农林大学两个最有优势的研究领域——一者为竹，一者为茶。

不得不再一次提到奥地利诗人里尔克在《杜伊诺哀歌》中的诗句："也许有一棵树为我们留在山坡，我们每天看见它……一个习惯培养成为忠实，它喜欢我们在这里，于是留下来不曾离去。"有的植物具有这样的魔力，可以让你倾注你的学养、你的精力、你的时间、你的生活，以至于倾注你的一生。

大约五年前，该校竹类研究所的领军人物方伟教授与茶文化学科带头人王旭烽教授第一次相遇。那天王旭烽教授带了一柄心爱的竹制雨伞，方伟教授一眼便道出伞柄、伞脊、伞骨、伞尖分别是用了哪四种竹子、怎样的工艺制成的。王旭烽教授自然是谈茶，一片叶子讲五千年，滋养全世界。就因为同样对植物的痴迷，两位教授成了一见如故的好友。

那次相会之后，便萌生一念，竹文化与茶文化从植物的自然科学层面到文化品相，乃至于审美和精神，甚而再抽象为某种气质，都可谓等量齐观。何不让竹茶相会，让这两种各自在中国文化中生长了悠悠千年的生态文化来一次亲密接触呢？

茶文化学院坚持每年打造一款经典茶艺，前几年是"儒释道"三家茶礼，后来有"茶艺红楼梦"惊艳亮相。这年奈何？所居临安正是竹山竹海，于是心中一亮，以指骨叩桌道："竹茶会。"

竹者，"不刚不柔，非草非木，小异空实，大同节目"。中国的文化从某种意义上说是靠竹子传下来的，商代已知运用竹简，《尚书》《礼记》《论语》和《老子》都是被刊刻在竹子上成为中国文明的经典。其后文明演进，用竹子造纸，《茶经》自然记载其上。

竹与茶，两种植物，都能升华为人格。中国文人爱"岁寒三友"——松、竹、梅，又爱"四君子"——梅、兰、竹、菊，竹子均并列其中。因其虚心、有气节等，被列入人格道德美的范畴，铸入了中华民族的品格、禀赋和美学精神的象征。犹如茶的"廉、美、和、敬"，俭朴而高贵，精行俭德，是为茶人，这种人格可以为"素业"。

王羲之的儿子王子猷说竹：何可一日无此君。而自唐代诞生了茶圣陆羽之后，饮茶之风流遍天下，若与竹比更是"何可一日无此君"。

苏东坡爱茶，他写"戏作小诗君一笑，从来佳茗似佳人"，脍炙人口。他也爱竹，于是写了"可使食无肉，不可使居无竹。无肉使人瘦，无竹令人俗"，同样是口口相传。

在中国古典文学的巅峰之作《红楼梦》中也是竹韵茶香。潇湘妃子林黛玉的潇湘馆，龙吟细细，凤尾森森，不是竹不能配她。而贾宝玉题潇湘馆的联恰是：宝鼎茶闲烟尚绿，幽窗棋罢指犹凉。又是缘分。

若是参禅，欲求证佛法大意，也藏在竹茶之中。"青青翠竹，无非般若；郁郁黄花，皆是法身"，要问此语何解？赵州和尚教你"吃茶去"。

日本茶道的美感，与日本古典文学之美一样透着哀伤。《竹取物语》中的美人辉夜姬就是从竹子中诞生的，最后她升天去月，留下一首和歌：

身着羽衣升天去，回忆君王诚可哀。

竹茶入画，都是一流的题材。北宋文同被后世人尊为墨竹绘画的鼻祖；元代的柯九思、高克恭、倪瓒，明代的王绂、夏昶、徐渭，清代的石涛、郑板桥、蒲华、吴昌硕，都是画竹大家。竹这一题材对中国花鸟画有重要贡献，而茶的题材则对中国的人物画功不可没。从唐代周昉《调琴啜茗图》到宋刘松年的《斗茶图》《撵茶图》，宋徽宗的《文会图》，元代的赵孟頫，明代唐寅、文徵明为代表的吴门画派，陈洪绶与丁云鹏，清代的扬州画派，其后的海上画派，塑造了无数的茶的意境。

茶艺"竹茶会"的主题既定，则为本次茶艺专门设计的茶席主题自然也被提炼出来了：竹与茶的对话。在茶席设计中，处处体现这"竹茶相会"的动人情致。

毫无疑问，茶桌必须是竹制为佳。我们特意到素有"中国竹乡"之称的浙北安吉县订制了三套竹制茶桌（之所以是三席，暗寓"道生一，一生二，二生三，三生万物"之意），不事雕琢，与"生态"的主旨切合。

茶席不用铺垫，竹面最是朴素。主茶器选用宜兴紫砂壶的经典款式——紫泥竹节提梁。紫砂壶在茶器中文气深厚，较之如女子肌肤般的瓷器，紫砂深沉的亚光更接近男性。竹节自然为了点题，提梁在视觉上挺拔高挑，不仅舞台效果好，且有"竹林七贤"的"林下之风"。

茶盏三，景德镇手绘的竹枝青花斗笠盏，所绘竹枝在茶盏的内壁，注入茶汤后犹如竹枝在茶中摇曳身姿。两盏设于紫砂壶左，竹枝向外，待客之意。另有一盏设于壶右，竹枝向内，自饮之意，象征君子的清洁孤高，慎独而善于自省。

此外，壶承、赏茶荷、茶藏、茶道组、茶船、勺，均为竹制。工艺上体现了竹编、竹雕、竹刻、留青、贴簧。茶席为增情趣，往往设些玩赏之物，原想设一竹雕山水臂搁，可遇而不可求。所幸遇到一对乌木贴竹簧刻竹枝的镇纸，包浆已足，可增古韵。

不单是茶具的择配，在茶人的选择上，也处处体现了"竹茶相会"这一生态理念。

茶人掌茶，最是紧要。2010年的"茶艺红楼梦"，十二金钗一齐上场，"千红万艳"，真是"乱花渐欲迷人眼"。2011年的"竹茶会"茶艺，却改由三位男生主泡，冲淡平和，透着阳刚之气，可谓刚柔并济。又特邀到著名茶人陈文华教授担纲解说，冲泡者与解说者俱着长衫，古雅文气。另有一位女士打太极，由杨氏的行云流水转而陈氏的劲如缠丝。太极拳理与竹茶文化有相通之处，太极者，无极而生，动静之机，阴阳之母，动之则分，静之则合。它源于老庄道家思想，重生贵生乐生养生，是中国文化对生态文化的可贵贡献。

在选择茶品时，产于临安竹海中的天目青顶成为再合适不过之选。33年前的3月，中国茶学的奠基人庄晚芳先生为临安云雾茶正式取了一个名字——天目青顶，并亲笔写下这四个字，传承至今。

王旭烽教授对天目青顶如此解读：天目，那就是天的眼睛，老天爷开眼，让我们看到了高高山头的"青"，那至高无上的"青"。青的本意是从木生到火燃的过渡阶段，引申为万物的苗壮成长阶段，转义为绿色、苍色，是东方的颜色，是东方的指代。由此成就了"天目青顶"这一独一无二的佳名。

唐代皇甫曾留下一诗《送陆鸿渐山人天目采茶回》，茶圣陆羽隐于天目深山中采茶的生活，一千年来依然令人思之神往：

> 千峰待逋客，香茗复丛生。采摘知深处，烟霞美独行。
> 幽期山寺远，野饭石泉清。寂寂燃灯夜，相思一磬声。

茶圣挚友皎然也留下天目茶的诗篇《对陆迅饮天目山茶因寄元居士晟》：

> 喜见幽人会，初开野客茶。日成东井叶，露采北山芽。
> 文火香偏胜，寒泉味转嘉。投铛涌作沫，著碗聚生花。
> 稍与禅经近，聊将睡网赊。知君在天目，此意日无涯。

君不见，临安天目山的茶中是有"寂寂燃灯夜，相思一磬声"的况味；还有"知君在天目，此意日无涯"的感动。

在考虑茶席氛围的营造时，我们萌生的第一个念头就是《卧虎藏龙》中李慕白与玉娇龙竹林相斗那一幕：眼睛一闭，竹海、新绿、风声、白衣、武术、性灵与人生。顿时豁然开朗，大格局已然胸有成竹。

古典要以现代的手法来表现，背景是动态的影像。影像和着音乐，和着茶艺的动作，和着太极的节奏，表现的是天目山下、钱王故里的生态景致。另录元代柯九思与清代石涛的墨竹图各一，这是历史中、艺术中、人生中的竹，"暗雨风雪，横出悬崖；荣枯稚老，各极其妙"。

"竹茶会"是在世界文化视野中的中国符号，每一个元素都蕴涵着中国文化骨髓里的风味，是要丰厚的，却要透着国际范儿。很书生，很文人审美，但又很灵动。就要让你想起李安电影《卧虎藏龙》的意思。

> 旁白：独坐幽篁里，弹琴复长啸。林深人不知，明月来相照。太极者阴阳之美，动静之母。太极的飘逸，和着风吹竹枝的灵动与天目青顶的茶烟，为我们展示竹茶相会的生态之美。
>
> 竹乃"岁寒三友"，名列"四君子"，他挺拔秀丽、潇洒多姿、虚心文雅、高风亮节，文质彬彬，堪称君子。竹炉煮茶、竹林品茗自古是高士之风。竹茶席、竹茶器，茶人即君子。竹器本是天然茶器，素雅高贵，景德镇的竹枝青花盏，天风绕盏，道法自然。宜兴的紫砂竹节提梁壶，气韵深厚，所盛之茶便是那钱王故里、临安天目山所产之佳茗——天目青顶。天目山茶唐代陆羽《茶经》已有记载，至明代与龙井茶同列。天目青顶，芽毫显露，色泽深绿，滋味鲜爽，清香持久，汤色清明，是色、香、味俱全的茶中佳品。
>
> 天地交，万物生，天地通，万物泰。天目山的竹，天目山的茶，竹茶相会，阴阳太极，构成一幅生态之图，润养人间！

竹风中茶烟袅袅，两件风物其实在千万年前，在没有人类的寂寞的时空中就已相约。而今，她们终于相遇了。

可以想见，这样精心筹划的"竹茶会"茶艺在当年的"全民饮茶日"启动仪式上亮相，引来一片喝彩之声。"中国竹乡"安吉县委宣传部甚至专门来人洽商，要将这款"竹茶会"茶艺引入安吉，作为当地每年召开的白茶大会的保留节目。

现在回头总结"竹茶会"的成功之道，源于最起初提炼的"竹与茶的对话"这一主题。它犹如一根金线，将众多晶莹的思想之珠串珠成链。

再来看第二个成功的案例：桃花源里田舍茶席。

江西省九江市星子县的桃花源即康王谷，是地处庐山西南的一条长达15公里的深山峡谷，当地传闻这里是陶渊明创作《桃花源诗并记》的原型。在这条美丽的山谷之中，居住着300余户山民。这里的山民勤劳淳朴，热情好客，在饮食方面有很多独特的习俗，楚风晋韵，古味犹浓。这里的名茶，博得历代文人墨客垂青赞赏；这里的田舍茶席，更是古色古香、土风土味，吸引着不少游客争相品尝。

桃花源是全国十大名茶之一的优质庐山云雾茶主产地，又是唐代茶圣陆羽品定的天下第一泉所在地。天下名泉和名茶在此珠联璧合，来此品尝天下名泉煮名茶堪称人间一绝。早在两千年前，楚康王避秦乱于此，就以崖泉煮野茶消百疾，并常饮解渴健身。东晋时，陶渊明酷爱康王谷山幽景美，常居此地，饮茶解酒，品茗题诗。唐代茶圣陆羽钟情这里云深谷秀，茶优水佳，在考察全国30多个州的茶事水质之后，命名天下20处名泉，推崇"庐山康王谷谷帘水第一"。晋唐以来，历代名士向往世外桃源，追慕天下第一泉，在此留下了大量诗文题刻。

晋时陶渊明在此用菊花浸酒、煮茶，于是便有了以后的渊明菊花酒和渊明菊花茶。他在《闲居》诗中写道："酒能祛百虑，菊解制颓龄。"唐代文人、名道士吴筠隐居此地，爱饮名泉煮名茶，在所著《庐山云液泉赋》中称赞这里的泉水"甘乃玄玉之膏，滴乃云华之液"，"真可谓灵而长者也"。唐代另一位诗人张又新在他的《谢山僧谷帘泉诗》中这样赞誉天下名泉煮名茶："……竹柜新茶出，铜铛活火煎。散花浮晚菊，沸沫响秋蝉。啜意吴僧共，倾宜越碗圆。气清宁怕睡，骨健欲成仙……迢递康王谷，尘埃陆羽篇。何当结茅舍，长在水帘前。"宋代诗人孔武仲在《桃源茶》诗中云："欲试金丹求不死，灵苗应在此山中。"苏东坡在《西江月》词中写道："龙焙今年绝品，谷帘自古珍泉。雪芽双井散神仙……汤发云腴酽白，盏浮花乳轻圆。人间谁敢更争妍……"真可谓阳春白雪，知者不寡。

千百年来，名士文人对桃花源名泉煮名茶推崇备至，于是在宋、明、清各朝，这里便有了多处贡茶苑。两千多年来的传统和名人赞誉，使桃源茶的名气越来越大。山民们制作、泡沏桃源茶的技艺也越来越高，并越来越讲究，形成了博受茶商和游客欢迎的桃源"四大名茶"，即桃源川香茶、渊明菊花茶、野生陆羽茶和一泉云雾茶。这四大名茶历来成为人们品尝和馈赠他人的珍品。

当地旅游部门深入挖掘桃花源这一独有的文化底蕴，响亮地提出了"到桃花源吃田舍茶"这一旅游口号。当地的田舍茶，随即成为一种独具特色的茶文化产品。

吃田舍茶是一种茶点席，同时也是一种以茶代餐的茶餐席。它一般是当地山民用于招待外来客人和来家帮助做农事的农人所用的特有茶席。

田舍茶席内容丰富、风韵古朴，在古代很有讲究。诸如贡茶（含天子茶、御茶、迎驾茶）、隐士茶（含神仙茶、长寿茶、健身茶）、文士茶、武士茶、秀女茶、客茶、农夫茶等，其内容不同，档次有别。田舍茶席分大筵小席。小席为一壶二盆三盘四碟，另加桃源酒一斤，即一壶田舍茶，两盆主食，三盘点心，四碟小菜。大筵为二壶四盆六盘八碟，即一壶田舍茶，一壶名泉沏名茶，四盆主食，六盘点心，八碟小菜，另加桃源酒两斤。大筵小席按人配以传统的杯碟、碗匙和筷签。

田舍茶的内容大体如此：用大嘴铜壶将天下第一泉水和煮茶叶末、菊花或桂花、炒冻米、炒实米、熟酱色豆、熟花生米、熟芝麻、生姜沫等，另加米糖或陈皮粉，或薄荷粉。

盆装主食有桃源毛芋、桃源红薯、桃源糍粑、桃源软饼（荞麦粉或麦粉饼）、桃源葱油饼、桃源粽子或粟米红薯粥、蜜枣糯米粥、红豆花生糯米粥、桃源锅粑粥、桃源野菜粥、肉煮汤饭、鸡煮汤饭、鱼煮汤饭、猪肉脏煮汤饭、葱拌鸡蛋炒油饭、桃源薯粉粑、糖拌豆芯粑、桃源野菜粑、南瓜粑、地菜粑、桃源米豆折、糖拌干麦粉、炸油粑、炸油饼等当地土产食品。

盘装点心有桃源魔芋、桃源茶鸡蛋、桃源茶鸭蛋、桃源糯米糖糕、芝麻糖糕、花生糖糕或红薯糕、浓薯粉、桃源猴枣、桃源尖栗、桃源苦竹子、桃源花生米、蚕豆、酱色豆、西瓜子、南瓜子、葵花子、炒花生、彩豆、糖粑、糖节、寸糖、油果、麻圆、云片糕、菱角酥等当地土产加工食品。

碟装调味小菜有桃源椿芽、蕨菜干、丝茅根、野芹菜、马齿苋、野笋干、栀子花、山楂片、糖姜片、盐姜片、萝卜干、酸菜、腌荞头、腌大蒜、腌辣椒、腌豆夹、酱豆干、豆渣干、豆豉干辣椒、卤鸡蛋、卤野味、卤猪肉、卤鸡（鸭）、卤牛肉、小干鱼、小干虾等地方土产食肴。

田舍茶席配酒有甜糟（水酒）、桃源自酿渊明酒、菊花酒、枸杞酒、桂花酒、金樱子酒、桃汁酒、一泉酒等。

按古传统，吃桃源田舍茶时，为助兴、添乐，吃茶者猜拳行令，赢者赏茶，输者罚酒。茶酒令的内容是："田园乐啊，无穷；田园乐啊，一世、双喜、三星、四季、五福、六顺、七上、八发、九如、十满。"游桃花源吃田舍茶，不仅会有解渴、充饥、健体的收效，而且会得到一种别开生面、其乐无穷的精神享受。

桃花源里民俗饮食文化历史悠久，内容丰富，风格独特，韵味古朴，雅俗兼优。来这里观赏古典式田园风光，游览青山秀水，作客桃源人家，品购天下名茶，品尝田舍茶席，会使人深感兴味无穷，不负所行。

桃花源里吃田舍茶，原本只是一种成功的旅游推介行为，但从茶文化的视野考察，可以说当地人成功地挖掘了桃花源茶文化的精髓，提炼出"田舍茶席"这一颇具古风的主题，深深契合现代人向往桃源生活的心理。这也是茶席设计在主题提炼上的一个成功的案例。

（二）茶席主题提炼的技巧

关于茶席主题的确定与提炼，历来研究者多有重视，不乏精辟之见。台湾茶人池宗宪所著《茶席：曼荼罗》一书中，有一节题为"如何设定茶席的主题"，实则也是一个案例分析。说的是台北故事馆（茶商陈朝骏别馆）举办的一次名为"韵味故事"的茶席设计。

文中写道，以品茶之"韵味"，加上茶席的地点为曾是大茶商陈朝骏的台北故事馆，故名"韵味故事"。并依四席用茶的特色，安排出泡武夷茶铁罗汉之茶席，引品岩茶韵味而称"岩韵"茶席；泡30年的陈年乌龙茶意旨品"陈韵"的茶席；用兰花熏制的花茶让"花韵"茶席窜香，取品时的意境而用为茶席之名；至于独具生动茶气的高山老树普洱茶，贵在茶能牵引品者之气脉生动，而命为"气韵"茶席。

茶席之名，浅显易引品者入境，若题画之名，应集其精华，萃得要义。

上文看似在品题茶席之名，实则也是点出了茶席主题提炼的技巧，应"集其精华，萃得要义"。

这四席茶席，其主题要义就在"韵"字上。武夷铁罗汉茶席，取武夷岩茶"岩骨花香"之品，故以朱泥壶配之，以期激发岩茶之香气，又得红土砂岩土壤所孕育之岩韵风味。泡兰花茶用银壶，概取银器传导性佳，是引导花香精确表达的途径。银器品茗益花香，自唐宋以降就成为王公贵族品茗经验里的"阶级"。今以用银壶品兰花茶，承古传今的"韵味故事"得以传颂。该茶席名之"花韵"，自是理所应当。陈年乌龙要品出陈年的新鲜，将昔日乌龙茶粉香经由紫泥泛出新华滋味才能令人动容。该席以紫砂壶冲泡，能保育陈年乌龙之精，又能激发乌龙茶细致香气，故名之"陈韵"。 至于独具生动茶气的高山老树普洱茶，贵在茶能牵引品者之气脉生动，故而名之为"气韵"。

这样的主题提炼，大雅无华，内蕴深厚，而又得之自然，诚为妙品。

这次"韵味故事"的茶席的邀请函也设计得别出心裁。以海上画派画家黄山寿的双钩花卉"五色婀娜"为底本的彩笺上，精心设计了必须写明的四大元素：时间；地点；用茶；用器。内容如下：

韵味故事
时序：二〇〇七年八月五日十五时

地点：台北故事馆（茶商陈朝骏别馆）

茶席：

"岩韵"

茶人：林丽琴

用茶：武夷铁罗汉

用器：红泥壶、德化杯、泥炉

"花韵"

茶人：乐启凡

用茶：兰花乌龙茶

用器：银壶、龙泉杯、泥炉

"陈韵"

茶人：陈文琳

用茶：七零年代陈年乌龙茶

用器：紫砂壶、景德瓷杯

"气韵"

茶人：蓝官金玉

用茶：高山老树普洱茶

用器：瓷盖杯、莺歌瓷杯

宣传语：茶人雅兴茶席，四款精妙茶汤引人入韵，参与共享韵味故事。

这样精心设计的请帖，被池宗宪誉为茶席精心的起端，直述了茶主人美的涵养素质。如何在一场茶席飨宴中订出茶席的寓旨，非急就章可蹴成的。

这所谓"茶席的寓旨"，也就是我们所说的茶席的主题提炼。

丁以寿主编《中华茶艺》第五章"茶席设计"中，关于茶席的主题，也有精辟的议论。他认为，设计一个新的泡茶席，或是更新一个原有的泡茶席，事先定个主题有助于茶席各个方面或各个因子的统一与协调，大家向着一个目标前进。这个主题可以以季节为标的，如表现春天、夏天、秋天或冬天的景致；可以以茶的种类为标的，如为碧螺春设计个茶席，为铁观音、红茶、普洱茶设计个茶席；可以为春节、中秋或新婚设计个茶席；可以以"空寂""浪漫""闲富贵"为表现的主题。有将茶艺展定名为"茶与石的对话"，或取名为"茶与乐的对话"；当然也可以是个抽象的意境，如定名为"作品101号"或是"又逢丁亥"。

乔木森在《茶席设计》一书中，将茶席设计的技巧归纳为获得灵感、巧妙构思、成功命题三个部分，诚哉斯言。这个创意的步骤，正是主题提炼的过程。

乔木森对于茶席主题的确立和提炼，提出"主题概括鲜明""文字精炼简洁""立意表达含蓄""想象富有诗意"等四个观点。其中"主题鲜明"一条，与蔡荣章所谓"主题单一，印象显明"有异曲同工之妙。"主题鲜明"确实是茶席创意的灵魂，至于文字的简洁、表达的含蓄和想象的诗意，则还是技术层面的考虑因素，始终还是要围绕"主题鲜明"来展开运作。

在一次名为"闽茶中国行——台湾站大陆茶席展"的茶事活动中，福州易安居给台湾带去了一席以"忆"为主题的茶席。席上用二色菊花搭配南天竺，使用传统的泡茶器具——建盏，泡制来自武夷山的岩茶，表达对闽茶文化与历史的追忆。用着最接近传统泡茶的器具，喝着来自茶发源地的岩茶，不言而喻，"忆"，简单而含蓄的一个字，让在场品茶的人进一步了解了武夷山的茶文化，对此，台湾茶客赞不绝口。这就是茶席主题提炼精确的一个精妙案例。

现代茶席设计，一般是根据一个特定的主题，以泡制的茶为中心，融入设计者的理念和思想，以让品茶的人进一步了解此茶所蕴含的茶文化。故而在茶席设计中，突出主题变得十分重要。比如在"闽茶中国行"台湾站的茶席展上主题为"桃花源"的茶席，外墙是来自陶渊明《桃花源记》全文的书法大字，入口用黑色纱布帘子隔绝，而进入室内便豁然开朗，如同进入陶渊明的"桃花源"世界，表达了设计者对世外桃源的向往。

在上海世博会上，元泰茶业展示了以"中国红"为主题的茶席。身着传统红色旗袍的茶艺姑娘，在整体以茶色为基调的茶席上，使用红色陶器泡制传统中国功夫红茶，让人仿佛一刹那间回到了1867年的巴黎世博会上，三个福州姑娘第一次将中国茶艺带到世博会上。如今，元泰的茶姑娘要再一次向世人传播中国红茶文化。在现代中国，茶与生活早已形影不离，当品茶变成现代生活的一部分，茶席或许不必再是一板一眼的桌椅摆设，茶席也该更富创意，更贴近生活，更具有现代元素。而要做到这些，其主题的提炼便显得极其重要。

二、茶席的题材选择

席，本是一种摆置。因为茶的进入，竟使得这小小摆置高雅起来，而且其意境也变得十分广大。凡与茶有关的天象地事，万种风情，尽可在这方寸之设一展无余。因此，从这个角度来说，茶席的题材无所不包。

然则，乔木森在《茶席设计》一书中提出，茶席作为一种艺术形态，应承担起它的教化的责任，故而茶席的种类又变得具有一定的范围。凡与茶有关的，只要题材积极、健康，有助人的道德、情操培养，并能给人以美的享受，都可在茶席之中得以反映。他在书中，对茶席常见的题材作了如下的分类：

（一）以茶品为题材

茶，因产地、形状、特性不同而有不同的品类和名称，并通过泡、饮而最终实现其价值。因此，以茶品为题材，自然表现在以下三个方面。

1. 茶品特征的表现

茶，就其名称而言，就已经包含了许多题材的内容。首先，它众多不同的产地，就给人以不同地域文化风情的认识。如"庐山云雾"，给人以云遮雾障之感；"洞庭碧螺春"，又在人眼前展现一幅碧波荡漾的画面；"武夷肉桂"，自然要去九曲溪畅筏；"顾渚紫笋"，不煮金沙泉，何以品得紫笋真味？……凡茶产地的自然景观、人文风情、风俗习惯、制茶手艺、饮茶方式、品茗意境、茶典志录、故园采风等，都是茶席设计不尽的题材。

从茶的形状特征来看，更是多姿多彩。如龙井新芽，一旗一枪；六安瓜片，片片可人；"金坛雀舌"，小鸟唱鸣；"汉水银梭"，如鱼拨浪……大凡各地的名茶，都有其形状的特征，足以使人眼花缭乱。

2. 茶品特性的表现

茶，性甘，具多种美味及人体所需的营养成分。茶的不同冲泡方式，也给人以不同的艺术感受。特别是将茶的泡、饮过程上升到精神享受之后，品茶常用来满足人的精神需求。于是，借茶表现不同的自然景观，以获得回归自然的感受，表现不同的时令季节，以获得某种生活的乐趣，表现不同的心情，以获得心灵的某种慰藉。

在表现自然景观方面，常以茶的自然属性去反映连绵的群山、无垠的大地、奔腾的江河、流淌的小溪、初升的旭日、暮色的晚霞、茶园的朝露、荷塘的月色。或直接将奇石、假山、树木、花草、落叶、果实置于茶席，让人直观可感与自然的时刻亲近。

在表现时令季节方面，常通过茶在春、夏、秋、冬不同季节里的表现，让人感受四季带来的无穷快乐。如表现春季绿色的生机和花样的年华；夏季凉爽的月夜和放飞的心情；秋季如火的枫叶和收获喜悦；冬季梅花的绽放和迎春的暖意。或直接表现不同的时辰和不同的日子，让人感觉时时刻刻都在与美好干杯。

在表现不同的心境方面，常以茶的平和去克制心情的浮躁，以求一片寂静与安宁；以茶的细品去梳理过目的往事，以求清晰的目光去看清前进的方向；以茶的深味去体味生活的甘苦，以求感悟一切得来之不易。或直接将禅意佛语书以纸上，挂于屏风，让人进得门来，便与你一起，听梵音玄唱，闻净坛妙香。

3. 茶品特色的表现

茶有绿、红、青、黄、白、黑，正是色彩的构成基色。若画家拥有这六色，即可调遍人间任一色，何况茶之香、之味、之性、之情、之境，无不给人以美的享受。如一席《九曲红梅》茶席，将滇红之汁和于泥中，再拉坯塑成茶杯、茶壶、茶罐、茶盂、焚香炉，好个红光映照一茶席，如熟透的果儿、李儿。如此用茶色作器色，讨巧又可爱。

反之，以器色衬茶色，同样也可将茶色表现得淋漓尽致。宋时建盏，黑釉欲滴，将白色之茶投以盏内，竹筅轻拨，雪花如沫；明、清喜白，景瓷透色，用皑皑薄碗盛满红黑普洱，一白一黑，阴阳描成天地物。

（二）以茶事为题材

生活与历史事件，历来是各类艺术形式主要表现的对象。事件，囊括性强，人与物都可包含其中。事件，还是一种实证，人们纪念它，常能引起思想的共鸣和情感的宣泄。事件，又是过去时态，能为今事和后事提供借鉴。

茶席中表现的事件，应与茶有关，即茶事。陆羽在《茶经》中就曾用单独一个章节叙述了以往的茶事，曰"七之事"。

茶席表现事件，不可能像影视、戏剧、连环画等那样，由人、物、景、声作动态和全景再现，也不可能像摄影那样将事物真实反映在静态的图片中。茶席表现事件，主要是通过物象和物象赋予事情的精神内容来体现。如以一把"汤提点"（茶壶）、一只黑釉"兔毫盏"和一个竹制茶筅，即可表现一千多年前宋代著名的"斗茶"事件。由此可见，以物态语言，同样能达到反映事件、认识事件、感悟事件的目的。

事件提供了丰富的茶席题材。我们可以从广泛的茶文化事件中选择有影响的及自己喜爱的茶事为题材，在茶席中进行艺术的再现。

（三）以茶人为题材

凡爱茶之人，事茶之人，对茶有所贡献之人，以茶的品德作己品德之人，均可称为茶人。爱茶之人不一定是事茶之人，事茶之人不一定是对茶有贡献之人，对茶有贡献之人不一定是以茶的品德以作己品德之人。唯爱茶、事茶、对茶有所贡献，又以茶的品德为己品德之人，才是世上真正的茶人。

以茶人作为茶席的题材，对茶人不应苛求，古代茶人，难免会因时代和社会的局限，与我们这个时代要求的标准茶人有距离，但他们在那个时代，不迷醉于功名利禄，却事茶、迷茶，对茶做出了巨大贡献，就已经是不易之事。同样，对今之茶人，也不该苛求，只要是一个正直的、对茶有所贡献之人，都可在茶席中得到表现。这样，古代茶人、现代茶人及我们身边的茶人，就会源源不断地走入我们的眼帘……

乔木森关于"茶品""茶事""茶人"的分类，固不无道理，但事实上，与茶相关的物类又何其多矣，故而笔者认为在茶席题材的选择之上，似不必自陷窠臼，先画藩篱。

池宗宪《茶席：曼荼罗》一书中有一节曰"茶席跟着时序走"，颇为新鲜。按照他的理论，不同的季节和时序，也可以成为茶席很好的主题选择。书中说道：

如同日本茶道中的"茶事七式"的说法，是走进大自然茶席的导引。"茶事七式"的七种茶事名为：正午、夜咄、朝、晓、饭后、迹见、不时。

"正午茶事"始于中午十一二点的茶事，大约需四个小时，是最正式的茶事，全年均可举行。

"夜咄茶事"在冬季的傍晚五六点开始举行，大约需三小时，其主题是领略长夜寒冬的情趣。

"朝茶事"在夏季的早晨六点左右开始举行，大约需三小时，主题是领会夏日早晨的清凉。

"晓茶事"一般在二月的凌晨四点左右开始举行，大约需三小时，其主题是领略拂晓时分曙光的情趣。

"茶事七式"由时序季节进入茶的感官之旅，每一式的时序都和大自然奏鸣互映。

繁复的茶席"七式"，其实是以茶器与茶为界面，酝酿艺术气氛让人心交流；时序与品茗的自然物境原是中国人独享的品位。明张岱《陶庵梦忆》中记湖心亭赏雪一文云："雾凇沆砀，天与云、与山、与水上下一白，湖上影子，惟长堤一痕、湖心亭一点，与余舟一芥、舟中人两三粒而已。"茶人入夜孤舟，拥炉赏雪，与三二知己温酒烹茶自是一番风情，令他抒怀不已的天与云、山与水，不正是大自然供人的好伴侣。山林之趣正是大自然茶席的最高境界。

茶席主题的确定，与季节气候的变化有密切关系，这在讲究户外泡茶的茶人来说，更是如此。携带茶箱茶器到户外，到一片新绿烂漫的时节里铺好茶席，这时可依季节气候变化来安排不同茶席。事先准备适宜的茶器和茶，前往自然野趣中，并对每回茶席予以命名，正是现代人的休闲新茶趣。

由中国茶道传承演变而来的日本茶道，在茶席表现方面，历经表千家或里千家派别有计划的推动，茶道活动已具仪轨。细分说明如下：因气候安排的茶席活动——在季节方面有迎春日到来的"新绿"；立夏的茶席因使用风炉而称"初风炉"；秋日赏月茶席叫"月见"，适逢赏枫叶之时叫作"红叶狩"；到了晚秋，茶席使用旧茶而称"名残"。茶席之名不是表层的形式问题，而是探索茶席融入户外空间的本质和气氛，这正是大自然茶席的风情，又成为现代茶席所企求的理想境界。

笔者读过一位茶人所写的笔记，题为"茶席的主题趣旨和意味表达"，其中关于何时举办茶会（茶席）、反映何等样的主题，表达了独特的见解：

> 祝贺朋友生日
> 与久别重逢的人在一起
> 去看朋友的小孩的时候
> 交换一起旅行时拍的照片时
> 下雪
> 赏樱
> 聚在一起看星星、月亮的时候
> 庭院内鲜花盛开的时候……
> 这些时候，做什么好呢？
> "开一次茶会吧。"

生活的两端，也许是纯粹的物质生存和纯粹的精神愉悦；作为生活的艺术，茶席的表现题材，既可以是童真稚趣，也可以是诗情画意。人伦常情的吉庆、欢乐、温馨固然美好，孤寂宁静、闲适悠远甚或淡淡的忧伤也许更耐一咏三叹地回味不尽——生活、生命、人生，原本多姿多彩。

　　少年朝旭、夕阳晚晴、书生意气、静淑娴雅、闺秀碧玉、古韵今道……天真烂漫而率真质朴，多半使人亲近而趣味盎然；立意"高雅"却艰涩费解，恐怕难以引人入胜时或应注意到，日本茶道对禅意表达上的别具一格而动人心弦，也许不完全是缘于禅意之玄，而恰恰是禅的平易近人而似乎人人可得；只是经由一定的布置和程式使身心在简洁之中撇开日常的迷蒙遮蔽而直抵心灵，得以观照并达到对某种"真谛"的感悟而若有所得，是一种心灵的空明灵动而活泼泼地！其内容和形式的契合是经年磨砺才达到所谓"茶禅一味"的。

　　茶艺，是生活的艺术，它并不因为有"艺术"之名而玄乎高深，但确实需要我们在茶学上执着地精进，在茶文化活动中不断地创新，在相关领域和人文学识方面持续地开拓视野和深入领悟，才得以真正成其为艺、成其为道。同时，无论何时何地的茶事举办，"心意"可能是贯彻始终的灵魂，是成其事的动力和关键。当人们欣赏茶席时，在主人亲手所泡、诚意敬奉，宾客恭谦接纳、全心品味中，如沐于春风、如润于细雨的感受，美好或且意味深远的茗香和韵已尽在不言。

　　回到最初，烧水点茶。

确乎如此。茶席作为现时生活中不可或缺的一种精神点缀，尤其是现代茶席的设计，应与现实生活紧密呼应，注入更多的时代气息。

　　比如，在"闽茶中国行"台湾站的茶席展上，一席台湾茶人创作的名为《虚空》的茶席引起了人们的注意。利用现代特殊材质制作的特大透明帐篷，内里布置全部采用白、蓝两个色系，透明的茶杯沏上红茶，品茶者端坐在透明的帐篷内，犹如在另一个虚空世界里饮茶。将茶桌、桌椅设计成荷叶的形状，让喝茶者获得犹如在浮萍上喝茶的新鲜感受。这样的茶席创意，让人颇感意外。你说这个主题，是与茶品有关，与茶人有关，抑是与茶事有关？似乎都说不上。但你不得不承认这个"虚空"的主题会引起观赏者驻足，并且沉吟静思。

笔者又看过一则关于茶席的报道。该茶席名曰《能饮一杯无》。从题面看，品题引自唐白居易诗《同李十一醉忆元九》。诗云："绿蚁新醅酒，红泥小火炉。晚来天欲雪，能饮一杯无？"但你若以为该茶席与饮酒有关，则大错特错了。且看她的茶席布置：

茶品：武夷竹窠肉桂

煮水：日本龙文堂老铁壶，炭烧

用水：陶瓷蓄太乙山泉，澄净半日

瀹器：台湾吴晟志制金油滴沉泥小品

公道：台湾建窑黑釉公道杯

杯具：仿明斗彩三多杯

茶托：宜兴紫泥茶托

盖置：双钱纹锡纸镇

量则：手造楠竹茶则

通针：手造楠竹茶针

壶承：景德镇灵芝葵纹盘

从这段文字看，这不分明是表现饮茶的主题吗？怎么又会取个如《能饮一杯无》的题目呢？虽然题目中的"饮"也可以广义地理解成"饮水""饮茶"之"饮"，但因白居易的诗句太深入人心，人们约定俗成地看到这句诗，就会联想到饮酒之事。

关于这个疑惑，从作者的一篇题记中可以看出原委：

昆明最不缺的就是暖冬，一个像样的冬日反倒需要耐心等候。

所以暖冬的主题，我放到这个苦雨冷风的时候来完成。今天雨，据说明天仍雨，夹雪。

晚上时就自己一个人喝茶，并无他人，就着茶盘不作多余的铺陈，随意些。

顶灯关了，仅留一挂落地灯在侧，灯光暖暖的。

脚跟前风炉和手边茶叶末釉火钵里炭添了不少，热气上冲，暖烘烘的。

冲罐里一泡炭焙肉桂才润过茶，暖香已然充满斗室。

白居易的诗里是喝酒的，窃以为把酒置换为茶，一样可以作为今晚喝茶时的注脚。

今晚，面对门外的雪娇，独饮到夜深，炭尽余温。

一种冬日冷雨天气的独有的心绪，通过这一席茶席弥散出来。取名《能饮一杯无》，虽在意料之外，却又在情理之中。一个"暖冬"的主题，通过巧借白居易的诗句，借助精心的茶器择配，就这样完美地呈现出来了，让人称赏。

又有一席名曰《赶花会》，作者题记写道：

今年的第三朵雪娇已到极盛之时，再不细心品味，又将嫣红不再。

室外斜飘冷雨，风炉里的炭火正旺，移花进屋，略为收拾，草成一席。

花色已有，可惜无香，用今年的冰岛春茶补上些。

配着大个头的朱泥壶，景德镇的提梁瓷壶充了公道。

倚着风炉，花前趺坐，提壶注汤，双手端起一杯，茶香盈握。

爱此清香，不由连饮数杯，雪娇尚在一侧，静候着我细赏娇容。

细揣作者笔意，此茶席是为赏花而作。看似与茶事毫不相干，但一样是文人雅事，花间品茗，发人遐思。

三、茶席的命名品题

茶席主题的提炼，通过茶席的命名品题体现。通常来说，茶席之名用字多简洁，一字二字乃至三四字不等，取其含蓄隽永之趣。偶或也有多字者，似法无定式。

现代茶席设计虽多贴近日常生活，与唐宋文人山林野逸之趣不可同日而论，但总体而言，茶席设计毕竟是一项比较高雅的茶文化活动，因而在茶席的名称品题上，仍益追求一种高雅情致，不可太直白浅显。

以《茶未茶蘼——茶事与生活方式》一书所载几席茶席为例，试作点评。

一席名曰《蒹葭》。题出自《诗经·秦风》："蒹葭苍苍，白露为霜。所谓伊人，在水一方。溯洄从之，道阻且长。溯游从之，宛在水中央。"意境极美。原诗素来作为爱情诗被解读。但本茶席作者另辟蹊径，认为"所谓伊人，在水一方"，除却爱情之外，也让人联想到理想、事业、前途诸多方面的境遇和唤起诸多人的感悟。

且看这席茶席的茶器配置：一把宜兴紫砂壶，两只土陶高脚杯，一饼有着历史沉淀的普洱熟茶，在审美意蕴上象征平淡、闲雅、端庄、稳重、自然、质朴、收敛、静穆、温和、苍老、古朴。

中国茶道产生之初便深受儒家思想影响，因此也蕴含着儒家积极入世的乐观主义精神。儒家的乐观文化与茶事结合，使茶道成为一门雅俗共赏的室内艺能。饮茶的乐趣在以茶为饮使口腹得到满足，体现在以茶为欣赏在审美上获得愉悦。当儒家的乐观主义融入茶道，使得中国茶文化呈现出欢快、积极、乐观的主格调。故此该茶席定位为儒家茶席。

再如一席《隰桑》茶席。"隰桑"乃是池塘边的桑树，早在古代医典《本草纲目》中，就对桑作了至高无上的赞誉："桑，东方之神木也。"而另一种东方神木——茶，早在《神农本草经》里就有记载："神农尝百草，日遇七十二毒，得茶而解之。"此中的"茶"，即茶。茶的诸多品质，符合了人类治病之需，在口感上、药性上又可作为保健养生食物，在百草中占据着重要的地位。该茶席选用的茶品"雾里青"是产于皖南佛教圣地九华山地区的绿茶，该茶品在茶文化兴盛的宋代被称为"嫩蕊"。南宋大诗人陆游有诗："三月寻芳半醉归，柴门响动竹常开。秋浦万里茶人到，笑说仙芝嫩蕊来。"说的即是"雾里青"名茶。该茶席选用的茶器是十八罗汉杯，在其庇护下，"雾里青"这款仙茶独具灵性。故该茶席定位为保健茶席。

又如一席《噫嘻》，乍看题名颇为费解，此为道家茶席。设计者如此阐述：修道的理想追求概括起来就是养生、怡情、修性、证道。证道是修道的理想结果，是茶道的终极追求，是人生的最高境界。证道即天人合一、即心即道，天地与我并生，万物与我为一。"人法地，地法天，天法道，道法自然。"就是关于道的自然阐述。茶生长于明山秀水之间，与青山为伴，以明月、清风、云雾为侣，是沐浴甘露之芳泽，吸纳天地之精华的自然之物，以清灵、玄幽的禀性，与道家淡泊无为的心境极其契合。"一碗喉吻润，两碗破孤闷。三碗搜枯肠，唯有文字五千卷。四碗发轻汗，平生不平事，尽向毛孔散。五碗肌骨清，六碗通仙灵。七碗吃不得也，唯觉两腋习习清风生。"卢仝的《七碗诗歌》不仅描述了茶的功效，更抒发的是他对茶饮的审美愉悦。茶对于茶人来说，不只是一种口腹之饮，更是人们与广阔的精神世界连接的桥梁。

读到这里，对于茶席题名《噫嘻》还是不甚明了吧？其实，"噫嘻"只是文言中一个常见的叹词，表示赞叹、慨叹而已，并无其他深意。但看完、听完茶席设计者对于这席道家主题的茶席的设计理念阐述，你难道不会表示赞叹和感喟么？

再来看禅茶茶席《有瞽》。"有瞽"典出《诗经·周颂·臣工之什》："有瞽有瞽，在周之庭。"乃指周代选用先天性盲人担任乐官，因周人认为"乐由天作"，可以之沟通入神的虔诚观念。茶的精神品饮来自人类的信仰，茶禅一味，佛缘悠长。自古以来，茶人希望通过饮茶把自己与山水、自然、宇宙融为一体，在饮茶中求得美好的韵律、精神开释，这与禅的思想是一致的。

该茶席选用的茶品为武夷大红袍。大红袍为中国乌龙茶中之极品，武夷岩茶的代表。山川精英秀气所钟，独享大自然之惠泽，奉献给世人独特之岩骨花香。"绿叶红镶边分红袍加身，善缘结善分一泡心宁"，大红袍自古以来就是佛家修行禅定的至爱。焚香静气，打坐禅定，静候佳茗，感悟人生的苦与乐、涩与甘。佛家认为，茶有三德：一为提神，夜不能寐，有益静思；二为帮助消化，整日打坐，容易积食，饮茶可以助消化；三为使人不思淫欲。饮茶可得道，茶中有道，佛与茶的结合，茶禅一味。

2011年秋，杭州植物园内举办一场"杭州七茶馆雅集品菊斗茶"活动，设计七席"菊花茶席"。这七席的名字就取得格外典雅有诗意，个个有出典。

青藤茶馆茶席题目"玉京秋意"，出自宋代周密的《玉京秋》。词前小序云："长安独客，又见西风。素月丹枫，凄然其为秋也。因调夹钟羽一解。"词云：

> 烟水阔。高林弄残照，晚蜩凄切。碧砧度韵，银床飘叶。衣湿桐阴露冷，采凉花、时赋秋雪。叹轻别，一襟幽事，砌蛩能说。
>
> 客思吟商还怯。怨歌长、琼壶暗缺。翠扇恩疏，红衣香褪，翻成消歇。玉骨西风，恨最恨、闲却新凉时节。楚箫咽，谁寄西楼淡月。

你我茶燕茶席题目"松菊相依"，出自周邦彦《西平乐》。词前小序云："元丰初，予以布衣西上，过天长道中。后四十余年，辛丑正月二十六日，避贼复游故地。感叹岁月，偶成此词。"词云：

> 稚柳苏晴，故溪歇雨，川迥未觉春赊。驼褐寒侵，正怜初日，轻阴抵死须遮。叹事与孤鸿尽去，身与塘蒲共晚，争知向此，征途迢递，伫立尘沙。
>
> 念朱颜翠发，曾到处，故地使人嗟。道连三楚，天低四野，乔木依前，临路攲斜重慕想、东陵晦迹，彭泽归来，左右琴书自乐，松菊相依，何况风流鬓未华。多谢故人，亲驰郑驿，时倒融

尊，劝此淹留，共过芳时，翻令倦客思家。

恒庐清茶馆茶席题目"东篱清事"，句选宋张炎《新雁过妆楼·赋菊》。

风雨不来，深院悄，清事正满东篱。杖藜重到，秋气冉冉吹衣。瘦碧飘萧摇露梗，腻黄秀野拂霜枝。忆芳时。翠微唤酒，江雁初飞。

湘潭无人吊楚，叹落英自采，谁寄相思。淡泊生涯，聊伴老圃斜晖。寒香应遍故里，想鹤怨山空犹未归。归何晚，问径松不语，只有花知。

上林苑茶席题目"秋山问道"，典出宋巨然名画《秋山问道图》。该画藏于台北"故宫博物院"，绢本，墨笔，纵165.2厘米，横77.2厘米。绘秋景山水，重峦叠嶂间，下有潺潺溪水，曲折山路通往山中。山坳处茅舍数间，屋中有二人对坐，境界清幽。前人谓巨然之山水，善为烟岚气象，"于峰峦岭窦之外，至林麓之间，犹作卵石、松柏、疏筠、蔓草之类，相与映发。而幽溪细路，屈曲萦带，竹篱茅舍，断桥危栈，真若山间景趣也"。

同一号茶馆茶席题目"橙黄橘绿"，典出宋苏轼《赠刘景文》诗："荷尽已无擎雨盖，菊残犹有傲霜枝。一年好景君须记，最是橙黄橘绿时。"古人写秋景，大多气象衰飒，渗透悲秋情绪。然此处却一反常情，写出了深秋时节的丰硕景象，显露了勃勃生机，给人以昂扬之感。因此，宋人胡仔以之与韩愈《早春呈水部张十八员外》诗中"最是一年春好处，绝胜烟柳满皇都"两句相提并论，说是"二诗意思颇同而词殊，皆曲尽其妙"（《苕溪渔隐丛话》）。

盘扣年代茶馆茶席题目"半壶秋水"，典出南宋吴文英《霜叶飞·重九》词。词云：

断烟离绪关心事，斜阳红隐霜树。半壶秋水荐黄花，香嗅西风雨。纵玉勒、轻飞迅羽，凄凉谁吊荒台古。记醉踏南屏，彩扇咽寒蝉，倦梦不知蛮素。

　　聊对旧节传杯，尘笺蠹管，断阕经岁慵赋。小蟾斜影转东篱，夜冷残蛩语。早白发、缘愁万缕。惊飙从卷乌纱去，漫细将、茱萸看，但约明年，翠微高处。

韩美林艺术馆茶席题目"人淡如菊"，典出唐代司空图《二十四诗品》中的"典雅"，内容包括"玉壶买春，赏雨茅屋，坐中佳士，左右修竹，白云初晴，幽鸟相逐，眠琴绿荫，上有飞瀑。落花无言，人淡如菊，书之岁华，其曰可读"。

有些茶席的主题命名出人意料。据《茶世界》2010年第2期刊，有一茶席名"浣溪沙"（作者王溶悦），观者见此名，首先想到的是中国古代"四美"之首的西施，其溪边浣纱，游鱼沉底的故事，广为人知。后"浣溪沙"遂成为著名词牌名。

这一茶席缘何取这名字？待得知其所泡茶品为台湾白毫乌龙，方即恍然。因白毫乌龙别称"东方美人"也。白毫乌龙茶宛如"绝代佳人"，细观可见一层纤细的银毛闪闪发光。艳丽的琥珀色茶汤，飘来阵阵熟果、天然蜜香，入口浓厚甘醇，过喉徐徐生津，回味悠长，深具东方古典美人的神韵，高贵典雅。难怪英国女皇遇上她时发出"东方美人"的惊呼。

由茶及人，联想到居东方古典四大美女之首的西施，其浣纱的故事家喻户晓，因此采用"浣溪沙"词牌名作为本茶席主题。

传说中，西施与范蠡最终得以荡舟于太湖。岁月不居，时节如流，昔日的英雄美人已远去，所有的辉煌都已落幕，且让我们将所有的心绪、感慨与对天下有情人终成眷属的美好祝愿都投入到这场"一期一会"的茶事中，用心静静享受当下这壶好茶……

此茶席的茶具组合也颇见匠心：朱泥西施小壶（融紫砂和西子之美）；紫砂圆形茶海（喻西子与范蠡荡舟太湖的圆满传说）；荷花品茗杯（荷花有仙子之姿，可比西子）；随手泡；六用；绿色茶巾（若浩瀚湖水，若岁月之河，取涤尽古今之意）。

第五章　茶席的创意策划与文案创作

设计一席精美而有寓意的茶席，除却技术层面的准备之外，我们认为最重要的是创意策划。没有一个好的创意策划，不可能设计出成功的茶席作品。所谓"意在笔先""胸有成竹"，都是古人对创意策划的最好譬喻。

有了好的创意，还需以优美简洁的文字予以表达，这就是文案。茶席创意文案，是指导茶席设计的指南，同时其本身也可成为颇堪咀嚼的文学作品，一举而数得。

一、茶席的创意策划

所谓策划，是一种立足于现实、着眼于创造个人和组织行为的社会活动技术。有人用一个公式概括策划学：成功的策划＝创造性地组合利用。另有一个公式用三合一的模式注解策划学：策划＝社会的信息＋他人的智慧＋他人的金钱。

"策划"一词的使用有悠久的历史，最早可见于《后汉书·隗嚣传》，意思为计划、打算。今天人们所说的"策划"，除了有"计划、打算"之义外，又添了一些新的含义，如统筹、安排、酝酿、计谋等。策划的本质含义是个人、组织创造性地综合运用一切可以利用的信息、资源和时间这三大基本要素，从而掌握行动的主导权，达到预期目标的一门学问。

关于策划，专家们有各种各样的描述，例如，策划是"出谋划策"，是智力游戏，是灵感的捕捉和理性的升华；策划是艺术和科学的统一，是务实和创意的统一；策划是点石成金，策划是创造性思维的现实化。再如，策划是用人的智能对将做的事进行谋划，使之有效完成。又如，策划是从条条通往罗马的道路中，找出最近的那一条……

策划是随机性、灵活性很强的创造性劳动，没有僵化的定法，也少有现成的策划套路和策划秘方。但是，总结前人的经验和对现实活动中成功的策划案例进行分析，可以提升出几个可供参考的基本原则，其中首先就是创意创新原则。

创意，作为一个名词，有创造性的想法、构思之意；而作为一个动词，则是提出有创造性的想法、构思等。策划活动的关键是以创意求得创新，创新以创意为前提，通过创意以创造理想的活动效果才是真正的创新，否则，就可能只是翻新，或者顶多是更新。

以浙江农林大学茶文化学院2010年创作的茶艺《红楼梦》为例。一部《红楼梦》，满纸茶香。据统计，《红楼梦》中涉及茶事的描写有200余处，如何用一种别出心裁的方式来演绎《红楼梦》中的茶？主创者经过思索，决定通过广为读者熟知的"金陵十二钗"为表演主体，从茶文化学院学生中精心挑选了12名女生，分饰金陵十二钗，同时根据书中对金陵十二钗各自命运、性格的表述，精心设计12席风格各异的茶席，配以不同的茶器和茶品。如黛玉一席，配越窑青瓷，寓纯洁高贵，"质本洁来还洁去"；妙玉一席，配龙泉粉青，寓色泽清冷，孤傲禅心；宝钗一席，配汝窑茶具，寓正旦青衣，含蓄沉静；湘云一席，配彩瓷琳琅，寓纯洁轻柔，亮丽芬芳；凤姐一席，配洒金釉壶，寓华丽绚烂，机心张扬；李纨一席，配紫砂茶壶，最显得性情恬静温柔，质朴善良；巧姐一席，配青花瓷，方显得洗净铅华，耕织农庄；可卿一席，配粉彩瓷，花色绮丽，迷人沉香；

"元迎探惜"四姐妹，一色玻璃，明净透彻，可叹可赏。

这般精心的创意与设计，无怪乎茶艺《红楼梦》在当年"京杭大运河南北大茶会"启动仪式上甫一亮相，即获得满堂喝彩。后又应邀赴上海世博会中国元素馆、重庆永川国际茶文化旅游节开幕式演出，所到之处，观众均呼为惊艳。如今，茶艺《红楼梦》已成为该学院保留节目。这是创意创新原则的一个鲜活的成功案例。

浙江农林大学茶文化学院多年来一直在教学中重视"茶席设计与茶艺术呈现"课程，几年实践下来，学生普遍反映良好。每年下半年，都是学生们最"头疼""伤脑筋"的时候，因为茶席设计课的考试在即，大家都在为如何呈现一席创意独特的茶席而动足了脑筋。笔者手头有一本茶文化2010级同学的茶席设计创意文案集，信手翻阅，不禁为同学们的一些奇思妙想叫好。

试看一席叫作《茗可名》的茶席。人员分工如下：

茶席创意：刘方冉　孟范东

茶席设计：刘方冉　谭志翔

茶艺展示：张洁洁　刘方冉

音乐舞美：孟范东

静态舞美：谭志翔

物料准备：全体成员

文案撰稿：刘方冉

这席茶席的主题诠释是：学茶，是要成为茶一样的人。谦和平静，外化而不内化；要能随环境变通，内心也要有所秉持。

饮茶是一种心灵寄托，可以知琴心，游棋局，增书香，添画韵，醒诗魂，解酒困。《老子》第一章："名可名，非常名。"而茗可名，就是我们可以给茶赋予各种名字，寄托情思，但对茶来说，它还是它自己，依然是那山中瑞草，南方嘉木。

我们在行走的时候，难免被贴上各种标签、承受各方的压力，但在时间的历练里，要记得最初的自己，学会放下身外的羁绊，给心灵减压。

围绕这样的主题创意，这席《茗可名》茶席是如此布置的：

竹制茶案上，以米黄色的亚麻布为底铺，上置淡蓝色的粗麻布与竹帘为垫，予人干净宁静之感。茶器组合：哥窑冬青盖碗、公道杯和茶盏，釉质晶莹，天然的开片有着自然古朴的美。盖碗造型秀美，适合女性使用；三只梅子青斗笠盏，是"一蓑烟雨任平生"的潇洒。另配铁壶，天青釉水盂，造型拙朴淡雅。竹制赏茶荷和茶匙。

茶品选用铁观音，原因有三：茶韵耐人寻味；茶香淡雅清远；"观""音"，也有倾听内心的声音，寻找茶之初、回归平静的意义。

该茶席融入动态表演，茶席主创刘方冉同学手执长扇起舞，主题为"扇舞丹青"。张洁洁同学主泡，一动一静，相得益彰。舞为外，茶为内；舞为形，茶为心。形动是为外化，心静是为内不化。《知北游》有云：古之人，外化而内不化；今之人，内化而外不化。古人得之。

四面悬挂的长绸扇，赋予茶席错落的空间感；由浅入深的水墨色，有着中国风的韵味。绸扇与舞蹈元素相和谐。风过帘动，萧萧黄叶，是当季的景致，营造平和自在的意境。

音乐选用《细雨松涛》，古琴、箫与排箫的结合，悠远空灵而不失顿挫的古韵，水声鸟语让人寓身于境，平静内心。

该茶席的创意亮点在于：主题提炼化自《老子》中经典语句而加以衍化，寓意深刻；静态展示与动态舞蹈演绎结合；通过悬挂绸扇，扩大茶席的呈现空间，予人深刻印象。

冲泡结束后，茶艺师撤去所有茶具，仅将盖碗留在席中，寓意着循其本，茶还是茶，通过茶获得平静的心绪。

该茶席在当年的期末考试评比中，获得第一名。

另有一席名为《花开见茶缘》，创意别开生面，试赏析如次。

在茶席主题诠释中，突出"茶缘"二字：最初的创意乃是花开见缘，后因参与表演的五位同学来自五湖四海（其中还包括一名日本留学生），因习茶而相遇，因茶而相识，结得茶缘，故将主题提炼为《花开见茶缘》。

从一张茶席整体设计概念图中可以看出，该茶席以地域为主要线索、民族时代为辅线索，合五茶席为一席，寓意茶之包容，茶文化之博大精深。

茶席铺于地上，若五朵花瓣合为一体。每位茶席主人均代表一种花卉，款款踏着歌声而来，动静相宜。来自名古屋的日本留学生梶野诗织自然代表樱花，她身着和服，低吟日本民歌《樱花》，走入茶席；来自云南昆明的徐睿敏同学代表的是山茶花，她身着傣族长筒裙，唱着傣族小曲入席；来自浙江嘉兴的张娟梅同学因名字里有"梅"，自是代表蜡梅花，她身着娴雅的居士服，唱着李叔同在杭州西子湖畔创作的《送别》入席；来自安徽巢湖的刘亚芹同学代表贡菊，身着黄梅戏戏服，唱着《天仙配》的曲子入席；最后来自东北辽宁的王佳宁同学，则是一身满族格格打扮，脚蹬花盆鞋，头戴大红花入席，而她代表的花卉，竟然是大家熟知的"上酸菜"的"翠花"！俗中见雅、亦庄亦谐的创意出场，让大家眼前一亮、会心一笑之余，也对该茶席拭目以待。

茶品如此安排：樱花席为日本抹茶，配茶点落雁；山茶席为竹筒茶，配茶点鲜花饼；蜡梅席为西湖龙井，配茶点桂花糕；贡菊席为祁门红茶，配茶点花生牛轧糖；翠花席为茉莉花茶，配茶点沙琪玛糕。

席内主音乐名为《太极》，旋律悠扬婉转，简单不失韵味，更有包罗万象、阴阳调和之间内涵，同茶道精神之内核，同茶席精髓之妙悟。

该茶席的创意亮点在于：茶通六艺，琴、棋、书、画、诗、金石，除棋之外，茶席均有涉及，将诗书礼仪、琴花歌画完美结合，不仅蕴含中国文化底蕴深厚，而且包含了日本抹茶道、满族宫廷茶礼、徽州文士茶礼、西湖龙井茶艺与傣家烤茶风俗，展现了茶道之大和。梶野诗织一席和风浓郁然毫不突兀，各席关联细腻，浑然天成。

最难得的是每席泡茶毕，必循礼请下席享用，依次类推，完成一个循环，充分体现"花开见茶缘""茶人是一家"的宗旨，令人心折。

二、茶席的文案创作

如上节所述，有了独特的创意策划，还要将其形诸文字，这就是茶席文案的创作。

乔木森在《茶席设计》一书中，认为茶席设计的文案有其特定的表述方式。首先，它表述的对象是艺术作品，在表述中，必然要对作品的创作过程及内容作主观的阐述，因此，茶席设计的文案反映有一定的主观性。其次，表述的对象是以物态结构为特征的艺术形式，光以文字的手段还不能清楚、完全地表述完整，还需辅以图示说明，因此，文案又是以图、文结合的形式来作综合的表述。乔木森认为，茶席设计的文案，是以图、文结合的手段，对茶席设计作品进行主观反映的一种表达方式。

在我们的教学实践中，关于茶席设计的文案，并没有图示说明的相关要求。在我们看来，茶席设计的文案，其内核是创意阐述和茶品、茶器（甚而包括茶点）择配。至于如何根据茶席的创意来铺设茶器，以简洁的文字说明同样也能表述清晰，故而并无图形结构的特别要求。既名"文案"，则着墨重点自然还是在"文"上。不过从学生上交的作业看，其实大多还是配了不少图片，属于"图文并茂"型的创意文案。有些图片，就是已经完成的茶席作品的实景效果图，以及一些他们认为必须强调突出的细节、局部；有些图片，则是茶席设计概念的一种形象的诠释。如《花开见茶缘》的茶席设计文案，通篇只有一张插图，但若仔细观察揣摩，会发现这张插图别有深意：该插图由五张风景图片剪辑组合成五朵花瓣形，而每一朵花瓣又被剪裁成心形。五张风景图分别为日本富士山、云南西双版纳傣家竹楼、嘉兴水乡古镇的拱桥、皖南歙县徽派民居封火墙和东北辽宁沈阳清帝陵。乍看似乎觉得这样的组合是无来由的"混搭"，可如若告诉你，这五席茶席的作者，分别是来自日本名古屋、云南昆明、浙江嘉兴、安徽巢湖和辽宁沈阳，她们设计的也分别是具有各自家乡风味的茶席，而最终要表达的是"花开见茶缘""茶人是一家"这样的宗旨时，你是不是会为这张茶席文案插图的精心创意而击节称赞？

而有些图片，则虽与茶席主题有些关联，更多的只是反映了该茶席设计中的某些特定元素，属于"配图"性质，其目的是使得文案更赏心悦目，更具可看性而已。

至于茶席设计文案表述的内容，乔木森认为一般由以下内容构成：文字类别、标题、主题阐述（或称"设计理念"）、结构说明、结构中各因素的用意、结构图示、动态演示程序介绍、奉茶礼仪语、结束语、作者署名及日期、文案字数。

文字类别：指的是汉字的简体或繁体。虽然从书法角度看，繁体字似乎更具美感，但根据大多数人的认读习惯，在国内一般还是使用简体中文为佳。

标题：在书写用纸的头条中间位置书写标题。字号可稍大。

主题阐述：即"设计理念"。正文开始时，以简短的文字，将茶席设计的主题思想表达清楚。

结构说明：所设计的茶席，由哪些器物组成、如何摆置、希望达到怎样的效果等。

结构中各因素的用意：即对结构中各器物选择、制作的用意表达清楚，不要求面面俱到，对特别用意之物可作突出说明。

结构图示：以线条画勾勒出铺垫上各器物的摆放位置。如条件允许，可画透视图，也可使用实景照片。

动态演示程序介绍：就是将用什么茶、为什么用这种茶，冲泡过程各阶段（部分）的称谓、内容、用意说明清楚。

奉茶礼仪语：即奉茶给宾客时所使用的礼仪语言。

结束语：即全文总结性的文字。内容可包括个人的愿望。

作者署名：即在正文结束后的尾行右下方署上设计者的姓名及文案表述的时间。

文案字数：即将全文的字数（图示以所占篇幅换算为文字字数）作一统计，然后记录在尾行左下方处。茶席设计文案表述（含图示所占篇幅），一般控制在1000—1200字。字数可显示，也可不显示，根据要求决定。

乔木森对茶席文案写作的规范，考虑非常周全，描写格外细致。我们在茶席教学实践中，对于学生撰写茶席文案，同样制订了相应的格式规范，不过在内容中，作了相应的删冗去繁。我们认为一个完整的茶席设计文案，至少应该包含以下要素：茶席名称（主题）；主题诠释；茶席构成；创意说明；人员分工；解说词。

茶席名称：每一席茶席都有特定的名称，而之所以取这样的名字，必定有特别的寓意，也就是所想要表达的主题。

主题诠释：为什么会选择这样一个主题、有什么特别的寄托或寓意，用简练优美的文字加以阐述。

茶席构成：这是茶席设计文案的主体。选用何种茶品（包括茶点），选用何种茶具、茶具的择配及其摆放位置和形式、环境及背景的营造，选用哪些配饰、背景音乐等，通过简洁的文字描述，将茶席的构成元素及摆放方案阐述清楚。

创意说明：这一部分是对"茶席构成"部分文字说明的延展和深化。如果说"茶席构成"部分的文字描述更多还限于"技术"层面的表述，那么在"创意说明"部分，则可以将一些创意亮点以更多的主观角度加以阐发升华。

人员分工：这是针对集体创作的茶席作品的特殊要求，各司其职，或主创意、或主表演、或主摆设、或主物料，井井有条，通过集体之力，完成一件完美的作品。若是单人创作的茶席作品则无此要求。

解说词：有两种含义，一种是普通的茶席说明，即每一席茶席在设计完成与观众见面时，都有一个言简意赅的创作说明，类似作者创作手记。将上述几个要点以简明的文字加以描述，帮助观众理解茶席的设计理念。另一种含义的解说词，则是茶席设计完毕，需要加入动态演示时，解说人的台词脚本。

关于茶席文案的字数，通常我们不作具体的要求。大多的文案都是在1000字左右，但也有例外。2012年，浙江农林大学茶文化学院在杭州上林苑举办"秋茶会"，主题是"当昆曲遇到茶"，一共六席，与昆曲《牡丹亭》中的六折戏相应，为之撰写的茶席文案竟长达3800余字。

三、茶席文案赏鉴

（一）茶艺《红楼梦》

2010年，浙江农林大学茶文化学院中国茶谣茶礼队为当年的"全民饮茶日"活动量身打造的茶艺《红楼梦》，甫一亮相即获得满堂喝彩。下文《千红一窟 红楼梦茶》为著名作家、茅盾文学奖获得者王旭烽教授亲笔所撰之茶席文案。

千红一窟 红楼梦茶——茶艺《红楼梦》

［创意阐述］

茶艺《红楼梦》本为表演所用，是动态茶席，整组应由12席组成，在整体的色调、器用、服饰上都是结合金陵十二钗的命运、气质精心设计的。

《红楼梦》是中国古典文学四大名著之首。作品中宝黛真挚而凄美的爱情，感动着历代读者。以黛玉一席为例。茶是纯洁忠贞的象征，它代表黛玉为爱而死；白瓷盖碗茶具，纯洁高贵，意在黛玉是"质本洁来还洁去"；花车所饰的芙蓉正是书中林黛玉所对应的花，"莫怨东风当自嗟"。

此茶席最大的特点就在于将茶、器、花、义高度统一到"高洁"二字。将茶之纯洁本性与忠贞不二的纯真爱情绝妙结合，体味《红楼梦》至善至美至真的意境。

［解说文字］

一部《红楼梦》，满纸茶香，中国古典名著《红楼梦》中描写茶文化的篇幅广博，其钟鸣鼎食、诗礼簪缨之家的幽雅茶事，细节精微，蕴意深远。

天下香茗，源出巴蜀。芳茶冠六清，溢味播九区。这块神奇的土地所产之茶犹如《红楼梦》中贾宝玉颈项上系着的一块晶莹剔透的通灵宝玉，是中华茶文化的命脉所系。

一盏清茶，滋润出了红楼梦中的金陵十二钗：诗心幽情的黛玉；好高过洁的妙玉；醉卧花丛的湘云；持重冷香的宝钗；元春，探春，迎春，惜春；凤姐，李纨，可卿，巧姐。红楼女儿千红一窟，万艳同杯，宝鼎茶闲烟尚绿，幽窗棋罢指犹凉。她们都是品茶的高手，事茶的精英。她们是茶中的花女郎，她们是花中的茶仙子。且让各位在这古巴蜀的茶之圣地，钟灵毓秀的永川，伴随她们的歌声，探访她们的茶事，感慨她们的命运，品味她们的茗香。

黛玉的越窑青瓷：纯洁高贵，"质本洁来还洁去"。

妙玉的龙泉粉青：色泽清冷，孤傲禅心。

宝钗的汝窑茶具：正旦青衣，含蓄沉静。

湘云的彩瓷琳琅：纯洁、轻柔，亮丽芬芳。

凤姐的洒金釉壶：华丽绚烂，机心张扬。

李纨的紫砂茶壶：最显得性情恬静温柔，质朴善良。

巧姐的青花瓷：方显得洗净铅华，耕织农庄。

可卿的粉彩瓷：花色绮丽，迷人沉香。

"元迎探惜"四姐妹，一色玻璃，明净透彻，可叹可赏。

不同的花席，不同的茶香，不同的器皿，同样的女儿心肠。

十二位金钗，十二袭茶服，量身订制；

十二位金钗，十二朵鲜花，与茶相配。

黛玉芙蓉花，相配碧螺春；

宝钗牡丹花，相配龙井茶；

妙玉梅花隐，相配有禅茶；

湘云海棠花，相配祁门红；

元春石榴花，相配八宝茶；

探春玫瑰花，相配玫瑰茶；

凤姐凤凰花，相配大红袍；

迎春菱花小，相配茉莉茶；

惜春莲花净，相配有白茶；

李纨幽兰花，相配君山茶；

巧姐稻米花，相配女儿茶；

可卿香桂花，相配滇红茶。

开辟鸿蒙，谁为情种，都只为，茶缘情浓。趁着这，艳阳天，采茶日，弦歌时，试遣愚衷。因此上，捧上这，千红一窟的红楼茶，请各位品尝，享用……

（二）"秋茶会"

2011年秋，浙江农林大学茶文化学院于杭州植物园上林苑举行"秋茶会"。下文为当时茶席之创作文案，作者潘城。

秋园秋音秋茶，一梦一期一会——当昆曲遇见茶

[创作阐述]

是岁秋十月上弦，风雅钱塘，众骚人咸集，流连听雨于上林苑，上下五千年茶文化，品出婉转六百年昆曲水磨腔调。讴歌咏叹，曾不知天地所属；把盏临风，合云水之高清。

昆曲之美与茶共通，此次秋茶会欣赏的几折昆曲是杭州大华昆曲社的几位行家为我们精心挑选的，所品味的香茗则是昆曲故乡苏州的碧螺春，而六位娴静有佳的茶艺师来自于浙江农林大学茶文化学院。昆曲与茶皆为高雅艺术，在今时今日相遇相和，也是缘分。

昆曲，发源于苏州昆山，至今已有600多年历史，被称为"百戏之祖，百戏之师"。它糅合了唱念做表、舞蹈及武术的表演艺术，2001年被联合国教科文组织列为"人类口述和非物质文化遗产代表作"。

昆曲与茶，自古便有着不解之缘。"烧将玉井峰前水，来试桃溪雨后茶。"这是汤显祖《竹

院烹茶》中的名句，从中可见这位"东方的莎士比亚"在成就了昆曲《牡丹亭》之余，对于茶也有特别的喜爱。

明代以汤显祖为代表的两大戏剧流派之一"玉茗堂派"，便是因剧作家汤显祖喜好喝茶而得名。在昆曲中以茶为题材的戏《风筝误·茶园》《玉簪记·茶叙》《凤鸣记·吃茶》《水浒记·借茶》《寻亲记·茶坊》等，都为人们所熟知和喜爱。

昆曲的音乐属于"曲牌体"，它所使用的曲牌有数千种之多。曲牌是昆曲中最基本的演唱单位，昆曲的曲牌体最严谨，故而此次茶会我们精心选取了六个曲牌请各位方家欣赏。它们分别是《牡丹亭·游园》中的【皂罗袍】、《玉簪记·琴挑》中的【朝元歌】、《长生殿·絮阁》【喜迁莺】、《长生殿·惊变》【石榴花】、《牡丹亭·寻梦》【嘉庆子】、《红梨记·亭会》【桂枝香】。

和着此六支曲子，还设计了六席茶席供大家品鉴欣赏。

［解说文字］

开场曲：《长生殿·惊变》【粉蝶儿】

适才的开场曲是表现秋天御花园中美景的唱段《长生殿·惊变》【粉蝶儿】，为"秋茶会"点题：天淡云闲，列长空数行新雁。御园中，秋色斓斑；柳添黄，苹减绿，红莲脱瓣。一抹雕栏，喷清香，桂花初绽。

1. 《牡丹亭·游园》【皂罗袍】

《牡丹亭》是明代著名戏曲家、文学家汤显祖的杰出剧作，歌颂了青年男女追求自由的爱情，是对人类美好青春永恒的赞美。

贫寒书生柳梦梅梦见在一座花园的梅树下立着一位佳人，说同他有姻缘之分，从此思念。南安太守之女杜丽娘，才貌端妍。她读《诗经·关雎》而伤春寻春，从花园回来后在昏昏睡梦中见一书生持半枝垂柳前来求爱，两人在牡丹亭畔幽会。杜丽娘从此愁闷消瘦，一病不起。她在弥留之际要求母亲把她葬在花园的梅树下，嘱咐丫鬟春香将其自画像藏在太湖石底。三年后，柳梦梅赴京应试，在太湖石下拾得杜丽娘画像，发现丽娘就是他的梦中佳人。杜丽娘魂游后园，和柳梦梅再度幽会。柳梦梅掘墓开棺，杜丽娘起死回生，这便是所谓爱得死去活来，为爱情而死、为爱情而

《牡丹亭·游园》茶席

重生，故谓《还魂记》。又经历一番波折，二人终成眷属。

诸位请看茶席，这两方黑色刺绣的锦缎正是牡丹亭最为经典的唱段"皂罗袍"的意境，上面的似锦繁花正是姹紫嫣红开遍的春色，而白色的粗陶茶器恰似禁锢丽娘春心的断井颓垣。皂罗袍的"皂"是黑色的意思，白色象征了明亮的春色，黑色象征着幽闭的青春，茶席在黑白的繁花之中表现了美丽的少女欲冲破禁锢奔向情爱自由而不得的绕指柔肠。此席冲泡的是武夷山所产的大红袍。

词曰：原来姹紫嫣红开遍，似这般都付于断井颓垣。良辰美景奈何天，便赏心乐事谁家院？朝飞暮卷，云霞翠轩；雨丝风片，烟波画船。锦屏人忒看的这韶光贱！遍青山，啼红了杜鹃，那荼蘼外烟丝醉软，那牡丹虽好，他春归怎占的先？闲凝眄，兀生生燕语明如剪，听呖呖莺声溜的圆。

2.《玉簪记·琴挑》【朝元歌】

《玉簪记》是明代戏曲家高濂的佳作，填词典雅华美，描绘青年男女冲破礼教和宗教禁欲规制、自由结合的过程，至今读来依旧动人心魄。有两句诗"此曲只应天上有，人间能得几回闻"最初讲的就是这《玉簪记》。

南宋初年，开封府丞陈家闺秀陈娇莲为避靖康之乱，随母逃难流落入金陵城外女贞观皈依佛门为尼，法名妙常。青年书生潘必正应试落第，寄寓观内。潘必正见陈妙常，惊其艳丽而生情，二人经过茶叙、琴挑、偷诗，相爱并结为连理。

这一折《琴挑》选段是讲潘必正夜晚在女贞观中散步，恰遇陈妙常独自弹琴，两人交谈，有相见恨晚之意。于是，潘必正借琴抒发自己对陈妙常的爱慕之情，陈妙常言语间假意着恼，实则也已动了凡心。

诸位请看茶席，唐代越窑青瓷残片所承之紫砂壶以及那粗陶茶盏，冠耳炉中缭绕的青烟都显得悠远、静穆而古朴，本是茶禅一味的意蕴。细论紫砂壶的形制是曼生十八式中的"合欢"，壶旁的凤鸟牡丹刺绣也意指红尘的诱惑，而右侧一对锦条象征潘必正与陈妙常二人终成眷属。所冲泡的茶品为安溪铁观音，再恰当不过了。

《玉簪记·琴挑》茶席

词曰：长清短清，哪管人离恨？云心水心，有甚闲愁闷？一度春来，一番花褪，怎生上我眉痕？云掩柴门，钟儿磬儿在枕上听。柏子座中焚，梅花帐绝尘。果然是冰清玉润，长长短短，有谁评论？怕谁评论？

3.《长生殿·絮阁》【喜迁莺】

清代戏曲家洪昇的《长生殿》家喻户晓，取自白居易的《长恨歌》。故事描写唐玄宗宠幸贵妃杨玉环，终日游乐。后来唐玄宗又宠幸梅妃，引起杨玉环不快，最终两人和好，于七夕之夜在长生殿对着牛郎织女星密誓永不分离。安史之乱爆发，玄宗逃离长安，在马嵬坡军士哗变，强烈要求处死罪魁杨国忠和杨玉环，唐玄宗不得已让高力士用马缰将杨玉环勒死。玄宗回到长安后，日夜思念杨玉环，闻铃肠断，见月伤心，派方士去海外寻找蓬莱仙山，最终感动了天神织女，使二人在月宫中最终团圆。

此一折讲的是唐玄宗宠幸梅妃，杨玉环吃醋，前来兴师问罪的娇嗔场面。

请看茶席，所选青花茶盏绘的梅兰竹菊配着四色锦条，象征杨贵妃享尽了世间四季的荣华，万千宠爱集于一身。而四色锦条终归于玄色刻画壶

《长生殿·絮阁》茶席

《长生殿·小宴（惊变）》茶席

承，虽然黑的妖艳，终预示着悲凉的结局。所冲泡的茶品是青茶中的东方美人，正是杨贵妃迷人娇嗔的风味。

词曰：休得把虚脾来掉，嘴喳喳弄鬼装妖。焦也波焦，急得咱满心越恼。我晓得哟，别有个人儿挂眼梢，倚着她宠势高。你明欺俺失恩人时衰运倒，俺只待自把门敲。

4.《长生殿·小宴（惊变）》【石榴花】

这一折表现了唐玄宗与杨玉环二人温馨缠绵的场面，二人世界，浅斟低唱，情话绵绵。然而，他们尚不知一场导致他们生离死别的惊变即将到来。

请看茶席，主体茶器盖碗与公道杯皆为汝窑，中国瓷器汝窑为魁，既显示皇家气派又有几分素雅文气，毕竟配的是文辞卓越的玄宗皇帝唱段。如同唱词中说的是"清肴馔"，是"仙肌玉骨美人餐"。唐代的邢瓷白碗作为水盂，也可见得几分大唐茶烟的气象。而那金线刺绣与榴花香插旁的一尊金盏，点出了皇室的尊荣。所冲泡的茶品乃顾渚紫笋，紫笋茶是唐代贡茶，为茶圣陆羽所发现。细算起来，这出惊变发生的时候（公元755

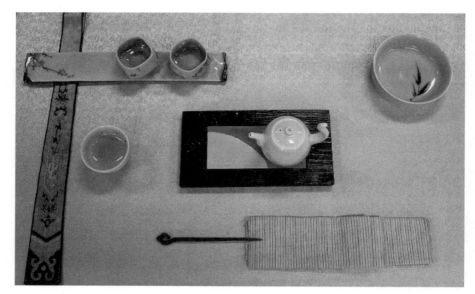

《牡丹亭·寻梦》茶席

年），我们的茶圣陆羽已经开始酝酿他的千古之作《茶经》了。

词曰：不劳恁玉纤纤高捧礼仪烦，只待借小饮对眉山。俺与恁浅斟低唱互更番，三杯两盏，谴兴消闲。回避了御厨中，回避了御厨中，烹龙炰凤堆盘案，咿咿呀呀乐声催趲。只几味脆生生，只几味脆生生蔬和果清肴馔，雅称你仙肌玉骨美人餐。

5.《牡丹亭·寻梦》【嘉庆子】

《牡丹亭·寻梦·嘉庆子》这一折是表现杜丽娘对梦中情郎相恋相思的情节，唱腔百转千回，缠绵悱恻。汤显祖在《牡丹亭》序言中道出爱情的箴言："情不知所起，一往而深。生者可以死，死可以生。生而不可与死，死而不可复生者，皆非情之至也。梦中之情，何必非真？天下岂少梦中之人耶！"

请看茶席，青瓷茶壶的婀娜犹如昆曲"闺门旦"的身姿，青瓷茶器最是清雅脱俗，那瓷板上与茶盏中浮现的梅花纹，正是杜丽娘"梦梅"的意境，也便是所相思的美少年柳梦梅名字的妙处。所冲泡茶品选的是西湖龙井，茶中的尤物，江南的品味。

词曰：是谁家少俊来近远，敢迤逗这香闺去沁园，话到其间腼腆。他捏这眼，奈烦也天。咱歆这口待酬言，咱不是前生爱眷，又素乏平生半面。则道来生出现，乍便今生梦见。生就个书生，恰恰生生抱咱去眠。

6. 《红梨记·亭会》【桂枝香】

《红梨记》乃明代徐复祚所作。描述的是北宋赵汝舟慕妓女谢素秋之名，托太守刘辅介绍。刘太守怕赵汝舟贪恋谢素秋误了科考，使素秋冒名与赵汝舟夜间会面，次日却令人告知赵，说他昨夜所见到的是女鬼，赵大惊，就逃去赴考了。后来赵汝舟中了状元，刘太守设宴让赵谢二人重逢，并说明真相，使二人成婚。剧中谢赵两次见面时，都拿着红梨花，故以此名《红梨记》。

今天要表演的《亭会》是《红梨记》中最著名的一折。写名妓谢素秋深慕才子赵汝舟，假托为太守之女，夜赴赵的住处，欲与之相会。赵汝舟酒后闻得女子吟诗之声，寻觅而至。遇一绝色女子立于亭边，月光之下，恍若天仙，一见倾倒。

请看茶席，此席是唯一的男小生风貌，一把折扇正是赵汝舟手中之

《红梨记·亭会》茶席

物。所用青瓷茶器有月下的清冷之感，正是：夜阑人不寐，月影在梨花。那潮水纹的绣片也预示着男主角将要金榜题名的好运。瓷板上的一对缸杯也象征赵谢二人的圆满姻缘。所冲泡的茶品为月光白。

词曰：月悬明镜，好笑我贪杯酩酊。忽听得窗外喁喁，似唤我玉人名姓。我魂飞魄惊，魂飞魄惊，便欲私窥动静。争奈酒魂难省，睡懵腾，只落得细数三更漏，长吁千百声。

秋茶会七折昆曲、六席茶席至此，终于美满。在这秋日的庭院之中我们仿佛领略了茶文化的唐宋之梦，昆曲文化的明清之辉煌，二者作为汉文化的瑰宝，作为世界的文化遗产，俱是弥足珍贵的风物。正是：秋园秋音秋茶，一梦一期一会。愿茶的馨香与昆曲的余音在诸位心中久久萦绕！

第六章　茶席的视觉艺术传达

　　茶席设计是由不同的因素结构而成的。由于人的生活和文化背景及思想、性格、情感等方面的差异，在进行茶席设计时可能会选择不同的构成因素。不过无论如何，茶品、铺垫、茶器、插花、焚香、挂画（背景）、玩赏摆件、茶人这八大要素是不可缺少的。其中每一件都大有学问。

　　有历史的茶具要懂得欣赏那种带有历史感的光泽。茶道里用的插花与普通的插花不同，尊崇花原有的自然风貌，还要选择与花的风貌相吻合的花瓶。焚香必要清幽的，绝不能夺了茶香。挂画指的是艺术品，书画不限，中西无碍，但总要内容主题衬着茶席，视觉上也不能太抢。相关工艺品也要点到为止，和谐才是旨在美化生活的装饰方法之奥妙。人是茶席的主导，也应该进入茶席。茶席贯穿茶、人、器三位一体。

一、茶席的基本组成要素

（一）茶品——茶席的灵魂

　　茶是茶席的灵魂，应该始终处于茶席的核心地位，茶席设计应当将茶品的美充分地烘托并升华。茶是茶席设计的首要选择，因茶而产生的设计理念，往往会构成设计的主要线索。

中国茶叶品类丰富，分为基本茶类和再加工茶类两大部分。基本茶类又有绿、红、青（乌龙）、白、黄、黑六大茶类之说；再加工茶类则包括花茶、紧压茶等。每一小类，又有众多品种之别。以绿茶为例，根据加工手法不同，可分为炒青、烘青、晒青和蒸青绿茶四种。炒青绿茶中又有眉茶（炒青、特珍、珍眉、凤眉、贡熙等）、珠茶（珠茶、雨茶、秀眉等）、细绿炒青（龙井、大方、碧螺春、雨花茶、松针等）之分。烘青茶中，又有普通烘青（闽烘青、浙烘青、徽烘青、苏烘青等）和细嫩烘青（黄山毛峰、太平猴魁、华顶云雾、高桥银峰等）之别。同样是晒青绿茶，又有滇青、川青、陕青等不同品种；同样是蒸青绿茶，又有煎茶、玉露等不同品种。再以红茶为例，有小种红茶（正山小种、烟小种等）、工夫红茶（滇红、祁红、川红、闽红等）、红碎茶（叶茶、碎茶、片茶、末茶）等不同品类。还有青茶（乌龙茶），则有闽北乌龙（武夷岩茶、水仙、大红袍、肉桂等）、闽南乌龙（铁观音、奇兰、水仙、黄金桂等）、广东乌龙（凤凰单枞、凤凰水仙、岭头单枞等）和台湾乌龙（冻顶乌龙、文山包种、白毫乌龙等）的区分。

由此可见，根据不同的茶类，完全可以产生不同的茶席设计理念，并以之贯穿到整个茶席的设计过程之中。

（二）茶器——茶席的主角

"器乃茶之父"，茶器组合是茶席设计的基础，也是茶席构成因素的主体。茶器为"器"，必须兼顾实用性和艺术性的融合。实用性决定艺术性，然而茶器的艺术性又服务于实用性，甚至高于实用性而独立出来。茶器的质地、造型、大小、色彩、人体工程以及文化内涵等方面，要综合考虑。

茶器在茶席中的组合要充分展示道具的美，特别是有历史的茶器要懂得欣赏那种带有历史感的光泽。

茶器组合有其原则，首先要有整体性，有规则地把每个茶器单体有机地集合在一起。其次要有内涵，要从质地、工艺、造型、色彩等各个方面把握茶器，要获得最佳的艺术效果。一套有文化品位的茶器要能体现出茶人的品位和内涵。第三，茶器的组合要灵活多变，这样可以丰富形式空间。茶人在构思时可以自由地根据自己对生活和艺术的理解，设计出各种样式来。第四，茶器的组合要有个性。赋予茶具乃至整个茶文化空间以个性，是茶人精神世界的表达。

茶器的种类按质地分，一般有金属类、瓷器类、紫砂类、玻璃类和竹木类五种。

金属类茶器如今多与其他类相混合使用，如炉、釜、壶等为金属制造，而碗、盏、杯、勺等多为瓷、陶、木、竹制作。

瓷器类茶具组合出现较早，现当代也使用广泛。特别是台湾省的瓷器组合在21世纪初以其质地精良、造型优美、色彩明快等优势大量进入大陆，占据了全国各主要茶具市场。

紫砂类组合茶具于20世纪末开始涌现，特别是台湾以茶艺表演形式进入大陆后，也同时带来样式丰富的各种紫砂类组合茶具。近年宜兴、福建等地所产紫砂类茶具遍布全国，并以质好价廉受到广大茶人特别是各地茶馆业的欢迎。

玻璃类茶器是由玻璃酒具异化而来。目前茶具市场玻璃壶、杯具较多，全套合件仍较少。

竹木类组合茶器，过去常以单件的工艺品形式出现。近年在我国南方少数民族地区作为旅游纪念品方式推出后，许多竹木产地纷纷效仿。产品样式也日益增多。

茶具组合，个件数量一般可按两种类型确定：一是必须使用而又不可替代的，如壶、杯、茶盒、则、煮水器等；二是齐全组合，包括不可替代与可替代的个件。如备水用具水方（清水罐）、煮水器（热水瓶）、水杓等；泡茶用具茶壶、茶杯（盖碗、茶盏）、茶则、茶叶罐、茶匙等；品茶用具茶海（公道杯、茶盅）、品茗杯、闻香杯等；辅助用具如茶荷、茶碟、茶针、茶夹、漏斗、茶盘、壶盘、茶巾、茶池（茶车）、水盂、茶滤、承托（盖置）、茶几（桌）等。

茶具组合既可按传统样式配置，也可创意配置；既可基本配置，也可齐全配置。其中创意配置、基本配置、齐全配置在个件选择上随意性、变化性较大，而传统样式配置，在个件选择上一般较为固定。

（三）铺垫——茶席美的衬托

铺垫指的是茶席物件摆放下的铺垫物。铺垫的质地、款式、大小、色彩、花纹，应根据茶席设计的主题与立意，运用对称、不对称、烘托、反差、渲染等手段的不同要求加以选择。

铺垫的直接作用，一是使茶席中的器物不直接触及桌（地）面，以保持器物清洁；二是以自身的特征辅助器物共同完成茶席设计的主题。

只要能烘托茶席艺术效果的材料，可以发挥想象，都可使用。

铺垫的形状一般分为：多在桌铺中使用的正方形、长方形；三角形用于桌面铺，正面使一角垂至桌沿下；圆形、椭圆形会突显四边的留角效果，为茶席设计增添想象的空间；几何形和不确定形易于变化，不受拘束，可随心所欲，又富于较强的个性，是善于表现现代生活题材茶席设计者的首选。

铺垫，在茶席中是基础和烘托的代名词。它的全部努力，都是为了帮助设计者实现最终的目标追求。把握铺垫色彩的基本原则是：单色为上，碎花为次，繁花为下。

铺垫的类型较多。就织品类而言，有棉布、麻布、化纤、蜡染、印花、毛织、织锦、绸缎、手工编织品等；非织品类，如竹编、草秆编、树叶铺、纸铺、石铺、瓷砖铺、不铺等。

（四）插花——自然鲜活的点缀

插花是指人们以自然界的鲜花、叶草为材料，通过艺术加工，在不同线条和造型变化中，融入一定的思想和情感而完成的花卉的再造形象。它可分西方式的插花和东方式的插花两种。

西方式插花在形式上多为几何构图，讲究对称；用花的品种和数量都非常大，有丰茂繁盛之感；用色也多样，力求浓重鲜艳，常制造出热烈、华丽、缤纷等气氛效果。

东方式插花起源于中国。早在宋代，人们已将"点茶、挂画、插花、焚香"作为"四艺"，同时出现在品茗环境中。

日本茶道里用的插花叫作"茶花"，与普通的插花不同，它尊崇花原有的自然风貌，正如花的"四清"所要求的那样：砍清竹（青竹）、用清水、持清心、插清花（鲜花）。

近代的中国式插花，受到日本花道和西洋式插花的影响，在传统插法的基础上增添了新意。其基本造型有：

（1）图案式插花。这是一种较规范的插法，且艺术要求也较高，常用于盆式插花。

（2）自然式插花。这种插法要求在花枝之间，花果、叶各部位之间，几方面符合对称平衡，使其造型给人自然之美感。

（3）线条式插花。又称"弧形式插花"，要求造型保持一定弧形线条和具有艺术完整性。线条表现力十分丰富，显示了一种无形力量的存在，能表现女人的阴柔美。

（4）盆景式插花。这是着重意境，构思雅致，不要求色彩华丽的插花。

（5）野味式插花。表现出大自然的风气，善用野花、野果、野草，尤其是野生、水生植物的枝、叶、果作插花材料，具有其独特的风格。

茶席插花的花材由花、叶、枝、蔓、草构成。茶席插花的意境创造是尤为重要的。由于茶席中的插花处于配合地位，因此，应根据茶席的主题来营造花的意境，并为丰富茶席的寓意起到其他摆件所不能替代的作用。

还有不要忘记了选择与花的风貌相吻合的花瓶。插花艺术总之要简朴、和谐，推崇自然才是旨在美化生活的装饰方法的奥妙，是茶席中插花的真谛。

（五）焚香——可赏可嗅的灵动与飘逸

焚香是指人们将从动物和植物中获得的天然香料进行加工，使其成为各种不同的香型、并在不同的场合焚熏，以获得嗅觉上的美好享受。

茶席中自然香料的种类很多，一般由富含香气的植物与动物提炼而来。茶席中香料的选择，应根据不同的茶席内容及表现风格来决定。

焚香在茶席中应把握以下几个原则：一是香味不宜太浓。香料的香味，不应太强烈而与淡雅的茶香相冲突。生活中一般选茉莉、蔷薇等淡雅的花草型香料为宜。二是风不宜太强。茶席展示场所总有气流流动，如焚香之香气，与茶香之香气处于同一气流之中，必将冲淡茶香。三是香炉的位置不挡眼。香炉摆放的位子，对茶席动态演示者或是观赏者来说，都需置于不挡眼的位置。

一般在气味良好的清洁雅室之中泡茶，亦可不必熏香，单闻茶馨足矣。

（六）挂画（背景）——茶席的延伸

茶席中的挂画，是悬挂在茶席背景环境中艺术品的统称。

陆羽在《茶经·十之图》中说"以绢素或四幅或六幅，分布写之，陈诸座隅"，以"目击而存"。

中国书画有其形制规格，分为：单条，指单幅的条幅。中堂，指挂在厅堂正中的大幅字画，两边另有对联挂轴，顶挂横批。屏条，成组的条幅，常由两条或多条组成。对联，有上联和下联组成，一般粘贴、悬挂或镌刻在厅堂门柱上。横批，与对联相配的横幅，一般字数比联句少。扇面，指折扇或团扇的面儿，用纸、绢等做成，扇面上书以字或绘以画，或字、画同用。

其他的平面装饰艺术只要与茶席相匹配，都可以展示，如油画、版画、水彩、水粉、素面、装饰画、剪纸、刺绣、年画等。

（七）玩赏摆件——茶席的点睛之笔

人们品茶，从根本上来说，是通过感官来获得感受。但影响感觉系统的因素很多，视、听、味、触、嗅觉的综合感觉，也会直接影响到品茶的感觉。综合感觉会发生某种心情。不同的相关工艺品与主器具巧妙配合，往往会从人们的心理上引发一个个不同的心情故事，使不同的人产生相同的共鸣。因此，相关玩赏摆件选择、摆放得当，常常会获得意象不到的效果。玩赏摆件的种类繁多，能配合茶席达到审美效果的物品皆可摆设。这些玩赏摆件，不仅能有效地陪衬、烘托茶席的主题，还能在一定的条件下，对茶席的主题起到深化的作用。

茶席中的主器物与相关玩赏摆件在质地、造型、色彩等方面应属于同一个基本类系，如在色彩上，同类色是最能相融，并且在层次上也更加自然与柔和。在整体的布局中，相关工艺品的数量不能多，总要处于茶席的旁、边、侧、下及背景的位置，点到为止，服务于主器物。

（八）茶人——活的风景

人是茶席的主导，也应该进入茶席。茶席贯穿茶、人、茶器三者。茶人的美和茶席的形式美相融合，并且互养。茶人能以自身的气质和魅力来表现、激发出更丰富更深刻的茶文化的形式美感；同时，茶文化特有的这种空间的形式美的法则能够陶冶茶人的气质，特别是对美好的空间环境的塑造和掌控能力。

品茶适合"精行"之人。《茶经》名言："茶之为用，味至寒，为饮最宜。精行俭德之人……"我们常对"俭德"颇多理解，而"精行"则要求生活精致，摆设茶席细致认真，有条不紊就是创造精致人生的形象；还要求主导茶席之人不断地提升个人的文化修养，所谓"腹有诗书气自华"。

二、茶席的环境艺术传达

茶席与人一样，千变万化，难以捉摸，每个人都应该有一组属于自己的茶席，那就是他的性格。茶席是一个特殊的空间，东西不在精美，全凭使用得当。茶道最原始的目的就是劝导人们如何井井有条地、巧妙地去使用物品，处理事物。在了解茶席所需的各种道具的配备方法过程中，一种乖巧的本领也就掌握在手了。笔者以为好茶席的真谛和做人的真谛是一样的，那就是——适合。

茶席是既平面又立体的，色彩搭配丰富多样。以下尝试从平面构成、色彩构成、立体构成这三大构成来分析茶席设计的艺术法则。

（一）茶席的平面构成

所谓构成，是一种造型概念，也是现代造型设计用语。其含义就是将几个以上的单元（包括不同的形态、材料）重新组合成为一个新的单元，并赋予视觉化的、力学的概念。

平面构成的要素是点的构成形式、线的构成形式、面的构成形式。通过点、线、面这三种基本要素的不同构成，可变化出五花八门的形式。在此选取七种在茶席设计中运用比较多的形式进行介绍。

1. 重复构成形式

以一个基本单形为主体在基本格式内重复排列，排列时可作方向、位置变化，具有很强的形式美感。这一席《田园乐》在品茗杯的排列上就较好运用了重复构成这一形式。

2. 近似构成形式

有相似之处形体之间的构成，寓"变化"于"统一"之中是近似构成的特征。这一席《道》的主题茶具中选用了五个不同质地、颜色、形状的茶碗，来表现金、木、水、火、土五行。虽各有变化，但依旧是统一大小的系列茶碗。这一茶席成功运用了近似构成的形式。

3. 渐变构成形式

把基本形体按大小、方向、虚实、色彩等关系进行渐次变化排列的构成形式。这一席表现"夕阳"的茶席，在茶盏和盏托

《田园乐》茶席

《道》茶席

的排列上运用了色彩渐变的构成形式，色彩由亮转暗、由浅入深，表现出了夕阳西下之时阴阳相割的瞬间。

《夕阳》茶席

4. 特异构成形式

在一种较为有规律的形态中进行小部分的变异，以突破某种较为规范的单调的构成形式，特异构成的因素有形状、大小、位置、方向及色彩等，局部变化的比例不能变化过大，否则会影响整体与局部变化的对比效果。这一席《好梦连莲》，彩色的品茗杯波浪排列，却出现了一个花插。花插在品茗杯的阵列之中，视觉上就起到了特异的构成形式，活泼了许多。

《好梦连莲》茶席

5. 分割构成形式

分割构成在茶席设计中的运用可以说是无处不在，因为茶席的功能分块就是要通过块面的分割达到的。分割分成等形分割（形式较为严谨）、等量分割（只求比例的一

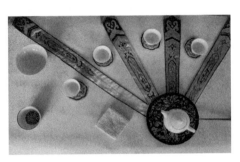

《长生殿·絮阁》茶席

致，不需求得型的统一）和自由分割（灵活、自由）三种。

这一席以昆剧为主题的茶席《长生殿·絮阁》，就是运用了等形分割。用四色的锦带将整个茶席分割成了五个三角形的块面，使茶席在视觉上丰富多彩。

6. 密集构成

密集构成是指比较自由性的构成形式，包括预置形密集与无定形密集

《东西方相会》茶席

《白居易咏菊》茶席

两种。茶席《东西方相会》就是运用了这一密集构成形式，将大量的红酒杯预置形密集地排放于左侧，而又将大量的青瓷茶杯无定形密集地散列于右侧，再通过数量上的渐变，达到东西方两种饮品代表着各自的文化在茶席中交会的效果。

7. 对比构成

较之密集构成更为自由的构成。对比构成在茶席设计中的运用，也可以说是无处不在的。不论是色彩、材质、形状、大小，对比运用到位，茶席往往容易夺人眼球。

这一席《白居易咏菊》就很好地运用了黑白两色强烈的色彩对比，让观者印象深刻。

（二）茶席的色彩构成

色彩构成是涉及光与色的科学，对于茶席设计来说，我们更多关注的是各种色彩的功能，也可以说是色彩的文化。复杂的色彩原理我们只需简单了解色相环原理即可。色相环中的三原色是红、黄、蓝，彼此势均力敌，在环中形成一个等边三角形。二次色是橙、紫、绿，处在三原色之间，形成另一个等边三角形。红橙、黄橙、黄绿、蓝绿、蓝紫和红紫六色为三次色。三次色是由原色和二次色混合而成。

重点讲讲色彩的功能。功，包含着力与艺；能，则可解释为能力、能量或效能。功能一词可作作用、能量来解释。色彩的功能是指色彩对眼睛及心理的作用，具体一点说，包括眼睛对它们的明度、色相、纯度、对比刺激作用和心理留下的影响、象征意义及感情影响。

色彩依明度、色相、彩度、冷暖而千变万化，而色彩间的对比调和效果更加千变万化。同一色彩及同一对比的调和效果，均可能有多种功能；多种色彩及多种对比的调和效果，亦可能有极为相近的功能。为了更恰如其分地应用色彩及其对比的调和效果，使之与形象的塑造、表现与美化统一，使形象的外表与内在统一，使作品的色彩与内容、气氛、感情等表现要求统一，使配色与改善视觉效能的实际需求统一；使色彩的表现力、视觉作用及心理影响最充分地发挥出来，给人的眼睛与心灵以充分的愉快、刺激和美的享受，必须对色彩的功能作深入的研究。下面研究一些最基本的色彩。

1. 红色

在可见光谱中红色光波最长，处于可见长波的极限附近，它容易引起注意，令人产生兴奋、激动、紧张等情绪。人的眼睛一般不适应红色光色光的刺激，但善于分辨红色光波的细微变化。因此，红色光很容易造成视觉疲劳，严重的时候还会给人造成难以忍受的精神折磨。

红色光由于波长最长，穿透空气时形成的折射角度最小，在空气中辐射的直线距离较远，在视网膜上成像的位置最深，给视觉以逼近的扩张感，被称为前进色。

在自然界中，不少芳香艳丽的鲜花、丰硕甜美的果实，都呈现出动人的红色。因此在生活中，人们习惯以红色为兴奋与欢乐的象征，使之在标志、旗帜、宣传等用色中占了首位，成为最有力的宣传色。

火与血，人类视之以宝，均为红色。但纵火成灾、流血为祸，这样的红色又被看成是危险、灾难、爆炸、恐怖的象征

《新娘茶》茶席

色。因此，红色也被人们习惯性地引作预警或报警的信号色。总之，红色是一个有强烈而复杂的心理作用的色彩，一定要慎重使用。

这一席《新娘茶》是模拟了中国传统婚俗的喜庆色彩而设计的，运用了红色的兴奋与欢乐。但是这席茶席多用于短时间表演，如果日常使用，并不适合。

2. 黄色

黄色光的光感最强，给人以光明、辉煌、轻快、纯净的印象。

在自然界中，蜡梅、迎春、秋菊以至油茶花、向日葵等，都大量地呈现出美丽娇嫩的黄色。秋收的五谷、水果，以其精美的黄色，在视觉上给人以美的享受。

在生活中，有相当长的历史时期，帝王与宗教传统上均以黄色作服饰；家具、宫殿与庙宇的色彩，也都相应地加强了黄色，给人以崇高、智慧、神秘、华贵、威严和仁慈的感觉。

《茶之路，茶之心，献茶之旅》茶席

《晚秋香气茶》茶席

但由于黄色有不容易分辨轻薄、软弱等特点，黄色物体在黄色光照下有失色的现象，故植物呈灰黄色，就会被看作病态。天色昏黄，便预告着风沙、冰雹或大雪，因而黄色有象征酸涩、病态和反常的一面。

这一席《茶之路，茶之心，献茶之旅》中大面积的黄色，很好地运用了这一色彩的文化符号，即中国僧侣僧袍的颜色。黄色在此一茶席中也充分表现了崇高、智慧、神秘、华贵、威严和仁慈的感觉，同时也表达了设计者对把茶传往日本的历代高僧大德的尊敬与缅怀。

3. 橙色

橙色，又称橘黄或橘色。在自然界中，橙柚、玉米、鲜花、霞光、灯彩等，都有丰富的橙色。因其具有明亮、华丽、健康、兴奋、温暖、欢乐、辉煌以及容易动人的色感，所以妇女们喜以此色作为装饰色。

橙色在空气中的穿透力仅次于红色，而色感较红色更暖，最鲜明的橙色应该是色彩中感受最暖的色，能给人以庄严、尊贵、神秘等感觉，所以基本上属于心理色性。历史上许多权贵和宗教界都用以装点自己，现代社会也往往将之作为标志色和宣传色。不过，橙色也是容易造成视觉疲劳的色。

这一席《晚秋香气茶》正是运用了橙色系的这些特质，将秋日品茗的温馨、感人表现得十分到位。

上述红、橙、黄三色，均称暖色，属于令人注目、有芳香感和能引起人食欲的色。

4. 绿色

太阳投射到地球的光线中绿色光占50%以上，由于绿色光在可见光谱中波长恰居中位，色光的感应处于"中庸之道"，因此人的视觉对绿色光波长的微差分辨能力最强，也最能适应绿色光的刺激。所以人们把绿色作为和平的象征色、生命的象征色。

在自然界中，植物大多呈绿色，人们称绿色为生命之色，并把它作为农业、林业、畜牧业的象征色。由于绿色体的生物和其他生物一样，具有诞生、发育、成长、成熟、衰老到死亡的过程，这就使绿色出现各个不同阶段的变化。黄绿、嫩绿、淡绿，

《晚起皇菊》茶席

象征着春天和作物稚嫩、生长、青春与旺盛的生命力；艳绿、盛绿、浓绿，象征着夏天和作物茂盛、健壮与成熟；灰绿、土绿、褐绿，便意味着秋冬和农作物的成熟、衰老。

这一席《晓起皇菊》正是以大面积的嫩绿色铺垫，展现了皇菊这一美好植物与茶相配的无限生机。

5. 蓝色

在可见光谱中，蓝色光的波长短于绿色光，而比紫色光略长些，穿透空气时形成的折射角度大，在空气中辐射的直线距离短。每天早上与傍晚，太阳的光线必须穿越比中午厚三倍的大气层才能到达地面，其中蓝紫光早已折射，能达到地面的只是红黄光。所以早晚能看见的太阳是红黄色的，只有在高山、远山、地平线附近，才是蓝色的。它在视网膜上成像的位置最浅。如果红橙色被看作前进色，那么蓝色就应是后退的远渐色。

蓝色的所在，往往是人类所知甚少的地方，如宇宙和深海。古代的人认为，那是天神水怪的住所，令人感到神秘莫测；现代的人则把它视为科学探索的领域，因此蓝色就成为现代科学的象征色。蓝色给人以冷静、沉思、智慧和征服自然的力量。

这一席以昆剧为主题的茶席《红梨记·亭会》将蓝色用得极妙。茶席所要表现的主题正是剧中男女主人公夜晚幽会的场景，蓝色正是清冷月夜的象征，又充分体现了那份神秘与浪漫的基调。

《红梨记·亭会》茶席

6. 土色

土色指土红、土黄、土绿、赭石、熟褐一类，可见是光谱上

《竹茶会》茶席

没有的混合色。它们是土地和岩石的颜色，具有浓厚、博大、坚实、稳定、沉着、恒久、保守、寂寞诸意境。它们也是动物皮毛的色泽，具有厚实、温暖、防寒之感。它们近似劳动者与运动员的肤色，因此具有象征刚劲、健美的特点。它们还是很多坚果成熟的色彩，显得充实、饱满、肥美，给人以温饱、朴素、实惠的印象。

这一席《竹茶会》选用了紫砂茶具，又以竹子的本色为铺垫，整体上是土色的，体现了古朴、生态、厚实、沉稳的视觉效果。

7. 白色

白色是由全部可见光均匀混合而成的，称为全色光，是光明的象征色。白色有明亮、干净、畅快、朴素、雅致与贞洁之感，但它缺少强烈的个性。单一的白色不能引起味觉的联想。在西方，特别是欧美，白色是结婚礼服的色彩，表示爱情的纯洁与坚贞；但在东方，却把白色作为丧色。

这一席《泉》在蓝色的铺垫上，出现了一条白色的绸缎，寓意明亮、清洁、欢快流淌的泉水。这里的白色运用不多，但恰到好处。

8. 黑色

从理论上讲，黑色即无光无色之色。在生活中，只要光明或物体反射光的能力弱，都会呈现出黑色的面貌。

无光对人们的心理影响可分为两大类：首先是消极类，如漆黑之夜或是漆黑的地方，人们会有失去方向、不知所措以及阴森、恐怖、烦恼、忧伤、消极、沉睡、悲痛，甚至死亡等印象。其次是积极类，黑色使人安静、深思、坚持，显得严肃、庄重、坚毅。

《泉》茶席

《牡丹亭·游园》茶席

《道》茶席

黑色与其他色彩组合时，属于极好的衬托色，可以充分显示他色的光感与色感。特别是黑白组合，光感最强、最朴素、最分明。

这一席昆剧主题茶席《牡丹亭·游园》，就是黑白组合运用的典型作品。皂罗袍的"皂"是黑色的意思。白色象征了明亮的春色，黑色象征着幽闭的青春，茶席在黑白的繁花之中表现了美丽的少女欲冲破禁锢奔向情爱自由而不得的绕指柔肠。

9. 灰色

灰色原意是灰尘的色。从光学上看，它居于白色与黑色之间，居中等明度，属无彩度及低彩度的色彩。从生理上看，它对眼睛的刺激适中，既不炫目，也不暗淡，是人在视觉上最不容易感到疲劳的色。因此，视觉以及心理对它的反应平淡、乏味，甚至沉闷、寂寞、颓废，具有抑制情绪的作用。灰色是复杂的色，漂亮的灰色常常要优质原料精心配制才能生产出来，而且需要有较高文化艺术知识与审美能力的人才乐于欣赏。因此，灰色也能给人以高雅、精致、含蓄、耐人寻味的印象。

这一席《道》总体上来看成灰色系，设计者想表达的是在无数生活情趣与感悟之后，茶是高于日常生活，进入哲理冥想的境界。枯衰之感让人感到万念俱灰的宁静，而其后又有一丛百合怒放，尽力吐出生命之美，一枯一荣之间表现出清静无为、返璞归真、天人合一的精神。这样的精神气度是只有色彩中的所谓"高级灰"才足以表现的。

10. 极色

极色是质地坚实，表层平滑，反光能力很强的物体色，主要指金、

银、铜、铬、铝、电木、塑料、
有机玻璃以及彩色玻璃的色。

极色系茶席一

这些色在适应的角度时反光
敏锐，会感到它们的亮度很高，
如果角度一变，又会感到亮度很
低。其中金、银等属于贵重金属
的色，容易给人以辉煌、高级、
珍贵、华丽、活跃的印象。电
木、塑料、有机玻璃、电化铝等
是近代工业技术的产物，容易给
人以时髦、讲究、有现代感的印
象。总之，极色属于装饰功能与
实用功能都特别强的色彩。

极色系茶席二

这两席都是对极色运用较好
的茶席，第一席有机地运用了金
属色与有机玻璃色，第二席则是
完全运用了玻璃茶具的极色。

（三）茶席的立体构成

茶席以实体占有空间、限定空间、并与空间一同构成新的环境、新的
视觉产物。既然共属于"空间艺术"，那么无论各自的表现形式如何，它
们必有共通的规律可循。

立体是有性格的，直线系立体具有直线的性格，如刚直、强硬、明
朗、爽快，具有男子气概；曲线系立体具有曲线的性格，如柔和、秀丽、
变化丰富，含蓄和活泼兼而有之；中间系立体的性格介于直线系立体和曲
线系立体之间，表现出的性格特点更丰富，更耐人寻味。

立体的构成有以下四个特点：

1. 无框架

这里所说的框架是指造型的外框界限，如一幅画的边框、一件浮雕的

《青花世家》茶席

《千岛茶香飘》茶席

《茶禅一味·步步清风》茶席

外缘、一件工艺品的玻璃罩等。立体造型是没有框架限制的，所以立体的构成也不必考虑受任何框架的限制，在空间中根据设计意图的需要和环境的允许情况，可任意舒展，无拘无束。

茶席往往是在一定尺寸的面积中的设计，但是这里所说的"无框架"是观念上的，并不是实指。如这一席《青花世家》，整个茶席布置成了一个传统的中国式厅堂，空间虽然还是有限的，但给人一种宏大的视觉效果，仿佛这个空间前后左右还可以不断延伸。

这种无框架的特点在茶席的八大要素中，尤其以插花体现得最多。

2. 力感

这里所谓的力，与自然科学中所论及的力学有所不同，这是人们的心理所产生的感受。因为人们生活在自然之力、人为之力所支配的环境中，所以有关力的心理作用，是自然形成的。只要立体的造型摆在面前，人们肯定会因它们的体积大小不一、形状变化各异而产生很沉重、很坚固，或是很轻、有速度感，或是紧张（内在的力）、萌动欲发，或是松弛、懒散等感受。就是说，立体的量和形，肯定会给人以心理上的力感，而这种力感，是二次元空间所不能全然表现得了的。

茶席《千岛茶香飘》中，用铜打磨而成的风炉就为整个茶席带来了强大的力感，给人一种质地沉重，力抵千钧的分量感。若不是左侧的大盆插花起到了平衡作用，整个茶席给人的视觉感受几乎要向右倾斜。

3. 有光影

立体造型在有光源的情况下才能看得到。而在光的照射下，必产生阴影，这阴影包括自影和落影，这一特点只有立体形态才具有。在立体的构成中，除了立体本身的形体外，还应考虑到它们在一定光源环境中产生的阴影效果，阴影利用得好，能使整个立体造型的明暗关系更加丰富，立体感更加强烈。茶席设计的高手还特意下工夫，利用阴影产生迷离、变幻的效果。

茶席《茶禅一味·步步清风》中就以枫叶的剪影投射在宣纸上而在视觉上产生了意想不到的美妙效果。

4. "四维"性

"四维"性即是在三维空间中加入了时间与运动的因素。因为立体的造型，在一个固定的视点上是看不到全貌的，况且在每个视点上看到的立体景观也是不相同的，所以必须移动视点，才能看到其全貌，随着时间的推移，将不断在你眼前展现着不同的景观。因此，当一件立体造型在向你展示全貌时，已加入了时间与运动的因素，我们称这种时空关系为立体的"四维"性。其实每一个茶席都是"四维"的，因为茶席随着整个冲泡的过程，器物的摆放是在运动变化的。

茶席《月之湖》是一席典型的动态茶席，将茶席与花样滑冰和西洋音乐交融一体。月圆花好时，一轮银盘投射于夜幕笼罩下的湖面。一叶扁舟摇曳于粼粼波光之中，逐渐接近湖心似真似幻的月影，最终逾越真实与虚幻的境界，抵达月之世界。茶席所表现的，即是如此略带故事性的意象。

三、茶席的审美意趣提升

（一）池宗宪：借鉴山水画的意境

欲使茶席好看，构图是个关键。池宗宪在《茶席：曼荼罗》一书中，对茶席如何构图，有精妙的见解。在他看来，茶席的经营位置就是一种"布局"，如晋代书画家顾恺之所言"置陈布势"。茶席布置如同写文章，在内容结构上有纲领，一种章法，意指为表达主题而进行的茶席结构的探求。

如何在有限范围内摆置出一个瞬间的视觉形象，是颇费思考的。特别因工作忙里偷闲时，更应俱足如此表现。先经过构思确定茶器如何安排，茶人与茶器、茶客与茶器如何安排，这些必须假以"经营"。

池宗宪认为，布置茶席，要借鉴中国山水画的意境。中国山水画少有具体写生某处风光，而只是自然地求得意境的体现，所谓"搜尽奇峰打腹稿"，是画家由四面八方观色取景的综合体，然却在布局时求取一种得当，茶席的茶器之体现未尝不是如此。

山水画中"丘壑"位置得当，山水才引人入胜。在茶席中若各元素布置不和谐，就会削弱形式美。茶席中壶是主、杯是副，若主次颠倒地摆置茶席，就会削弱主题表现；而主题之壶又必须与茶托、茶船、渣方等相互呼应。

清代画家华琳在《南宗抉秘》中说："于通幅之空白处，尤当审慎。有势当宽阔者，窄狭之则气促而拘；有势当窄狭者，宽阔之则气懈而散。务使通体之空白毋迫促，毋散漫，毋过零星，毋过寂寥，毋重复排牙，则通体之空白，亦即通体之龙脉矣。"

他说画面空白分割适当，与画面形式感的审美和谐有着微妙关系，亦即茶席的底色和桌子的留白分割若不恰如其分将失去和谐，而如齐白石作品，适当留白，正达到"空妙""灵空"之感。茶席的"空妙"必须用"收敛众景，发之图素"来表现茶器构图，突破空间限制，抛弃不必要的东西，以简易茶席达到集中的表现。例如，茶席放一素画古布，只见一壶一杯正是"收敛众景"之妙。

北宋画家郭熙在《林泉高致》言："不下堂筵，坐穷泉壑。"为了使观者能够"卧以游之"，就要求王维《山水诀》中说的"咫尺之图，写千百里之景，东西南北，宛尔目前"。在设计茶席时，在茶与器的各型各类选项中，使用"随类赋形"法纤细感受茶器的物象。

　　繁忙之际，布局而成的茶席，以心境得"随类赋形"的茶器搭配，尽得浑化之味。在如何使茶席生动真实表现上，这种经由酝酿发酵的创造，实际在中国"存形莫善于画"，可见视觉形象反映的艺术表现技巧之异曲同工。

　　茶席表现了各种茶器物在空间所处的位置，并在空间位置上求得一种最好的配置，"应物象形"乃是继"随类赋形"，茶席表现的实际技巧，是从形、色、空间去表现茶席的真实境地。

　　"应物象形"说的是"象形"要"应物"，表现在茶席上，即技巧应服从于对象的要求，如山水画家萧贲所言"含壶命索，动必依真"。茶器的"形"如何在茶席上表现，这要靠茶人摆置的技巧，就如同中国绘画中造型技巧的"骨法用事"是和"应物象形"紧密调和的。

　　布置茶席有什么技巧？茶人摆置茶席的能力如同画家"应物象形"的能力，取决于对器与美学的修养。也就是说，懂得"摆置"的装置造型技巧，是茶席呈现艺术的一个重要手段。一如作画对画面的构图，在面的线起伏、转折、相交地方体察线的存在与对象的结构，以及与质感相联系的线的微妙变化，运用线取得造型效果。

　　凡事适合总是最好的状态，"情人眼里出西施"就是适合。俗并不是坏的，雅也未必就好，茶席中"刀字纹"的青花粗瓷茶碗配一把"曼生壶"怎么看怎么别扭，因为它们不适合。"适合"是种境界，需要准确，有分寸感。茶席的设计、布置也讲究分寸，幽雅美丽女人的言行举止也要讲分寸，追求的还是"适合"，这既有点禅味又有点圣贤的"中庸之道"，它是最好的，却也最难，需要修炼。

　　设计茶席其实就是在设计生活，茶席是可以修炼人的，这虽然有些形而上，但对于生活的意义的确比其他的日常行为更重要。摆一茶席，能够做到水、茶等一应器具都不缺少，那么生活至少是周到的；设若还能于茶席间添些插花与趣物，那么生活可见是有情趣的；如果所设的茶席不仅美，而且颇有主题、典故，养眼之余还使人动心，那么生活更是多姿多彩了；再如，在兼具前三者的基础上，还能将手势、动作与各种茶具的位置，于方寸之间游刃有余，自然流畅，烧水泡茶返璞归真，那么这样的人就高于生活了。

茶在一切优秀的物质功能至上，它还是能够慰藉人类心灵的逸品。所以要说，茶文化的审美品格再怎样高也并不过分。茶是一个可供无穷无尽审美的载体，而这种美，要通过茶文化空间得以尽情地展示。

（二）乔木森：选择合适的背景与配饰

茶席的背景，是指为获得某种视觉效果，设定在茶席之后的艺术物态方式。

自古人们就十分重视背景的作用，屏风的设立就是一例。古人也总是以不同的方式于茶席后设立一个背景物，从历代古画中看，多以自然景物为背景。如宋代刘松年的《博古图》中茶席后的松树，元代《童子侍茶图》中茶席后的竹子，明代丁云鹏《煮茶图》中茶席后的树木与假山等。室内的茶席，人们同样选择有一定画面感的景物作为背景，以求一定意境的表达。如丰子恺的《人散后，一钩新月天如水》，就是利用茶席后揭帘的窗子作为背景，特别是正巧垂挂在窗子左上角的一弯新月，构成一个极有意境的自然景观背景。

茶席背景，总体由室外背景和室内背景两种形式构成。

室外背景形式有树木、竹子、假山以及街头屋前等。

（1）树木。从历代古画中看，以树木作为背景的茶席不在少数。树木高大，枝叶蓬广，如巨伞可遮风、挡雨、蔽日，如正值开花时节，在香花树下摆置茶席，花香伴茗香，令人心旷神怡。

（2）竹子。竹子是人们最喜爱的植物之一，它不惧严寒酷暑、虚心劲节等特点，常被喻作许多美好品德而广受赞扬。所以，选择竹子为背景，又使茶的内涵更加深厚。

（3）假山。中国自古有赏石之习，后世更出现"无石不成园"的现象。假山的造型千奇百怪，将假山作为背景，使茶席也显得厚实而庄重。

（4）街头屋前。将茶席置于街头屋前，在茶文化、茶贸易、茶产业活动极为活跃的今天，早已成为平常事。街头屋前的茶席，一般多以促销茶产品的形式出现，由于是近距离地面对面和观众交流，因此，应该在茶席之后搭设背景物，以获得一个相对阻隔的空间，从而有利于集中观赏者的目光。

室内背景则有舞台、窗户、廊口、墙面、博古架等多种形式。这里以窗和廊口为例。

（1）以窗作背景。窗是屋的眼睛，也是取光最佳之处。以室内现成的窗作背景，窗框可贴可挂，窗格可饰可钩，窗台可摆可布，窗帘可拉可垂，若要追求茶席的背景效果，茶席可背窗而设。如窗位较低，或是落地窗类，采用地铺的形式进行茶席的设计则效果更佳。

（2）以廊口作背景。廊口是入门后紧接室内走廊的入口处。此处背景是自由延伸的走廊，又是廊与厅的连接点，正面开阔。进门即见。背面向后延伸的长廊透视效果好，也是一处摆设茶席的好地方。茶席可倚廊壁而设，透半边走廊作背景，既显出远近距离线条结构，又是一个空间的自然隔断。另半边拐角墙体呈一上升直线，且方便挂饰，是室内一个很有个性的背景形式，利用好，会为茶席增色不少。

作为配饰的工艺品，在茶席中的地位和作用也非常重要。

如茶席《知青晚茶》陈设的相关工艺品，作者选择了蓑衣和斗笠，并把它们鲜明地挂在墙上作为茶席的背景，使20世纪60年代末曾下过乡的观众，立即心头一热，过去的那段蹉跎岁月立即浮现在眼前，忍不住上前摸摸墙上之物，仿佛蓑衣里还留有自己当年生活的气息。而茶席中的搪瓷大茶缸，也正是当年农村饮茶的茶具。由于蓑衣较好地配合了主器物搪瓷大茶缸，也使茶缸增添了时代的气息。

其次，茶席中的主器物与相关工艺品在质地、造型、色彩等方面应属于同一个基本类系，如在色彩上，同类色是最能相融，并且在层次上也更加自然和柔和。因此，作为茶席主器物的补充，无论从哪个方面来说，相关工艺品的作用都是不可忽视的。

（三）丁以寿：以多种形式营造风格

1. 以插花塑造风格

插花在茶席上应用，可以协助主人达到茶席所要表达的意境。但现在所要说的是以插花为主要手段，表现主人所要达到的任务，这时的插花不能只是站立在一旁观看，而是要进入到泡茶席的核心区，与茶具一起共舞。但同时要注意不能喧宾夺主。

2. 以背景塑造风格

背景包括泡茶席的后方以及左右两侧，甚至于前方都可以算作背景，它从四周烘托了茶席想要的气氛。如果以极其强烈的效果在观众视觉焦点的泡茶席背后出现，那就是以背景塑造风格的例子。有一席茶席，以大幅的水墨草书作为背景，一下子就塑造了茶席的艺术性、抽象性、节奏性的风格。另有一席茶席，以大幅的梅干与简单的枝条为背景，也是一下子就抢夺了人们的视线，而且让人们体会到孤高、悠远的气势。

3. 以茶具塑造风格

茶具是每一个泡茶席上所必须有的设备，也是茶席风格整体表现的一部分。如果要表现春天的气息或绿茶的香草味，可以使用青瓷的一整套茶具；如果要表现秋天的萧瑟或陈年普洱茶的沧桑，可以使用一套施以茶叶末釉的手拉坯茶具。也可以以极为夸张的手法，摆出一套形体与色彩都相当强烈的茶具，整个品茗环境的风格一下子都将被它牵动。如一席茶席以大型玻璃壶具占去了大部分的桌面，加上蓝色纱布的衬托，很容易就将茶的清凉感、轻松愉快的感觉表现出来。又如一席茶席，以一把现代感造型西式彩绘茶壶与一把粗犷的传统式东方横把壶搭配在一起，有效地表现了创新、不拘的属性，也传达了主人想要告诉与会者的心声。

4. 以色调塑造风格

色彩是表现情感与风格的极佳媒介，红与金黄很容易造成喜庆的气氛，蓝与绿很容易表达太阳与旷野，白色表现纯洁、细腻，还可以带点神经质。然而有能力整合茶席上的所有色彩，使一致地述说着同一故事，那就必须在色彩与形体的掌握上有一定的修养。如有一席茶席是以蓝绿的柔和色调表现了庭园的温馨，让人们除了看到蝶飞花舞，还闻到了花香。

5. 以桌面塑造风格

此处就桌巾而言，利用桌巾强烈的色彩、图案与造型（如骑巾与小方块布造成的效果），吸引与会者的注意，或是突破周遭不协调的场景。当然也可以利用桌巾或桌面的处理来加强茶具的视觉效果，如桌子与茶具都是深色或都是浅色，就可以利用桌巾的颜色将茶具突显出来。如一席茶席利用捆绑花枝的粗草席作为桌巾铺在桌面，再置上粗放的手拉坯茶具，形成了一幅随兴、不修边幅的画面。

6. 以打扮塑造风格

坐在泡茶席上泡茶的人及其助手，甚至参与茶会的其他宾客，都会是塑造茶席风格的因素，所以司茶者与助手的打扮，以及客人被要求的穿着与邀约对象的选择都是茶席设计、茶会举办应该考虑的项目。如一席茶席是以盖碗为供茶奉客的方式，家具、环境都布置得典雅华贵，所以司茶者也以一袭古典雍容的装扮出场，与环境十分和谐。

7. 以基地塑造风格

泡茶席是以什么作为建构的基础，这关系到往后的发展，如席地而坐的茶席，不设桌椅，一切器物与人都要就着地面来安置。以茶车为基础而设的茶席，其车的内形又是收纳备用茶器的地方，所以很多功能性的器物与设施就可以省略。如果以桌子为泡茶的基地，客人又是围着桌子而坐，那最好另备一张侧柜，以便陈放部分茶器。

第七章　茶席中的茶品及茶具

茶席，从字面上理解，由"茶"与"席"构成，茶为茶叶、茶品，"席"为茶具等元素构成的陈列铺垫的空间。茶席设计离不开茶品与茶具，两者是构成茶席的最基本的两个元素。

一、茶席中的茶品

茶是茶席设计的灵魂，也是茶席设计的思想基础。因茶而有茶席。

应该说，日本茶道很好地继续了我国古代茶文化的思想，在茶道活动中，始终把茶放到了十分重要的地位。比如，在茶席的布局上，把茶（贮茶盒）放在了表演者的最正面、最前面；在点茶前，将茶盒擦了又擦，表示茶应是洁净的，借以拭去心灵的尘埃；在正式投茶前，还要十分恭敬地双手摊膝，朝着茶拜上一拜，然后才揭盖投茶于碗中。使人看后，对表演者也肃然起敬。

茶，应是茶席设计的首要选择。因茶而产生的设计理念，往往会构成设计的主要线索。

从实用的角度出发，设计完成的茶席必须能用来冲饮某一种或几种茶，完成茶叶冲泡的整个流程。茶席设计的各个元素，如茶席中的茶具及配件能完成茶品的冲泡，并能很好地体现茶叶的色、香、味、形等特点，茶席设计要求能体现茶品的历史背景及文化内涵。

一般在茶席设计的主题选择中，有以故事为主题、以人物为主题，也有以季节或植物为主题，以及以茶品或茶具为主题的。但是，不管以哪种题材为茶席主题，都必须体现茶席所冲泡的茶品，没有哪个茶席是没有用茶叶来冲泡的。

茶品是茶席设计中不可或缺的主要元素之一。茶品的选择是否恰当，将直接影响茶席的主题定位是否合理，影响茶席设计的整体结构是否协调。作为茶席的设计者，也应是一位了解茶、喜欢茶的茶人，只有在真正了解茶的基础上，才能设计出富有茶文化内涵和茶道精神的茶席，而不仅仅是一些茶具的组合陈列而已。

（一）茶品的种类及特点

中国是世界茶叶的原产地，茶叶品种丰富，茶文化历史悠久，具有很多可挖掘的茶席设计元素。虽然我国茶叶品种丰富，但根据基本制作工艺的不同，以及色、香、味等品质方面的区别，基本茶类分为绿茶、红茶、乌龙茶（青茶）、黄茶、白茶和黑茶六大类。在基本茶类的基础上，还分再加工茶（花茶、压制茶等）、深加工茶（速溶茶、茶饮料等），以及一些不含茶叶成分的"非茶之茶"，如玫瑰花茶等。

茶的色彩是异常丰富的，有绿茶、红茶、黄茶、白茶、黑茶……

茶的各种美味和清香，曾醉倒天下多少爱茶人！

茶的形状千姿百态，未饮先迷人。如一旗一枪，迎风招展；六安瓜片，片片可人；顾渚紫笋，破土而出；安化松针，风吹林鸣；信阳毛尖，小荷初露；上饶白眉，额展寿星；江山牡丹，洛阳花贱；金坛雀舌，小鸟歌醉；汉水银梭，拨浪击崖；遂昌银猴，跳跃山中；郴州碧云，映遍朝霞；蒙顶甘露，沁人心脾；武夷红袍，状元披挂；大佛龙井，木鱼声声；永春佛手，比印说经；涪州玉兔，月宫折桂；君山银针，飞线织锦；冻顶乌龙，喷焰吐雨；南城麻姑，飘海成仙……

不仅茶的形状给人许多想象，各种茶的名称也是浸透诗情画意。如洞庭碧螺春、庐山云雾、涌溪火青、老竹大方、休宁松萝、敬亭绿雪、恩施玉露、泉岗辉白、婺州举白、永川秀芽、前峰雪莲、天目青顶、井冈翠绿、龙岩斜背、武夷肉桂、安溪色种、凤凰水仙、温州黄汤、鹤林仙茗、茉莉烘青、靳门团黄、蒙顶石花、北苑先春、巴东真香、生黄翎毛、玉叶长春、小四岘春、雁荡龙湫、富阳岩顶、东阳东白、天柱剑毫、岳西翠兰、千岛玉叶、仙台大白、天湖凤片、桐城小花、余姚瀑布、九曲红梅、三清碧兰、天红碎叶、诏安八仙、凤凰单枞、大叶奇兰、天女散花……又如铁观音、大红袍、竹叶青、铁罗汉、白鸡冠、水金龟、黄金桂、白牡丹、湘波绿、瑞草魁、白毛猴、九华英、小江园、春风髓、小开卷、石崖白、绿昌明、仙人掌、竹筒香、大红梅、素心兰、金钥匙、不知春……再如峨蕊、韶峰、翠兰、奇兰、碧涧、明月、雨香、东白、仙茗、腊面、横牙、鸟嘴、麦颗、片甲、蝉翼、早春、火前、京铤、石乳、头金、次骨、泥片、来泉、片金、胜金、独行、灵草、开胜、东首、浅山、清口、草子、龙溪、次号、仙芝、福合、禄合、指合、柏岩、火井、思安、孟冬、铁甲、阳坡、骑火、都濡、高株、云脚、紫英、龙焙、天尖、莲芯、和雾、龙舞、羽绒、雨花、龙剑、长冲、牛抵、合箩、月牙……

以上茶名，虽无一"茶"字，但其形、其态、其情、其韵，无不历历在目，诱人奇想。

下面，我们先来了解一下我国基本茶类的特点及代表茶叶。

1. 绿茶

绿茶是中国产区最广泛、产量最多的一个茶类，占我国茶叶总产量75%左右。

绿茶从发酵程度上来看，属于不发酵茶，其基本工艺为：杀青—揉捻—干燥。茶树鲜叶通过"杀青"这一个工序，破坏了鲜叶中酶的活性，因此能使茶叶保持"清汤绿叶"的特点。

绿茶种类很多，根据杀青和干燥方式的不同，可分为炒青、蒸青、晒青和烘青。由于工艺的不同，在滋味、香气等品质特征上也体现出不同的风格。炒青茶颜色偏黄绿，与烘青茶相比，外形稍微欠完整，但是滋味浓醇，香气高，因此在茶席设计中，配套茶具时，应以体现茶叶的滋味和香气为主；蒸青茶与其他类型的绿茶相比，汤色更加绿翠，外形呈深绿色，滋味鲜而微涩，因此，配套的茶席应体现蒸青茶汤色的绿和滋味的鲜为主，由于滋味较苦涩，还可以在茶席中配套带甜味的茶点。

绿茶的分类，除了根据加工工艺的不同来分类，还可以根据茶叶外形的不同进行分类，如扁形、片形、针形、卷曲形、珠形、眉形、兰花形等。茶叶外形的展示也可以作为茶席设计当中的一个环节。

茶席设计过程中，特殊形状的茶叶还可以作为茶席装饰的一部分，起到点缀的作用。

绿茶的种类很多，我们不可能一一记全，茶席当中所涉及的茶品一般是具有历史文化积淀的名优茶，或者品质特点较突出的茶品，或者某一地区的代表名茶。对于从事茶文化行业的人士或爱茶之人来说，以下几种绿茶中的名茶是必须要了解的。

（1）西湖龙井。西湖龙井是我国绿茶中的"皇后"，也是浙江省十大名茶之首。

西湖龙井主产于浙江省杭州市西湖区，狮峰、龙井、五云山、虎跑、梅家坞一带。特级西湖龙井一般用一芽一叶加工而成，干茶色泽翠绿，外形扁平光滑，形似"碗钉"，汤色碧绿明亮，滋味甘醇鲜爽，向有"色绿、香郁、味醇、形美"四绝之誉。

2008年国家质量监督检验检疫总局颁布了GB/T 18650-2008《地理标志产品 龙井茶》标准，规定了浙江省龙井茶的地理标志产品的保护范围、生产及品质等要求。根据规定，杭州市西湖区现辖行政

老龙井内的十八棵御茶

杭州梅家坞茶山

清代龙井制茶图

区域为西湖产区；杭州市萧山、滨江、余杭、富阳、临安、桐庐、建德、淳安等县市现辖行政区域为钱塘产区；绍兴市绍兴、越城、新昌、嵊州、诸暨等县市现辖行政区域以及上虞、磐安、东阳、天台等县市现辖部分乡镇区域为越州产区。

规定还要求加工龙井茶的茶树品种应选用龙井群体、龙井43、龙井长叶、迎霜、鸠坑种等经审（认）定的适宜加工龙井茶的茶树良种。

龙井茶的全手工加工的基本工序为：摊放—青锅—摊凉—辉锅。龙井茶的全手工炒制手法复杂，俗称"十大手法"，即抓、抖、搭、揭、捺、推、扣、甩、磨、压。

现今市场上的龙井茶大部分采用半手工或全机械的方式加工。首先，采用长板式扁形茶炒制机青锅，摊凉后用龙井锅手工辉锅，或者用滚筒辉干机进行辉锅。

（2）洞庭碧螺春。碧螺春产于江苏吴县太湖洞庭山，洞庭山分东、西两山，两山茶、果间作区，茶树和桃、李、杏、柿、橘等果木交错种植，生态环境优越，使碧螺春具有天然的"花香果味"。

碧螺春一般在每年春分前后开采，谷雨前后结束。特级碧螺春通常采一芽一叶初展，芽长1.6厘米～2.0厘米的原料，叶形卷如雀舌，称之

"雀舌"，炒制500克高级碧螺春约需采6.8万～7.4万颗芽头。碧螺春炒制的主要工序为：杀青—揉捻—搓团—干燥。

碧螺春的品质特点是：条索纤细，卷曲成螺，满披白毫，银白隐翠，香气浓郁，滋味鲜醇甘厚，汤色碧绿清澈，叶底嫩绿明亮，嫩匀成朵。

黄山石猴望太平

碧螺春是一种采摘非常细嫩的绿茶，而且表面茸毛多，适宜用沸水放凉到70℃～80℃冲泡；冲泡时，在玻璃杯中先放入水，然后再投茶，使茶叶慢慢在水中展开。

（3）太平猴魁。太平猴魁产于安徽省太平县猴坑一带的高山茶区。太平猴魁的独特之处在于，它的鲜叶采摘标准和时间不同于一般的名优茶，于谷雨、立夏期间采摘一芽三四叶，挑选符合要求的一芽二叶为原料。

太平猴魁属于烘青绿茶，其基本加工工序为：杀青—毛烘—二烘—三烘。杀青后的鲜叶均匀地摊放于烘笼上进行烘干，并按压，使茶叶平直。

太平猴魁外形挺直肥壮，两叶包一芽，色泽翠绿，主脉暗红，俗称"红丝线"。其汤色青绿，略带花香，滋味鲜醇。

（4）六安瓜片。六安瓜片产于安徽的六安、金寨、霍山一带，以齐云山一带产者最佳。

六安瓜片因其独特的采摘和加工工艺而闻名。当鲜叶采回后，由下而上扳下茶叶，把芽、嫩叶、老叶和茶梗分别炒制。六安瓜片的传统加工工艺分炒片（生锅、熟锅）和烘焙（毛火、小火、老火）两个环节。

六安瓜片属于片形的炒青绿茶，片形挺直，也变背卷，色泽翠绿，有白霜；汤色清绿明亮，香气高，滋味鲜醇，回甘明显。

2. 红茶

红茶是世界上消费的主要茶类，占世界茶叶产量的75%左右。根据初制工艺及品质的不同，红茶主要分工夫红茶、红碎茶和小种红茶三大类。红碎茶是世界红茶贸易中的主要品种，占世界红茶贸易总量的98%左右。

红茶的基本加工工序为：鲜叶—萎凋—揉捻（揉切）—发酵—干燥。萎凋使鲜叶失水，酶活性增强，内含物质发生氧化，形成红茶特有的品质特征。

（1）工夫红茶。工夫红茶是我国传统的特有红茶品种，属于条形茶，又称"条红"，以内销为主。通常以地名来给茶叶冠名，如祁红（安徽祁门）、滇红（云南凤庆一带）、越红（浙江）、粤红（广东）、闽红（福建）等。由于产地的不同，采用的茶树品种和加工工艺都有所差异，因此形成各种风格迥异的工夫红茶。

高档的工夫红茶条索紧结，有金毫，色泽乌润，香高味浓，汤色红艳明亮，叶底红亮嫩匀。

祁门红茶产地在安徽省祁门一带，清光绪年间开始仿照"闽红"的工艺试制祁红。

祁红主要采用槠叶齐、柳叶种等具有高香特征的群体种茶树，通过萎凋、揉捻、发酵、干燥等工序加工而成。

祁门红茶具有独特的地域性香气，俗称"祁门香"；其外形条索细紧，锋苗显，色泽乌润，泛"宝光"；香气浓郁，甜香似蜜糖，略带兰花香；汤色红艳明亮，滋味甜醇，叶底嫩匀红亮。

滇红是我国云南红茶的统称，主产于云南凤庆一带，又称为"云红"。滇红采用云南大叶种加工而成，不同于祁门红茶等

祁门红茶茶园

小叶种红茶，条索壮实，芽头肥壮，金毫明显；滇红滋味浓强，果香明显，汤色浓艳。

（2）红碎茶。红碎茶与工夫红茶不同，做形环节采用揉切的方式，茶叶破碎率高，萎凋及发酵程度偏重。因此，红碎茶滋味浓强，收敛性强，汤色红艳明亮，适合加奶或加糖后饮用。

红碎茶分叶茶、碎茶、片茶和末茶四个规格，等级规格清晰，具体可分为花橙黄白毫（F.O.P）、橙黄白毫（O.P）、白毫（P）、花白毫（F.P）、花碎橙黄白毫（F.B.O.P）、碎橙黄白毫（B.O.P）、碎白毫（B.P）、碎白毫片（B.P.F）、片茶（F）、末茶（D）等。

印度的红茶产业是其财政收入的主要支柱之一，其中以阿萨姆红茶和大吉岭红茶最为有名。

阿萨姆红茶产于印度东北阿萨姆喜马拉雅山麓的阿萨姆溪谷一带，茶叶外形细扁、色呈深褐，汤色深红稍褐，带有淡淡的麦芽香、玫瑰香，滋味浓烈。大吉岭红茶产于印度西孟加拉省北部喜马拉雅山麓的大吉岭高原一带，其汤色橙黄，香气清雅。特级大吉岭红茶带有葡萄香，口感细致柔和，被誉为"红茶中的香槟"。

斯里兰卡红茶，又称"锡兰红茶"，是世界三大高香红茶之一。其中，斯里兰卡的乌沃地区生产的高地红茶品质最优，汤色橙红，金圈明显，香气浓郁，带有薄荷、铃兰香，滋味浓厚，略带苦涩，但回甘明显。

（3）小种红茶。小种红茶是福建省武夷山桐木关一带的特种红茶，生产历史悠久，是我国最早产生的红茶。小种红茶具有特殊的松烟香，似桂圆香，滋味浓爽、带桂圆味，汤色橙黄。小种红茶根据产地的不同，分正山小种和人工小种两类。

小种红茶初制工艺为：鲜叶—萎凋—揉捻—发酵—过红锅—复揉—烟熏—复焙。

3. 乌龙茶

乌龙茶是我国特有的茶类，又称为"青茶"，属于半发酵茶。乌龙茶的基本加工工艺为：晒青—凉青—做青—杀青—揉捻—干燥。这种加工工艺结合了绿茶和红茶的工艺，使乌龙茶具有了介于绿茶和红茶之间的品质

生长在武夷山悬崖上的大红袍茶树

特点，香气高，具有天然的花香，滋味醇厚，回甘明显，耐冲泡，叶底具有绿叶红镶边的特点。

乌龙茶的命名一般与所采制的茶树品种相关，不同茶树品种的茶树单采分别付制，如铁观音茶的是由铁观音茶树品种采摘的鲜叶加工而成。

我国的乌龙茶产区主要分布在福建、广东、台湾地区。福建乌龙茶又分为闽北和闽南两个产区，闽北以武夷岩茶为代表，闽南以安溪铁观音为代表。广东地区以潮州的凤凰单枞和饶平的凤凰水仙为代表。台湾乌龙茶则以冻顶乌龙、白毫乌龙、文山包种等为代表。

（1）武夷岩茶。武夷岩茶是闽北乌龙茶的代表，茶树生长于山坑岩壑间，生产的茶叶具有天然的"岩骨花香"。根据茶树生长的环境不同，平地茶园所产的为"洲茶"，武夷山区内的慧苑坑、牛栏坑、大坑口、天心岩、天游岩、竹窠岩等范围内所产的为"正岩茶"，武夷山区内除生产洲茶和正岩茶之外的茶园生产的岩茶为"半岩茶"。茶树花色品种繁多，品质差异大，代表的四大名枞如大红袍、白鸡冠、铁罗汉、水金龟等，每个茶名的背后都有一个美丽的传说。另外还有武夷水仙、武夷肉桂等当家品种。

（2）闽南乌龙茶。闽南乌龙茶主产于福建南部的安溪、漳州、平和、永春等县市。闽南乌龙茶的发酵程度比闽北乌龙茶轻，揉捻环节采用包揉的工艺。闽南乌龙外形紧结，重实卷曲，色泽砂绿油润，香气清高持久，带花香，滋味浓厚鲜爽、回甘明显。代表的茶叶有铁观音、黄金桂（黄旦）、本山、毛蟹、佛手等。

（3）凤凰单枞。凤凰单枞是广东乌龙茶的代表，加工用的鲜叶从水仙品种茶树中单株采摘单独加工。凤凰单枞外形条索紧结卷曲，色泽青褐，香气馥郁持久，具有浓郁的天然花香，汤色橙黄，滋味浓醇，回甘鲜甜，具有独特的山韵，叶底绿叶红边。由于单采单制，根据香气的不同，凤凰单枞又分为不同香型，如蜜兰香、玉兰香、黄枝香、肉桂香等。

4. 黄茶

黄茶也是我国特有的茶类之一，是从绿茶演变而来的特殊茶类。加工过程中，在揉捻前后或初干后进行"闷黄"，在湿热的条件下茶叶中的茶多酚等物质进行氧化，并促使叶绿素分解，形成了黄茶"黄汤黄叶"的特点。根据采摘标准的不同，黄茶又分黄芽茶、黄小茶、黄大茶。我国的黄茶产量小，品种也比较少，代表的茶品有君山银针、霍山黄芽、远安鹿苑茶、蒙顶黄芽、平阳黄汤、莫干黄芽等。

（1）君山银针。君山银针产于湖南省岳阳市洞庭湖一带，属于黄芽茶。君山银针采用肥壮的芽头为原料，初烘后，初包进行闷黄，闷黄时间约48小时，复烘后进行复包48小时，最后低温烘干。其品质特点为芽头壮实挺直，色泽金黄，银色的茸毛明显，汤色杏黄明亮，滋味爽甜。

（2）远安鹿苑茶。远安鹿苑茶是湖北的传统名茶之一，属于黄芽茶。鹿苑茶外形条索紧结稍卷曲，色泽金黄，白毫显露，清香持久，滋味醇厚甘爽，汤色杏黄明亮，叶底黄绿嫩匀。鲜叶经过杀青、二炒、闷黄、三炒等工艺，茶叶在第三次炒干之前摊放在竹盘上，用湿布覆盖，闷黄7~8小时。

（3）莫干黄芽。莫干黄芽产于浙江省德清莫干山，条索紧结，色泽嫩黄，略带芽毫，香高而鲜，汤色嫩绿明亮，滋味醇厚鲜爽，叶底黄绿明亮。莫干黄芽在杀青、揉捻后，用纱布包好，置于70℃左右的烘笼上闷黄约1~1.5小时，然后进行烘干。与其他黄茶相比，闷黄时间较短，品质更接近绿茶。

5. 白茶

白茶是我国特有的茶类，茶叶外形以"满披白毫"为显著特点，加工工艺中以"不炒不揉"为特点。白茶在加工过程中，经过长时间的萎凋，期间茶多酚进行轻度而缓慢的氧化。

白茶的品质特点：外形条索松散，白毫满披，汤色嫩黄，香气清鲜，叶底完整。

（1）白毫银针。白毫银针采用大白茶或水仙品种茶树的芽头加工而成，外形芽头肥壮，白毫满披，滋味鲜爽带甜，汤色浅杏黄。白毫银针分北路银针和南路银针两种：北路银针产于福建福鼎，芽头较肥壮，茸毛厚；南路银针产于福建政和一带，芽头较瘦长，茸毛略薄。

（2）白牡丹。白牡丹产于福建的政和、福鼎、松溪一带。白牡丹采用大白茶或水仙品种的一芽二三叶的鲜叶加工而成，两叶夹一芽，形似花朵。芽头银白挺直，叶背有白色茸毛，叶脉显红，叶肉浅绿，似"红装素裹""青天白地"；滋味清鲜，回甘明显，汤色杏黄明亮，叶底肥厚嫩匀。

6. 黑茶

黑茶是六大茶类中的后发酵茶，过去以边销为主，少量内销，因此又称为"边销茶"。黑茶根据产地和工艺的不同，分为湖南黑茶、湖北老青砖、四川边茶、广西六堡茶、云南普洱茶等。

黑茶成品"紧压茶"以黑毛茶作为原料，经过蒸压最终形成。黑毛茶的初制工艺为：杀青—揉捻—干燥—渥堆。渥堆促进了茶叶内部非酶性的氧化，转化成茶褐色等氧化物，形成褐绿或褐黄的外观特征，滋味更加醇和。

（1）湖北老青砖。新中国成立前，湖北老青砖集中于湖北蒲圻的羊楼洞一带，故又名"洞砖"，砖面印有"川"字，又称"川字砖"。新中国成立后，老青砖主要集中在湖北的赵李桥加工，每块重2公斤、长34厘米、宽17厘米、厚4厘米。青砖原料里外等级不一样，洒面、二面和里茶分别由老青茶的一、二、三级毛茶拼配压制而成。

（2）茯砖。茯砖是以湖南黑毛茶和四川西路边茶为原料的一种紧压茶。茯砖因在伏天加工，因此又称为"伏砖"。湖南的茯砖主要集中在安化、益阳一带，茶砖呈长方形，一般每片重2公斤，主要销往新疆、甘肃、青海一带。茯砖在压制前需要经过一道特殊的工序——"发花"，即在一定的温度、湿度条件下，茶坯内部的特殊霉菌滋生，分泌各种酶，促进内含物质转化，使毛茶中的青涩味减弱，茶砖内部出现"黄花"茂盛，茶叶色泽黄褐。

（3）康砖和金尖。康砖和金尖都是四川南路边茶中的一种紧压茶，主产于四川雅安、宜宾等地，主要销往西藏、青海一带，现在市场上又称为"藏茶"。现在，传统的康砖由各种绿毛茶拼配、压制而成，重0.5公斤，呈圆角长方体，每篓装20块。金尖每块净重2.5公斤，呈圆角长方体，每篓装4块。金尖色泽棕褐，香气平和，滋味醇厚，汤色红亮。从原料上来看，康砖的等级要高于金尖。

（4）下关沱茶。下关沱茶产于云南大理的下关茶厂，属于生茶类，茶叶压制前不进行渥堆。下关沱茶香气高，滋味浓爽，汤色黄亮。沱茶的外形似窝窝头，倒过来像一个小石臼。沱茶一般有三种规格，小沱每块重50克，直径6.7厘米，大一点的有125克和250克。

（5）七子饼茶。七子饼茶，又称"大饼茶"，属于云南普洱茶的一种，七个为一提。七子饼每块重357克，直径约20厘米，边厚1.3厘米，中心厚2.5厘米。七子饼茶也分生茶和熟茶两种，压制之前经过人工的渥堆的为熟茶，晒青毛茶直接压制的为生茶。熟茶成品色泽乌褐油润，滋味浓厚带陈味，陈香明显，汤色红褐明亮。

云南普洱生茶

云南普洱熟茶

7. 花茶

花茶是我国一种传统的再加工茶，由茶坯（绿茶或乌龙茶等基本茶类）与各种香花进行窨制而制成的茶叶。因此，花茶又称为"香花茶""熏花茶""香片"。花茶以所采用的花的名称来命名，如"茉莉花茶""玫瑰花茶"等。

现在市场上销售最多的为茉莉花茶，是茉莉花与烘青绿茶经过窨花、通花、起花、烘干、提花等工序制成。茉莉花茶香气清高鲜灵，滋味醇厚，汤色淡黄，饮后唇齿留香。

8. 深加工茶

传统茶叶的消费不能完全消耗掉我国的茶叶产量，每年大量的库存茶需要通过加强深加工来提高茶叶的附加值和产值。传统散茶的消费，需要用特有的茶具冲泡，对水温、环境等都有要求，而且冲泡后有茶渣，无法迎合年轻人和生活节奏较快的都市白领的需求。通过深加工，可生产出不同类型的茶产品，适应各种层次消费者的需求，提高茶叶的消费量。

（1）速溶茶。速溶茶是利用茶叶或鲜叶，经过提取、浓缩、干燥等工艺，加工成易溶于水的具有茶味的饮品。根据提供的成品茶品种的不同，可分为速溶绿茶、速溶红茶、速溶乌龙茶等。

（2）茶饮料。茶饮料是用茶叶浸泡后的浓缩液，加入糖等各种调味剂加工而成的饮品。茶饮料具有茶叶的风味，饮用方便，迎合了年轻一代消费者的需求，提高了茶叶的消费量。

（3）茶食品。茶食品是指含有茶叶成分的食品，如茶糕点、茶糖果、茶面等。"吃茶"的习俗在古代就有，我国西南地区的部分少数民族还保留了吃茶的习俗。茶叶添加到食品当中，或者作为菜肴的主体，都是茶叶综合利用的一个很好的途径。

9. 花草茶

花草茶是指利用植物之根、茎、叶、花或皮等部分，经过加工、干燥，加以煎煮或冲泡，而产生芳香味道的草本饮料。花草茶最早起源于欧洲；在我国的《本草纲目》等医书中也有很多关于花草、植物根茎入药的记录。

各种花草茶具有不同的保健调理的功效。如薰衣草具有舒解压力、帮助入眠的功效；玫瑰花具有调理血气、促进血液循环、养颜美容的功效；薄荷具有消除胃胀气、咽喉肿胀等功效。

各种花茶用花

10. 养生茶（凉茶）

养生茶，又名保健茶，广东凉茶一类就属于养生茶系列。我国中医及民间已有几千年饮用养生茶的历史。养生茶通过日常饮用，进而达到养生、防病、治病的目的；但是与花草茶不同，养生茶是以传统中药、花草等药食同源的材料为原料配制而成。以广东凉茶为例，由各种具有清热解毒等功能的药物组成，如甘草、金银花、菊花、黄芩、黄连、葛根等。

再如养生茶中，减肥茶——大黄消脂茶的制作。配料：绿茶、大黄半钱，开水适量。制法：大黄、绿茶放入杯内，用开水冲泡，加盖焖10分钟即可服用。功用：清热解毒，减少肠中有毒有害物质的再吸收。少量饮用，可健胃、助消化、泻胃火、调和气血、消脂、抗衰老。另外，如用荷叶、决明子、山楂、菊花、玫瑰等组成的养生茶，女性日常饮用，可理气、利水、瘦身。

（二）茶品的选择

茶席设计中的茶品选择，需要根据设计素材准备的程度、主题设定等要求进行。

1. 季节的不同

茶席设定主题在特定的季节条件下，应选择适合当时的茶品或当季所产的茶叶。

我国的六大茶类在发酵程度上有所不同，按中医的药性来分，可分为偏寒性和偏温性。绿茶、白茶、黄茶属于偏寒性；红茶、乌龙茶和黑茶属于偏温性。因此，在春夏之季，人体容易燥热上火，宜饮绿茶、白茶等；秋冬季天气寒冷，宜选择红茶、乌龙茶和黑茶等。

春天是绿茶盛产的季节，绿茶的"清汤绿叶"符合春意盎然的意境，因此，以春天为主题的茶席，一般选择的茶品以绿茶为主。

夏季温度高，心火旺，饮茶需要清凉降火，可以用白茶（如白毫银

安化松针

安吉白茶

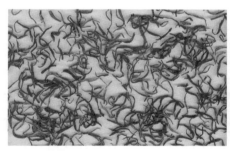

邓村绿茶

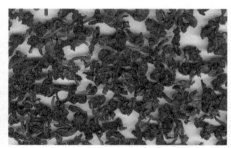

冻顶乌龙

都匀毛尖

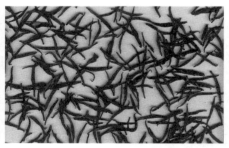

梵净翠峰

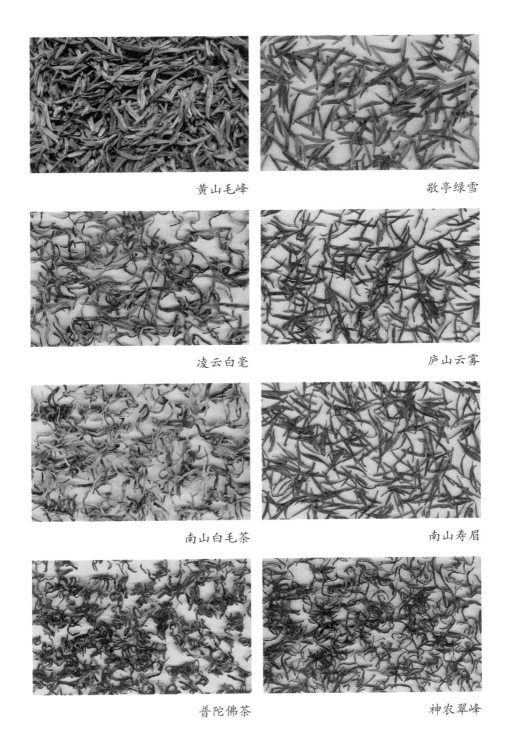

黄山毛峰　　　　　　　　　　　敬亭绿雪

凌云白毫　　　　　　　　　　　庐山云雾

南山白毛茶　　　　　　　　　　南山寿眉

普陀佛茶　　　　　　　　　　　神农翠峰

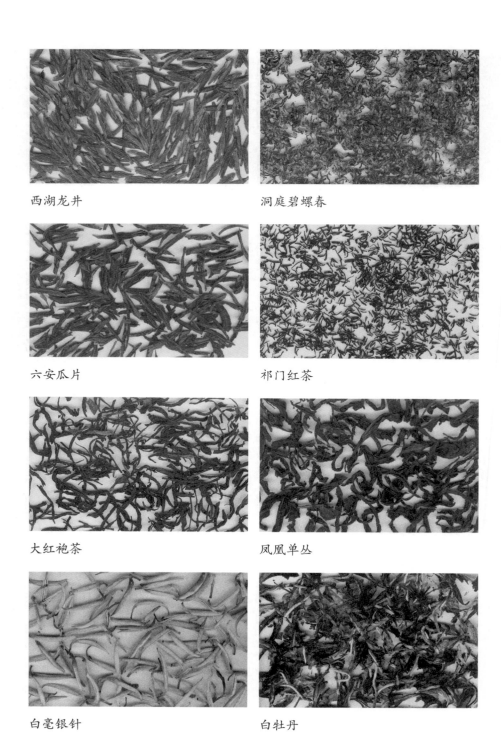

西湖龙井

洞庭碧螺春

六安瓜片

祁门红茶

大红袍茶

凤凰单丛

白毫银针

白牡丹

针）作为茶品，杏黄的汤色，清爽的口感，给夏季的茶席带来一丝清凉。

秋季，秋高气爽，又正是乌龙茶香气最好的季节。刚入秋时，选择发酵比较轻的台湾乌龙或闽南乌龙，用盖碗泡上一席，金黄的汤色，似秋季的落叶，幽雅的香气似空谷幽兰。秋末入冬时，用紫砂壶泡上一席发酵较重的武夷岩茶或凤凰单枞，温暖的橙黄汤色，浓厚的口感和焙火香，给人温暖的感觉。

冬季，飘雪的季节，适合火炉煮水、沸水泡茶，茶品适宜选择红茶或者陈年普洱，红艳的汤色给人以冬日暖阳的感觉，温和醇厚的口感，饮后暖意贯穿全身。

2. 茶器的不同

茶席设计的程序根据设计者的主题及已有素材的不同而有所不同。如已经选择好茶席所用的茶器，那么就需要搭配适合的茶品。

以紫砂壶为主的茶席，茶品以乌龙茶、普洱为主，不宜采用绿茶、白茶等轻发酵的茶品。绿茶在冲泡过程中应保持其茶汤的绿和口感的鲜醇，而紫砂壶的冲泡，温度高，冲泡时会有焖泡的过程，因此，不宜采用。另外如果需用紫砂壶冲泡绿茶，宜选用容量在300毫升以上的大壶，茶叶宜选择原料稍微成熟的绿茶。

透明的玻璃茶器的茶席，适宜选择叶底秀美的茶品，如各种名优绿茶，单芽或者一芽二叶，叶底舒展，冲泡过程中芽叶浮沉。另外，鲜绿的汤色通过透明的玻璃茶器，可以更加直观。玻璃茶器还可以用来冲泡花草茶，如玫瑰花、茉莉花、薰衣草等，可营造一种闲适优雅的欧式下午茶的茶席。

景德镇的白瓷粉彩茶壶，可以用来冲泡绿茶或红茶，白色的茶器最能衬托茶汤原本的颜色。白瓷茶壶保温差，不适宜用来冲泡乌龙茶，不能很好地体现乌龙茶的色、香、味。

如果选用景德镇传统的青花盖碗，茶品宜选择绿茶或茉莉花茶，也可选择一些江南水乡的民间茶品，如青豆茶等。

（三）茶品的搭配及创新

茶品在茶席设计中的应用，除了冲泡之外，应更具创新和创意。茶席中，选用茶品的创新也是茶席的创新。

六大茶类中的传统名茶，是茶席设计中经常采用的茶品。茶席设计可选择某个地方的特种茶，有故事、有特点的茶品，而不是拘泥于西湖龙井或铁观音等名优茶，如南京的雨花茶、四川的女儿环等绿茶，在外形和品质上都有明显的特征。

国际市场上的茶品也可以作为茶席设计的素材，如日本的玉露、斯里兰卡的锡兰红茶和印度的大吉岭红茶等，现在在国内都能购买到，也是为我们茶席设计中的茶品提供了更多的选择。

除了购买现成的茶品外，茶席设计者也可自己搭配或设计茶品。如将桂花和龙井茶按一定的比例混合成桂花龙井，或者将普洱生茶和熟茶进行搭配冲泡。

二、茶席中的茶具

"水为茶之母，器为茶之父"，其中的"器"就是我们说的茶器、茶具，茶具扮演了茶品"父"的角色，茶具与茶有着重要的关系。如果说，茶是茶席的灵魂，那么茶具就是茶席的身体，两者结合才是具有生命力的茶席。

茶具组合是茶席设计的基础，也是茶席构成因素的主体。茶具组合的基本特征是实用性与艺术性的融合，实用性决定艺术性，艺术性又服务于实用性。因此，在它的质地、造型、体积、色彩、内涵等方面，应作为茶席设计的重要部分加以考虑，并使其在整个茶席设计布局中处于最显著的位置，以便于对茶席进行动态的演示。

喝茶或茶席设计，并不一定要用价格昂贵的茶具，只要选择适合茶品的茶具，加上和谐的搭配和呈现，就是完整的茶席。一张茶几、一把紫砂壶、两个品茗杯，就是一个二人茶席。在茶会或品茶时，茶叶未冲泡，先入眼帘的便是那一桌茶具，材质、颜色、造型都是吸引茶客的素材，也反映了茶席设计者的审美追求和内心感触，茶与人、人与人之间的交流，茶具是其间的桥梁。

中国的茶具组合起始于唐代，茶圣陆羽是茶具组合的创立者。在《茶经·四之器》中，首次出现了由他设计和归整的24件茶器具及附件的完整组合。此后，历代茶人又对茶具在形式、内容及功能上不断创新、发展，并融入人文精神，使茶具组合这一特定的艺术表现形式在人们的物质和精神生活中发挥着积极的作用。

因此，茶具是茶席设计中不可或缺的部分，也是茶席总体格调和内容体现的主要载体。

（一）茶具的种类及材质

茶具按质地分一般有金属类、瓷器类、紫砂类、玻璃类和竹木类五种。塑料茶具曾在我国物资缺乏的20世纪六七十年代风行过一时，终因其易老化和有异味而逐渐被淘汰。

金属类最为典型的是1987年陕西法门寺地宫出土的一套唐代宫廷银质鎏金茶具组合。茶具上明显的标志表明这是唐僖宗"五哥"（乳名）亲自使用过的。鉴铭文字上还说明是宫廷手工工场"文思院"所造。除宫廷外，民间也常使用金属类组合的茶具，但大多为金属和其他类相混合，如碾、炉、釜、铫、茶罐、壶、火夹等为金属制造，而碗、盏、杯、水方、滓方、则等多为瓷、陶、木、竹制作。

在中国，陶瓷的生产已有数千年，茶具的种类和材质也因此而丰富多彩。现今，我们使用的茶具种类主要包括壶、盖碗、杯等，材质有紫砂、白瓷、玻璃、金属等。不同种类的茶具可以采用不同的材质，因此可以有更多的选择。

1. 壶

执壶，又称注子、偏提。唐代的执壶是作为煮水的用具，是一种水器，茶末放入茶釜中煮饮。从晚唐开始到宋代，点茶的流行，茶末放入茶盏，然后用汤瓶盛煮沸水，直接冲入茶盏，点茶冲饮。宋代的汤瓶就是在唐代注子的基础上发展而来，汤瓶的水流是长而细的三弯流，方便注茶点汤。

明代开始，散茶的冲泡逐渐流行，茶壶也因此被用于茶叶的冲泡。

紫砂壶从明代开始作为茶器使用，到清代已广为流传，尤其受到文人雅士的追捧。明冯可宾《茶笺》中说："茶壶陶器为上，锡次之。"这里的"陶器"，指的就是紫砂壶。明文震亨的《长物志》也说："茶壶以砂者为上，盖既不夺香，又无熟汤气。"清代李渔的《杂说》中记："茗注莫妙于砂，壶之精者又莫过于阳羡，是人而知之矣。"日本奥兰田的《茗壶图录》说："茗注不独砂壶，古用金银锡瓷，近时又或用玉，然皆不及于砂壶。"

文人雅士以紫砂为载体，结合诗、书、画、印等艺术文化元素，使紫砂壶不仅仅作为茶器，而是具有文化内涵的艺术品，实用功能与艺术性相结合。如清代陈曼生和杨彭年、杨凤年兄妹合作制作完成的曼生壶。

紫砂壶是由高岭土—石英—云母类型的矿物制成，含有硅、铁、钙、镁、锰、钾等化学成分。紫砂泥中各种化学成分的不同会使紫砂泥呈现不同的颜色，因此又被称为"五色土"。紫砂泥矿深藏于岩层之中，又被称为"泥中泥""夹泥"。原矿的紫砂泥包括紫泥、红泥、本山绿泥和团泥等。

紫砂泥具有以下优点：可塑

宋代兔毫盏

宋代油滴盏

宋代豹斑盏

性好，经捶压、拍打、镶接、雕琢等，可任意制作成大小各异的不同造型；紫砂泥在干燥时收缩率相对较小，烧制后变形小，成品率较高；双重气孔结构，具有良好的透气性。因此，用紫砂壶沏茶既不夺茶之香味，又无熟汤气，香不涣散，滋味醇厚；且紫砂壶外形平整光滑富有光泽，不需施釉，既不渗漏又有良好的透气性。

　　紫砂壶的基本构造由壶钮、气孔、壶盖、壶肩、壶嘴、壶把、壶身和壶底构成。紫砂壶的基本器型必须要"正"，即从上往下看壶，壶嘴、壶

明代大圆提壶　　　　　　　　　明徐友泉三足壶

明时大彬高执壶　　　　　　　　明时大彬如意壶

清邵大亨一捆竹壶　　　　　　　　清陈鸣远南瓜壶

清杨彭年中石瓢壶　　　　　　　　清陈荫千竹结提梁壶

钮、壶把必须在一条直线上。另外，实用的紫砂壶，把壶倒置于桌上，三者还应等高。

壶嘴的基本要求，首先要出水流畅、有力度，"注水七寸水不泛花"；其次，要求壶嘴断水要干脆。根据壶嘴的弯曲程度和造型不同，紫砂壶的壶嘴可分为一弯流、二弯流、三弯流、直流等。

根据制作工艺及器型的不同，紫砂壶主要可分圆器、方器、筋纹器和花器四类。

圆器以圆形为基本形状，泥片通过打身筒制作壶身，壶整体造型要求"圆、稳、匀、正"，给人以珠圆玉润的观感。

方器，以直线条和方形为基本形状，泥片通过镶身筒镶接成壶身，造型简洁干练，壶整体要求线条平整、口盖严密、轮廓分明，给人"方中寓曲，曲直相济"之感。

石壶

筋纹器是以瓜棱或云水纹为基本形状，壶体先以圆器的制作方法制作壶身，然后按比例将壶身平均分成几等份的棱面。如南瓜壶、菊瓣壶等。

花器，也称"塑器"或"花货"，造型取自生活中或自然界中的花、果、木等题材，如梅段壶、牡丹壶、树瘿壶等，通过堆塑、雕刻等手法修饰壶身。

曼生壶及其款式：曼生壶是指由清代陈曼生设计，杨彭年和杨凤年兄妹制作的紫砂壶。曼生壶的款式极具代表性，并且设计合理，结合特定的壶铭，增加了它的文化价值。陈曼生（1768—1822），名鸿寿，字子恭，又号老曼、曼寿、曼云，浙江钱塘人，以书法篆刻成名，为西泠八家之一。嘉庆二十一年，在宜兴附近的溧阳为官，结识了杨彭年，并开始设计和制作紫砂壶，所制壶底款一般为"阿曼陀室"。曼生壶的款式和壶铭是我国古代紫砂壶的代表之作，体现了紫砂工艺与文学、金石工艺的结合。下面是曼生壶壶铭的几种，每个壶铭都表现了人生的一种追求、原则，以及对美好生活的向往。

方壶。壶铭：内清明，外直方，吾与尔偕藏。

周盘壶，又名乳鼎壶。壶铭：台鼎之光，寿如张苍，曼生作乳鼎铭。

汲直壶，又名吉直壶。壶铭：苦而直，直其礼，公孙丞相甘如醴。

笠荫壶，又名笠壶、台笠壶。壶铭：笠荫阳，茶去渴，是二是一、我佛无说。曼生铭，羽岑山民书。

缺月壶，又名却月壶。壶铭：月满则亏，置次座隅，以为我规。新月半规，清风七碗，恐招损而戒满。

井栏壶。壶铭：汲井匪深，挈瓶匪小，式饮庶几，永以为好。曼

现代蒋蓉荷花壶

生铭。

葫芦壶。壶铭：为惠施，为张苍，取满腹，无湖江。曼生铭。

2. 盖碗

盖碗，又称盖盅，是由盖、碗、托三个部分组成，分别象征着"天""人""地"。茶碗之上加以盖子，可以防止灰尘进入茶碗，又可以保温；茶碗之下承托，方便手托茶碗，拿取方便，又可以避免茶碗烫手。

盖碗从清初开始被广泛地用于冲泡各类茶，也是清代使用的主要茶器。盖碗的材质大多为景德镇的青花、粉彩。

3. 茶杯

日常生活中的盖杯、茶杯在茶席设计中很少应用，这是由于茶杯的生活化和简单化，只能用于生活情景的茶席设计，而无法应用到体现品茶意境的茶席设计。

茶席设计中的茶杯，主要是指品茶所用的品茗杯，杯的容量较小，在100毫升以下，大小和数量与主茶具搭配。品茗杯是茶席设计中的重要素材，就像棋盘上的棋子，没有茶杯，茶席则空空如也。主茶具、茶杯等茶具的摆放和布局，是茶席设计的主题。

4. 茶席配件

完整的茶席除主茶具外，还需要搭配必要的茶具。

首先需要煮水用的茶炉，用炭火的铸铁茶炉，或陶制的茶炉，或简便的电茶壶。其次，存放茶叶的茶叶罐，可选用与主茶具相应材质的茶罐，也可以用赏茶盒直接取茶放置于茶席上。另外，茶道组、取茶用的茶匙、茶则也是不可或缺的，茶匙或茶则若直接放于茶席上，还需要配置专门的搁架。现在茶席设计中，品茗杯下还衬有茶托，方便奉茶，同时也为点缀，茶托材质有竹木、陶瓷、锡银等。

除此之外，茶盘、茶巾、水盂、托盘等也是茶席中需要配备的茶具。

（二）茶具的选择及搭配

茶具的选择可以根据器型、材质、冲泡的茶品等方面进行考虑，也可以从茶席设计的主题或颜色基调进行选择，然后再选择搭配其他素材。

1. 材质的选择

茶席设计中的茶具选择和搭配，有采用同一材质的茶具，或者采用两三种材质的茶具混搭。如一把紫砂朱泥小壶，配上四五个白瓷的品茗杯，冲上一壶祁门

宋代定窑三系壶

元代青花盏托

明成化斗彩三秋杯

红茶，中间一朵白色的莲花，散落在绿色的铺垫之上，一幅唯美的茶景即成。

如选择紫砂壶作为冲泡茶品的主茶器，也可搭配玻璃公道杯、白瓷的品茗杯、金属的茶托、木质的托盘等。

2. 茶具的造型与装饰

茶具的造型或装饰都有一定的主题，需切合茶席设计的主题来选择茶具。例如，茶席的主题为"梅花"，可选择梅桩壶或壶身有白瓷浮雕梅花图案的壶；如以荷花为主体，可以用壶身上绘有荷花图案的青花壶或盖碗。松、竹、梅、兰——"四君子"的纹饰在茶具装饰中是经常被采用的素材。

禅茶茶席的设计中，经常会选择有莲花、莲瓣纹等佛教传统图样的茶具。莲瓣的装饰从我国宋代便已开始，在其后各个朝代的青瓷或青花瓷的茶具中也都有出现。

3. 适合茶品

茶具的搭配首先要适合冲泡的茶叶，能体现茶叶的色、香、味。如冲泡绿茶，宜选用玻璃、白瓷材质的茶具，器型宜选择透气性好、开口的茶具；冲泡乌龙茶，适宜选择紫砂材质的茶具，造型宜选择保温性能较好的茶具。

4. 大小及容量

选择茶具的容量应符合茶席设计的要求，如壶的容量为150毫升，配套的杯容量为50毫升，杯子的数量不宜超过4个。如已设定好茶席中茶客的数量，那么应选择合适容量的茶壶或盖碗；然后根据主茶具的大小、茶水比等选择合适的投茶量。

第八章　茶席中的茶水和茶食

一席精美的茶席，要配上一杯香气四溢的清茶，这杯清茶的香醇不仅来源于上好的茶，更重要的是来源于一壶上等的水，正所谓："茶性必发于水，八分之茶，遇水十分，茶亦十分；八分之水，试茶十分，茶只八分耳。"所以中国人历来非常讲究泡茶用水。自古茶人就强调："水为茶之母。"明代许次纾在《茶疏》中说："精茗蕴香，借水而发，无水不可与论茶也。"而明代张源的《茶录》亦记载："茶者，水之神；水者，茶之体。非真水莫显其神，非精茶曷窥其体。"可见，水能直接影响到茶质，水中不仅溶解了茶的芳香甘醇，而且溶解了茶道的精神内涵、文化底蕴和审美理念，烹茶鉴水，是中国泡茶的一大特色。

一、茶席中的茶水

（一）古人品茶论水

西汉时期的《淮南子·道应训》记载，楚国的白公要试一试孔子的智慧，问孔子说："若以石投水中何如？"曰："吴越之善没者能取之

杭州龙井寺龙井泉

杭州虎跑泉

矣。"曰："若以水投水，何如？"孔子曰："淄渑之水合，易牙尝而知之。"易牙是春秋齐国齐桓公时善于知味、调味的人，淄、渑是齐国境内的两条大河，水味不同，水质轻重不同，易牙一尝就知道。可见那时人们对水的鉴别，已经到了较高的水平。西汉赵诩在自己随身佩带的印章上刻有"乘浮云，上华山，食玉英，饮礼泉"的字句。可见当时的人们已经认识到水质有甘苦、清浊、高低之分。（注：玉英是美玉之屑，礼泉是醴泉、甘泉，都是仙人所饮的甘美醇和的泉水。）

唐代以前，尽管江南、巴蜀等地饮茶风气已很普及，但那时人们常常在茶中放上各种香辛作料，而一般又是煮饮，还是很粗放的饮茶，所以对茶汤的色、香、味没有特别的要求。唐代以后人们对泡茶用水有了相关的专门研究。唐代陆羽在《茶经》中提到："其水，用山水上，江水中，井水下。其山水拣乳泉、石池漫流者上，其江水，取去人远者。井，取汲多者。"可见当时陆羽已经对各种泡茶使用的水做了较为详尽的分析。张又新根据陆羽、刘伯刍的记录创作了《煎茶水记》，其中刘伯刍提出宜茶水品七等，张又新在刘伯刍的基础上又探访了刘伯刍没有去过的地方，发现了更适于泡茶的水。陆羽则把天下的水分为二十等。造成这种差别的原因，一是因为各人的评水范围不同，二是由于各人的爱好不同。此外，《煎茶水记》中记陆羽说："夫茶于所产处，无不佳也，盖水土之宜。"这就说明当时的人们已经认识到，水质没有绝对的好坏，这是和水所处的环境息息相关的。

宋代是品茶鉴水文化的鼎盛时期。人们饮茶越来越讲究色、香、味，对水的要求更高了，对水质高下品评的文字也更多了。宋徽宗在《大观茶论》中写道："古人品水，虽曰中泠、惠山为上，然人相去远近，似不易得。但当取山泉之清洁者，其次井水之常汲者为可用。"这样的论述已经站在相当的高度上对品茶用水给予了相对客观的解释。同时，与唐代相比，宋代有关于泉水的诗作剧增，如蔡襄的"鲜香箸下云，甘滑杯中露"、苏辙的"热尽自清凉，苦除即甘滑"等。

明代，继宋代之后进一步发展了品茶用水理论。如田艺蘅的《煮茶小品》分十部分对饮茶用水进行了较为完整的论述，即源泉、石流、清寒、甘香、宜茶、灵水、异泉、江水、井水、绪谈。

清代，是对前面时代理论的集成，包括王士禛《古夫于亭杂录·山东泉水》，刘源长《茶史卷二·品水》《茶史卷二·名泉》，陆廷灿《续茶经·茶之煮》等。根据陆以湉《冷庐杂识》记载，乾隆皇帝每次出行，都带一个特制的银质小方斗，

江西庐山谷帘泉

浙江余杭陆羽泉

山东济南珍珠泉

江西庐山天下第六泉

精量各地泉水，品出各地泉水的质量高低，结果认为北京颐和园西山玉泉山水最轻，定为"天下第一泉"，并著有《玉泉山天下第一泉记》。

综上所述，古人论品茶饮水已经颇具规模。他们从宏观出发，察天地之精细，集经验之累积，悟物理之灵性，具有古代科技的一般特性，但也有一定的时代局限性，值得我们借鉴和发展。

（二）饮茶水质要求

古人的品茶用水理论和现代的科学用水方法很完美地契合在了一起，经过现代科学理论证明，古人凭借经验建立的品茶用水理论有很好的借鉴意义。古人认为：水的品质对茶汤质量起着决定性的作用。

唐、宋以来，古人

对烹茶用水非但十分讲究，而且还总结出两条标准：水质和水味，包括"清、活、轻、甘、冽"五个方面。水质要求"清、活、轻"。"清"对浊而言，要求水"澄之无垢、挠之不浊"；"活"对死而言，要求水"有源有流"，不是静止水；"轻"对重而言，好水"质地轻，浮于上"，劣水"质地重，沉于下"。水味要求"甘、冽"。"甘"是指水含口中有甜美感，无咸苦感；"冽"则是指水含口中有清凉感。从其物理化学指标来讲，则要求沏茶用水应是矿化度低、硬度小、酸碱度适当且无污染。

武夷山司马泉

1. 饮茶用水"清"为首

水质的"清"是相对"浊"而言的。用水应当质地洁净、无污染，这是生活中的常识。饮茶用水的清，这是古人最基本的要求，以清为首，才能做到活、轻、甘、冽。古人为了获取清洁的水，除注意选择水泉外，还创造了很多滤水、澄水、养水的方法。陆羽《茶经·四之器》中所列的茶具——漉水囊，就是饮茶煎水前用来过滤水中杂质的。此外，古人还常常在水坛里放入白石等物来澄清水中杂质。另外，常用的还有灶心土净水法。明罗廪《茶解》说："大瓷瓮满贮，投伏龙肝一块（即灶中心干土也），乘热投之。"这些方法的基本原理与现代人采用活性炭等物质吸附水中杂质和异味，以达到净化和过滤水质的道理是一样的。

直到今天，我们对日常饮用水的最低要求也还是如此。现在，人们把水通过石英砂过滤、锰砂过滤、多介质过滤、活性炭过滤等方式进行机械过滤；通过次氯酸钠投加、二氧化氯投加、紫外线杀菌、臭氧杀菌等方式

苏州虎丘铁华泉

来进行杀菌消毒；通过树脂软化、阴阳床、混床等方式进行离子交换；通过微滤、超滤、纳滤、反渗透、EDI等膜法来净化水质。这些种种的手段都是为了保证水质的清洁。

2. 饮茶用水"轻"为要

好水"质地轻，浮于上"，劣水"质地重，沉于下"，这是古人对水的评价，这里的轻和重主要是指水的硬度，轻是指软水，重是指硬水。凡不溶或只含少量的钙、镁离子的水称为"软水"，含有较多量的钙、镁离子的水称为"硬水"。一般所说水的硬度是暂时性硬水和永久性硬水的硬度总和，硬度单位是"度"。依照水的总硬度值大致划分软、硬水两种。软水：硬度小于8度；中等软水：硬度为8～16度；中等硬水：硬度为16～25度；硬水：硬度大于25度。

在天然水中，远离城市未受污染的雨水、雪水属于纯软水；泉水、溪水、江河水、井水等则大多同时具有暂时硬度和永久硬度，其硬度因地区不同有较大差异，一般我国南方地区的天然水硬度普遍低于北方地区，但也并非绝对。在人工处理水中，纯净水、蒸馏水、去离子水等属于纯软水；自来水也同时具有暂时硬度和永久硬度，因地区不同其软硬程度也不同。暂时性硬水中水的硬度是由碳酸氢钙或碳酸氢镁引起的，煮沸后，其水里所含的碳酸氢钙、碳酸氢镁分解成不溶于水的碳酸钙、碳酸镁，这些物质沉淀析出，水的硬度就可以降低，从而使硬度较高的水得到软化；永久性硬水则无法用加热的方法软化。

采用软水泡茶，茶汤明亮，香味鲜爽，其色、香、味俱佳，其水浸出物含量、氨基酸含量都要比硬水冲泡的含量高。这主要是因为软水中含矿物质较少，茶叶有效成分的溶解度高。一般情况下我们尽量选取软水或者中度软水，如虎跑泉水较龙井泉水更能体现狮峰龙井的品质特征，因为虎跑泉水的硬度较龙井泉水低，矿物质含量相对龙井泉水要低。但并不是泡茶用水越软越好。在用天然优质泉水、去离子水（与纯净水一样，同为人工纯软水）、雨水（天然纯软水）的比较实验中，发现最佳沏茶用水仍是含有少量矿物质元素的天然泉水，而不是纯度非常高的雨水或去离子水。

浙江长兴金沙泉

而用硬水泡茶，则茶汤之色、香、味大减，茶汤发暗，滋味发涩；如果水质含有较大的碱性或含有铁质，茶汤会发黑，滋味苦涩，无法饮用。高档名茶如用硬水沏泡，茶味受损更重。

江苏扬州大明寺泉

水的硬度还对水的酸碱度有影响，水的硬度高，则所含矿物质含

江苏镇江中冷泉

量也高，水呈碱性。一般而言，弱碱性水、弱酸性水或中性水能够比较好地体现茶叶的色、香、味、韵，因此是理想的沏茶用水。但碱性偏强或酸性偏强的水都会对茶汤的滋味、色泽和透彻度产生负面影响。研究表明：对于绿茶，如果因水质等原因使茶汤的pH值达到7以上，则茶汤的汤色深暗且浑浊，滋味钝熟。对于红茶，如果因为水质原因使茶汤的pH值达到5以上，则茶汤发暗且浑浊；如果茶汤pH值小于4.2，汤色浅薄且味淡。

3. 饮茶用水"活"为上

煎茶的水要活，这在古人有深刻的认识，宋代唐庚《斗茶记》中的"水不问江井，要之贵活"、南宋胡仔《苕溪渔隐丛话》中的"茶非活水，则不能发其鲜馥"、明代顾元庆《茶谱》中的"山水乳泉漫流者为上"，凡此等等，都说明试茶水品，以"活"为贵。

"活水"是对"死水"而言，要求水"有源有流"，不是静止水。苏东坡曾有《汲江煎茶》诗："活水还须活火烹，自临钓石取深清。大瓢贮月归春瓮，小勺分江入夜瓶。"明田艺衡《煮泉小品》亦说："泉不活者，食之有害。"这些总结很有科学道理，不流动的水，容易滋生各种细菌、微生物，同时蚊虫也在其中产卵。这样的水喝了当然对身体有害。

陆羽要求煮茶用水要"鲜活"（即"缓缓流动之山泉"）。现代科学佐证了陆羽的说法：泉水涌出地面前为地下水，经地层反复过滤涌出地面时，其水质清澈透明，沿溪间流淌时又吸收了空气，增加了溶氧量，并在二氧化碳的作用下，溶解岩石和土壤中的钠、钙、钾、镁等矿物元素，而具有矿泉水的营养成分。

水虽贵活，但瀑布、湍流一类"气盛而脉涌"、缺乏"中和淳厚之气"的"过激水"，古人也不主张用来沏茶。陆羽《茶经》指此种水"久食令人有颈疾"。田艺衡也说："泉悬出为沃，瀑溜曰瀑，皆不可食。"由于目前尚无有人对此进行研究，长期饮用这种水是否会导致如陆羽所言的"颈疾"，但至少从流体力学、结构化学等的角度来看，这种"过激水"的势能、水分子的化学键等都与"漫流水"有很大的差别。

4. 饮茶用水"甘、冽"为美

"甘"是指水含口中有甜美感，无咸苦感。宋徽宗《大观茶论》谓：

"水以清、轻、甘、洁为美，轻、甘乃水之自然，独为难得。"水味有甘甜、苦涩之别，一般人均能体味。硬水中含矿物质盐较多，而这些矿物质盐通常会使水品尝起来有咸或苦的感觉，所以一般味为甘甜的水多是软水。北宋重臣蔡襄《茶录》中认为："味美者曰甘泉，气芬者曰香泉"，"泉惟甘香，故能养人"。明高濂《遵生八笺》亦说："凡水泉不甘，能损茶味。"故沦茶水质要求清凉甜美。

"冽"则是指水含口中有清凉感。水的冷冽，也是煎茶用水所要讲究的。古人认为水"不寒则躁，而味必啬"，啬者，涩也。明田艺衡说："泉不难于清，而难于寒。其濑峻流驶而清、岩奥阴积而寒者，亦非佳品。"泉清而能冽，证明该泉系从地表之深层沁出，所以水质特好。这样的冽泉，与"岩奥阴积而寒者"有本质的不同，后者大多是潴留在阴暗山潭中的"死水"，不是活水，经常饮用对人不利。

论及水的冷冽，古人还首推"冰水"。晋代秦王嘉《拾遗记》中说："蓬莱山冰水，饮者千岁也。"古人亦好以雪水煎茶，即是取其甘甜、清冷之味。甘冽，古人也说甘冷。如宋代诗人杨万里有"下山汲井得甘冷"的诗句。还有称为甘香的，如田艺衡说"甘，美也；香，芬也"；又说"泉惟甘香，故能养人"；又说"味美者曰甘泉，气芬者曰香泉"。其实这里所说的香，也是水味的一种。古人认为水味的甘，对饮茶用水来说很重要。水味有甘甜、苦涩之别，今天还是不难品味的，自然界有些水，用舌尖舔尝一下，口颊之间就会生出甜丝丝的感觉。古人说雨水最饶甜味，而又以江南梅雨时的雨水最甜，明罗廪《茶解》说："梅雨如膏，万物赖以滋养，其味独甘，梅后便不堪饮。"

（三）饮茶水源分析

饮茶用水来源丰富，主要包括天然水和人工处理水两种。每种水都有其独特的特点和适应性，在分析好这些水的基础上泡茶才能更显茶香。每次泡茶不一定能碰到最好的水，但是了解水性，一定能找到最适合的水。天然水沦茶的优劣顺序一般为：泉水（不包括硬度高、矿化度高的矿泉水）、溪水、天落水（即雨、雪水）、江河湖水、井水。人工处理水沦茶的优劣顺序一般为：纯净水（含蒸馏水、去离子水等）、矿物质水、自来水。在可以获取到合适天然水的情况下，不推荐使用人工处理水沏茶。

1. 天然水

天然水包括泉水、溪水；雪水、雨水、朝露水；江、河、湖水；井水。

泉水、溪水是属陆羽《茶经》中的"山水"类。山泉之水，水质清净晶莹，少含有机物及过多的矿物质，含氯、铁等化合物亦极少，水味凛冽且鲜活，历来被认为是上佳的沏茶用水。陆羽在《茶经·五之煮》总结为："其山水，拣乳泉、石池漫流者上，其瀑涌湍濑勿食之，久食令人有颈疾。"乳泉多指含有二氧化碳的泉水，喝起来有清新爽口的感觉，最适宜煮茶，能令茶汤有鲜活之感。"漫流水"由于流动缓慢，特别是在石池中时，泉水在池中有足够的停留时间，使得水中所含的较重型物质能慢慢沉淀于池底，水质清且轻（软），当然较急流水要更适合于沏茶。

明张源的《茶录》则对不同环境下的泉水做了比较详细的总结："山顶泉清而轻，山下泉清而重，石中泉清而甘，砂中泉清而冽，土中清泉淡而白。流于黄石者为佳，泻于青石无用。流动者愈于安静，负阴者胜于向阳。真源无味，真水无香。"现代诸多关于沏茶水质的实验基本证明了古人的经验总结，即泉水、溪水这类优质水可以更好地体现茶叶的品质，特别是对高档名茶，沏好的茶汤确是真香真味，耐人品啜。

此外，泉水由于水源和流经途径不同，其溶解物、含盐量与硬度等均有很大差异，所以并不是所有泉水都是优质的沏茶用水。泉水根据其中矿物质含量的多少可分为淡泉水和矿泉水两种：淡泉水矿物质含量较少、硬度低，其水质一般呈微酸性、中性或弱碱性，水质较为纯净，如杭州的虎跑泉和无锡的惠山泉就是如此，比较适合泡茶；而矿泉水中含有较多的矿物质，一般硬度较高，对于沏茶来说，矿泉水的矿化度、硬度如果不是太高可用来沏茶，但如含硫黄的矿泉水这类矿化度、硬度较高的水就不适宜沏茶。我们摆设茶席过程中，不可能随时得到水质优良的矿泉水，因此可以选用普通的瓶装泉水沏茶。

雪水、雨水、朝露水这些水也叫天落水、天泉水和无根水。在天然水中，雨、雪等天落水还是比较纯洁的，虽然它们在降落过程中会溶入少量的氮、氧、二氧化碳、尘埃和细菌等，但其含盐量很小，因此硬度也很低，是天然软水。古人素喜用天落水烹茶，谓其质清且轻，味甘而洌，是上佳沏茶用水。从曹雪芹在《红楼梦》第四十一回"栊翠庵茶品梅花雪"中描述妙玉取用多年梅花上的雪水沏茶的场面，就可见古人对烹茶用雪水的讲究。

雨水亦为古人赞美，所谓"阴阳之和，天地之施，水从云下，辅时生养者"也。古人认为雨水四季皆可用，但因季节不同而有高下之别，明屠隆《茶说·择水》："天泉，秋水为上，梅水次之。秋水白而洌，梅水白而甘。甘则茶味稍夺，洌则茶味独全。故秋水较差胜之。春冬二水，春胜于冬，皆以和风甘雨，得天地之正施者为妙。惟夏月暴雨不宜，或因风雷所致。"

无论是雪水、雨水或朝露水，只要空气不被污染，与一般的江、河、湖水相比，总是相对洁净，都是沏茶的绝佳用水。现代研究也印证了古人的说法，认为在大气无污染的情况下，天落水是很好的天然纯净水，于人身心有益。而且雨水中还含有大量的负离子，其有"空气中的维生素"之美称。但是，现代工业的发展导致地球的大气环境日趋恶化，大气中的尘埃和化学物质日益增多，甚至大气降水中会携带部分的核辐射物质，这些都是对人体有莫大伤害的物质，因此，在现在的大气环境下使用天落水还是要慎之又慎。

江、河、湖水属陆羽《茶经》中的"江水"类。陆羽在《茶经》中说："其江水，取去人远者。"江、河、湖水因存在于地表，含杂质较多，软硬度难测，混浊度较高，一般说来，不宜直接用来沏茶，须经澄清后用；但在远离人烟，又是植被生长繁茂之地的江、河、湖水，也是可以用来沏茶的，陆羽所说即为此意。

井水属地下水，一般不适宜用来泡茶，这主要是因为井多为浅层地下水，富含矿物质，水的硬度一般较高，尤其是城市井水，很容易受周围环境污染，水质较差，用来沏茶，有损茶味。至于深井之水，由于耐水层的保护，不易被污染，同时过滤距离远，悬浮物含量少，水质洁净，虽可用来泡茶，但正如陆羽在《茶经》中所说"井取汲多者"，要到取水人多的井去取水。现代泡茶用水的比对实验表明，在天然水中，大部分的井水都是最差的沏茶用水。当然，井水中也有好水，但不是太多，如北京故宫文华殿东大庖井，其水质清明，滋味甘冽，曾是明清两代皇宫的饮用水源，用来沏茶也是上佳之水。

2. 人工处理水

人工处理水包括自来水、纯净水、矿物质水三大类。

自来水是现代人喝茶用水的主要来源，自来水中含有用来消毒的氯气，用来泡茶会使茶汤表面形成一层"锈油"，喝起来有苦涩味。由于现代环境的持续恶化，大中城市的自来水中还含有大量的有机物和一些重金属物质，这些物质的存在也都会影响茶汤的品质。此外，自来水管中含有较多的铁质，会影响自来水中铁离子浓度，当水中的铁离子含量超过万分之五时，会使茶汤呈黑褐色，滋味变淡。因此，如果用自来水沏茶，应注意最好避免一早接水，减少夜间存在于水管中的铁离子或其他杂质含量；如果晨起就接水，则最好适当放掉一些水后再接水饮用；如果方便，最好用无污染的容器，接水后先贮存一天，待氯气散发后再煮沸沏茶，或者采用净水器将水净化后再用来沏茶。北方地区的自来水一般硬度较高，不适合沏泡高档名茶，可选用天然水或纯净水来泡茶，但对成熟度较高的茶叶影响较小，这也是为什么早年北方低档绿茶和茉莉花茶比较畅销的原因所在。

纯净水是指采用多种纯化技术把水中所有的杂质和矿物质都去掉的水，其纯度很高，硬度几乎为零，是纯软水，属弱酸性。用纯净水泡茶，虽然茶汤净度好、透明度高、香气滋味纯正、无异杂味，比自来水冲泡的茶汤品质要好，但相对使用优质天然山水（泉水、溪水）沏泡的茶汤而言，其茶汤香气虽纯正但清淡、汤色虽清亮但显淡泊、滋味虽纯但无法体现所冲泡茶叶应有的醇厚鲜灵之感，口感淡泊而缺乏活力。因此，在茶席冲泡的过程中，如果不是在用水条件较差的情况下，一般不推荐使用纯净水泡茶。

矿物质水属人工合成水（也称仿矿泉水），其生产流程是在纯净水的基础上加入了适量的人工矿物质盐试剂。大部分矿物质水的pH值（酸碱度）在6以下，甚至比纯净水的酸度还低。与天然矿泉水比较，矿物质水中的矿物质微量元素含量不稳定，且存在状态不易被人体所吸收，反而会和人体内原有的钙等发生反应，带走钙离子，至于矿物质水中添加的其他微量元素，也很难确保一定对人体有益。与纯净水一样，矿物质水可以作为饮料少量饮用，但不适于长期大量饮用，用它来沏茶，只能是在没有合适用水的情况下作为一种替代用水。

（四）烹茶水温要求

苏东坡《汲江煎茶》中说"活水还须活火烹"，煮水品茶，既有水质的要求，又需要度的把握。陆羽在《茶经》中最早提出了三沸的说法："其沸，如鱼目微有声为一沸；缘边如涌泉连珠为二沸；腾波鼓浪为三沸。"意思是当水煮到冒出如鱼目一样大小的气泡，稍有微声，为一沸；继而沿着茶壶底边缘像涌泉那样连珠不断往上冒出气泡，为二沸；最后壶水面整个沸腾起来，如波浪翻滚，为三沸。再煮过火，汤已失性，不能饮用。张源在《茶录》中记载："汤有三大辨十五小辨……如虾眼、蟹眼、鱼眼连珠，皆为萌汤，直至不涌沸如腾波鼓浪，水汽全消，方是纯熟。"也都说明了泡茶用水的温度。

现代审评实践表明：品茶用水时，名优绿茶比较娇嫩，忌用沸水冲泡，较适宜用85℃左右的开水萌汤冲泡，而普洱和铁观音须用纯熟沸水冲泡。现实很多茶席中，大多使用电茶壶煮水，其火力的大小已按最佳配置设计，操作自如，但是要掌握得当二沸水的时机，就需要用心去操作。有些茶艺师煮水时对"三沸"意识不够强，让水不停地沸腾，这是很不好的习惯，这样既降低了茶汤的鲜爽度，更不利于饮用健康。同时，用"大涛鼎沸"或多次复烧的水沏茶，会使茶汤产生较多的亚硝酸盐和残留物质，颜色变得灰暗、涩味加重。所以特别强调：煮水要大火急沸，切勿文火慢煮，以水"二沸"泡茶最适宜。

二、茶席中的茶食

摆一席茶，在茶香袅袅的时候往往贪恋一口清爽的茶食，茶食之于茶，就如翠碧群山中的那一抹淡红，恰到好处，相得益彰。清茶一杯，配以点心瓜果，这才称得上是品茶。

（一）中国茶食类别

在中国人心目中，茶食往往是一个泛指的名称，即可以指用茶本身来做成的食品，又可以指品茶时专门佐茶的食品。以茶为原料做成的茶食分为茶菜和茶主食。佐茶的食品可以分成佐茶用的瓜果和点心。

茶菜主要是指以茶为原料制作的各式菜肴。云南基诺族把鲜茶叶摘下，配以大蒜、辣椒、盐、生姜等，凉拌一下，就当正餐时的茶食用了，这就是最原始简单的吃茶法。云南少数民族赶集的时候还有如此一景，就是挑着水淋淋的腌茶到市场上去卖，和腌白菜腌萝卜一个道理。

用茶叶配上别的菜，也可以构成茶菜，春秋时期的茶，就已经作为一种象征美德的食物被食用了。《晏子春秋·内篇·杂下》记载："婴相齐景公时，食脱粟之饭，炙三弋、五卵，茗菜而已。"这是说晏婴任国相时，力行节俭，吃的是糙米饭，除了三五样荤菜以外，只有"茗菜"而已。茗菜，在此处可以被解释为以茶为原料制作的菜。今天的茶菜，已经构成了茶宴，比如茶汁鱼片、茶叶腰花、茶粉蒸肉、茶煎牛排、牛肉茶汤等，不过，最著名的还是杭帮菜中的龙井虾仁。

茶主食则是指以茶为原料制作而成的主食食物。三国时就出现了茶粥。三国时张揖著《广雅》，其文曰："荆巴间采叶作饼，叶老者，饼成以米膏出之。欲煮茗饮，先炙令赤色，捣末置瓷器中，以汤浇覆之，用葱、姜、橘子芼之。"从张揖的记载中，我们可以得知，当时的荆巴间，人们已将茶与别的食物掺杂在一起食用。今天的茶粥、茶饭，在亚洲国家，都常常有人食用，甚至有人还创制了茶饺子、茶面条，这些都可以称之为茶食中的主食。

饮茶佐以果瓜，历史也很悠久了。《晋中兴书》记载："陆纳为吴兴太守，时卫将军谢安常欲诣纳，纳兄子俶怪纳，无所备，不敢问之，乃私蓄十数人馔。安既至，所设唯茶果而已。俶遂陈盛馔珍馐必具，及安去，纳杖俶四十，云：'汝既不能光益叔父，奈何秽吾素业？'"茶文化史上一直以此例作为陆纳性廉的象征。茶与之相配的瓜果，在这里不但是内容，也是形式，是传递俭廉精神的重要载体。南齐永明十一年（493年）农历七月，南齐世祖武皇帝萧赜崩，庙号世祖。萧赜身前遗诏说："灵床上慎勿以牲为祭，但设饼果、茶饮、干饭、酒脯而已。"与其说这是皇帝的节俭，不如说是奉行佛教的皇帝认为，茶是高洁的饮料，配得上他死后享用。所以特别要嘱咐灵床上不能少了茶饮，但是同时配享的则必须要有饼果，可见瓜果在祭祀中算是非常高贵的茶食。

茶点是指佐茶的点心、小吃，是茶食中目前最为流行的品类。茶点精细美观，口味多样，形小、量少、质优，品种丰富，是佐茶食品的主体。茶点比一般点心小巧玲珑，口味更美、更丰富，制作也更精细，在茶席中的摆放也更有想象和创作的空间。

饮茶佐以点心，历史悠久，唐代即已盛行。唐代茶宴中的茶点十分丰富，其中的粽子，与今做法相同。唐玄宗曾作诗曰："四时花竞巧，九子粽争新。"柿子、荔枝等，也是唐人在茶宴中十分偏爱的茶果。宋代，茶点茶果已开始在各种茶饮场合中出现。宋徽宗赵佶所绘的《文会图》中，皇家的茶席上，所置的茶点茶果，盘大果硕，制作已十分精美。

唐宋以来，茶点越来越丰富，宋代径山禅寺蔚为江南禅林，径山寺饮茶之风颇盛，常以本寺所产名茶待客，久而久之，便形成一套以茶待客的礼仪，后人称之为"茶宴"。日本禅师慕名而来。南宋末期（1259年），日本南浦昭明禅师抵中国浙江余杭径山寺取经，学习该寺院的茶宴程式，将中国茶道内涵引进日本，成为中国茶道在日本的最早传播者之一。明清的茶果茶点，已不亚于今。仅在《金瓶梅》一书中，描写的茶点茶果就有橘子、金橘、红菱、荔枝、马菱、橄榄、雪藕、雪梨、大枣、荸荠、石榴、李子及茶点火烧、寿桃、蒸角儿、冰角儿、顶皮酥、荷花饼、艾窝窝等四五十种。

随着茶叶的交易，茶点也深入到边疆民族的日常生活中。金人在人生重大的婚姻典礼中，都以摆上茶点为正规。而所谓茶点，即炸麻花之类的大软脂、小软脂的食物，次进一盘蜜糕。只有待整个宴会结束，对待来参加婚礼的上客，才端上"建茗"。茶叶成了只有富者才能啜之的饮料，而粗者只能喝乳酪。

中国茶点发展到近现代，当以名满天下的广东早茶为标志。广东人每逢周末或假日，便扶老携幼，或约上三五知己，齐聚茶楼"叹早茶"。"叹"在广东话中是享受的意思，由此可见，喝早茶在广东人的心目中是一种愉快的消遣，在这个层面上来说与其他娱乐活动并无二致。直到今天，广东早茶中茶水已经成为配角，茶点却愈发精致多样，这种传统文化随着广东经济的迅速发展不但没有消失的迹象，反而越来越成为广东人休闲生活中一道亮丽的风景线。

广式早餐茶点分为干、湿两种，干点有饺子、粉果、包子、酥点等，湿点则有粥类、肉类、龟苓膏、豆腐花等。其中又以干点做得最为精致，卖相甚佳。如每家茶楼必制的招牌虾饺，以半透明的水晶饺皮包裹两三只鲜嫩虾仁，举箸之前已可略略窥见晶莹中透出一点微红，待入口以后轻轻一咬，水晶饺皮特有的柔韧与虾仁天然的甜脆糅合出鲜美的口感，令人回味无穷。又如某些高级茶楼特制的燕窝酥皮蛋挞，几层金黄酥脆的蛋挞壳内盛着嫩黄色、丝丝通透的燕窝，甫见之下已叫人食欲大动，更不用说入口以后燕窝的甜蜜柔软与酥皮的粉香酥脆完美结合，美味得让人欲罢不能。而各色粥点，如及第粥、皮蛋瘦肉粥、生滚鱼片粥等，皆以绵软顺滑的粥底，配上不同肉鱼蛋类，再以香脆虾片、青嫩葱花佐之，撒上一小勺胡椒粉，喝来绵糯爽甜，鲜味浓郁。 今天人们的饮食结构已发生很大变化，消费者已意识到摄取过多的热量和人工合成添加剂，会给身体带来许多弊病，所以很多的食品生产部门都在适应时代的潮流，向低热量、高营养、新型多样和保健化、方便化的方向发展，特别是提倡"回到大自然中去"，一些无人工合成添加剂的天然食品和带有滋补、疗效作用的食品应运而生。一系列以茶叶为原料的食品也频繁出现，常见的有茶糖果、茶饼干和茶菜肴等。近年来，许多茶叶专家、食品专家、医药专家都在研究开发茶叶的多种用途，研制了许多茶叶食品新产品，这些产品作为一种天然保健食品，必将在人类林林总总的食品大世界中占有一席之地。

（二）日本、韩国及英国的茶食

和果子，也就是日本的点心，无论在什么时代都深受人们的青睐。小豆是日本点心中的一种主要原料，煮沸后制成豆馅，混入甜砂糖，味道极其甜美。根据历史的有效记载，我们所知晓的日本茶道文化，是由当时日本的遣唐使，将中国唐代的饮茶习惯带回日本的，其中包括了茶道文化和糕饼技艺，都深深地受到日本贵族阶层的喜爱，所以和果子有许多风雅的名字，像是"朝露""月玲子""锦玉羹"等，就是由日本的皇戚贵族从和歌中取材命名的。经过了数千年的历史，日本人早就已经将和果子与他们的文化和民族精神紧紧地结合在了一起。以他们的国花——樱花为例，许多和果子的制作灵感都是取材于此，如粉红的颜色、花瓣的形状，甚至是材料上也取用樱花花瓣或是盐渍的樱花叶，所以小小的和果子代表的，其实正是日本人的文化与精神。

韩国的茶点、饭后甜点和传统饮料品种十分丰富，如有糕饼、蒸豆糕、糯米煎饼、大米糕、年糕、汤圆、韩果、江米条、蜜麻花、茶食、麦芽糖条等。这些食物均可以作为佐茶的点心用在茶席当中，而且韩国的茶点造型精美，独具匠心，不仅给品茶的人口感上的愉悦，更提供了丰富的审美情趣。例如，韩果就是一种有着艺术装饰色和各种形状的韩国甜点的总称，十分精美，在佐茶的时候搭配些许韩果有着意想不到的效果。

放眼世界，中国之外的茶点除日本、韩国茶点之外，当集中表现在英国茶俗下午茶的茶点上了，喝茶的时刻乃是用完一天的正餐之后才开始的。17世纪中叶，英国正餐的时间大概在早上11点到中午12点左右开始，通常要花上大约3~4个小时之久。用完之后，男士们喜欢继续待在餐桌边，抽烟，聊天，喝水、果酒、啤酒、白兰地或是葡萄酒；而女士们则希望退到私室或起居室中，聊天，做针线活。这种文化的诞生催生了英国茶点的萌芽和发展，形成了后来独具特色的各式英式茶点。英国下午茶的第一部曲就是享用美味点心。通常三层塔的第一层是放置咸味的各式三明治，如火腿、芝士等口味，但这些三明治并不是点心主厨做的，而由另外的三明治师傅制作。第二层和第三层则摆着甜点，一般而言，第二层多放有草莓塔，这是英式下午茶必备的，其他如泡芙、饼干或巧克力，则由主厨随心搭配；第三层的甜点也没有固定放什么，而是主厨选放适合的点心，一般为蛋糕及水果塔。在寒冷的冬季，滚烫的奶茶从舌尖顺滑到胃壁，随心搭配浓郁的芝士蛋糕、甜糯的巧克力松饼，或是随性的厚多士、憨厚的菠萝包，午后耀眼的阳光晃在微闭的眼帘上，让人一阵恍惚，仿佛神游在微波涟涟的泰晤士河边，不愿醒来。

（三）茶席中的茶食搭配

根据不同的茶席搭配相应的茶食是很有讲究的，配好茶席中的茶食不仅要讲口感，讲养生，扣主题，还要因时、因地、因人而异进行搭配，做到形美、味美、意美。

1. 根据茶席季节搭配茶食

食物一要讲究"气"，二要讲究"味"。因为食物和药物都是由气味组成的，而药物、食物的气味只有在当令时，即生长成熟符合节气的食物，才能得天地之精气。而现代人违背自然规律培育出的反季节菜是有害处的。按照阴阳气化理论，动植物都有一定的生长周期，在一定的生长周期内才能成熟，含的气、味才够。违背自然生长规律的菜，违背了"春生、夏长、秋收、冬藏"的寒热消长规律，从而致食品寒热不调，气味混乱，成为所谓"形似菜"。没有节令的气质，是徒有其形而无其质的。因此，茶点的食用也要依据时令而适量食用。

（1）春。从养生角度说春季的饮食调摄应当遵循春季养生的总原则，即：养阳气，助阳升发；避风寒，清解郁热；养脾胃，疏肝健脾。唐代医家孙思邈说："春七十二日，省酸增甘，以养脾气。"甘味的食品入脾，能补益脾气，因此春季多吃食性甘的食物有利于脾胃虚寒的人。从清解郁热，补充津液方面讲，饮食清淡，多食果蔬是较好的方式，因此茶食的搭配上应考虑时令蔬果，同时可以吃些低能量、高植物蛋白、低脂肪的食物。

若在春天摆一款绿茶为主茶的茶席，就可以搭配以南瓜、核桃、芋头等作为材料的茶食。果蔬中南瓜甘温无毒，有补中益气功效；芋头味甘、辛，性平，具有解毒消肿、益胃健脾、调补中气、止痛功效；核桃是中药的一种，吃适量的核桃对人体大脑有益，同时起到补充春季所需能量的作用。或者，用食性温甘的樱桃、卤豆腐干和易于消化且生津清热的桂花藕作为搭配也是不错的选择。这几种茶食配以滋味鲜醇爽口、香气清香持久、汤色清澈明净、芽叶朵朵可辨的当春绿茶，可谓是相得益彰。

春季气候日渐转暖，很多人会感到困倦、疲乏、没精打采、昏昏欲睡，还有人出现失眠、头晕、工作精力不集中等现象，这就是人们常说的"春困"。传统医学认为，解决春困的关键是要补充阳气，需多吃些健脾的食物。现代医学认为钾的缺乏会使人感到软弱无力，也会影响注意力的集中，是春困的主要原因。因此，性平，味甘、苦、涩，可润肺、定喘、寒热皆宜的鲜白果，富含钾的苹果和有补虚益气、养血安神、健脾和胃等作用的红枣就成了最佳的选择。这些茶点搭配花茶使用，可以散发冬季郁积于人体内的寒气，茶味香韵，利行气血，使禁锢的神经得以开放，使人大脑清醒、思路敏捷，令"春困"逃之夭夭。

（2）夏。绿茶性寒，"寒可清热"且滋味甘香，能生津止渴，又有较强的收敛性，也能止汗。盛夏酷暑，烈日炎炎，一杯清凉的绿茶往往更符合茶席欣赏者的需求和审美享受，此时如果能配上些许清凉的茶点更是锦上添花。

夏季茶席需多搭配一些能够清热、利湿的食物且需补充足够的蛋白质、维生素、水和无机盐，如乳瓜、芝麻、笋、西瓜、番薯、杨梅、圣女果、绿豆等。乳瓜味甘、性凉、苦、无毒，入脾、胃、大肠经，具有除热、利水、解毒、清热利尿的功效；芝麻有黑白两种，食用以白芝麻为好，补益药用则以黑芝麻为佳，有补血明目、祛风润肠、生津通乳、益肝养发、强身体、抗衰老之功效，古代养生学家陶弘景对它的评价是"八谷之中，唯此为良"；笋味甘、微寒、无毒，具有清热化痰、益气和胃、治消渴、利水道、利膈爽胃等功效；西瓜性寒、味甘，归心、胃、膀胱经，具有清热解暑、生津止渴、利尿除烦的功效；番薯营养丰富，香甜可口，具有补中和血、益气生津、宽肠胃、通便秘的功效；杨梅味甘酸、性温、无毒，归肺、胃经，具有生津止渴、涩肠止泻、和胃止呕、消食利尿的功效；圣女果性甘、酸、微寒，归肝、胃、肺经，具有生津止渴、健胃消食、清热解毒、凉血平肝、补血养血和增进食欲的功效，可治口渴、食欲不振；绿豆味甘、性凉，归心、胃经，具有清热解毒，利尿、消暑除烦、止渴健胃、利水消肿之功效，其中由绿豆制成的桂花绿豆糕味道清香绵软，色泽绿中带黄，是清凉解暑的风味食品；香榧富含钾元素，可以补充人体夏季流失的钾元素。用以上这些食材做成的各式茶点从养生角度来说适于夏季茶席，但在使用这些食材作为茶席元素的时候应尽量从口感和外形上考虑周全。

（3）秋。中秋是气候转换的分界点，中秋之前算早秋，一过中秋，天气明显转凉，早晚温差大，人体新陈代谢渐缓，尤其老人、小孩，抵抗力弱容易感冒、咳嗽。除了上呼吸道毛病外，有些人甚至会皮肤干燥，或腹泻、便秘等肠胃功能失调，造成这些疾病的原因是秋燥，不同于夏天雨水多、湿度高，秋天气候干爽，燥气为主。

秋季饮食应遵循"秋冬养阴""养肾防寒"的原则，饮食以滋阴潜阳、增加热量为主。少摄取辛辣、多增加酸性食物，以加强肝脏功能，因为中医认为"肺气太盛可克肝木，故多酸以强肝木"。食物属性解释，少吃辛，以免加重燥气，多吃酸食有助生津止渴，但也不能过量。有些人爱吃酸梅止渴，其实酸梅属于碱性，吃多了影响肠胃道消化机能，容易发生溃疡，一旦天气更冷，罹患消化性溃疡的几率将大增。至于脾胃保健，多吃些易消化的食物，少吃生菜沙拉等凉性食物。就太阳能量来说，秋天阳气渐收，阴气慢慢增加，不适合吃太多阴寒食物。尤其应避免瓜果，因为"秋瓜坏肚"，像是西瓜、香瓜易损脾胃阳气，不妨适量吃苹果、柿、柑橘、龙眼。秋天要多吃些滋阴润燥的食物，避免燥邪伤害。因此，在茶席食物的搭配上我们应该以梨、葡萄干、柚子等作为茶席的主要食材。梨味甘微酸、性凉，入肺、胃经，具有生津、润燥、清热、化痰的作用；葡萄性平、味甘酸，入肺、脾、肾经，有补气血、益肝肾、生津液、强筋骨、止咳除烦、补益气血、通利小便的功效；柚子味甘酸、性寒、无毒，有健脾、止咳、解酒的功效。

秋季茶席一般喜欢用茶性相对平和的乌龙茶作为主要的茶品，但是乌龙茶的消食去腻功效相对绿茶和白茶来说更为明显，空腹食用容易引起肠胃不适，宜配以口感酥软、甜而不腻的甜点，如各式蛋挞、采芝斋的太史饼等。

（4）冬。冬季饮食的营养特点，即增加热量，在三大产热营养素中，蛋白质的摄取量可保持在平常的需要水平，热量增加部分，主要应提高糖类和脂肪的摄取量来保证。矿物质应保持平常的需要量或略高一些。增加热量可选用脂肪含量较高的食物。维生素的供给，应特别注意增加维生素C的含量，可多食柑橘、苹果、香蕉等水果，同时增加蛋类、豆类等以保证身体对蛋白质的需要。适宜食物有玉米、红薯、大豆及其制品；蛋类、奶及其制品；橘、柑、苹果、枣、桂圆、橙子、香蕉、山楂、猕猴桃、木瓜等；核桃、芝麻、花生、栗子、枸杞、莲子等。

在茶席的食单中就应该放入卤豆干、香蕉片、小番薯、橙子、蜜枣、栗子、猕猴桃干、牛肉干、山核桃等各类食材。卤豆干中含有丰富蛋白质，而且豆腐蛋白属完全蛋白，可以补充冬季所需的蛋白质；香蕉含有大量糖类物质及其他营养成分，可充饥、补充营养及能量；番薯含有丰富的糖、蛋白质、纤维素和多种维生素，其中β-胡萝卜素、维生素E和维生素C尤多；橙子中富含维生素C、P，具有生津止渴、开胃下气的功效；蜜枣可以养脾、平胃气、润心肺、止咳嗽、补五脏；栗子有养胃健脾、补肾强筋、活血止血的功效，做成用蛋白球、栗子酱、鲜奶油膏为原料的栗子蛋糕，不仅符合营养需求，而且成品口感细腻，富含热量，风味肥润而爽口，很适合冬季佐茶；此外，猕猴桃富含维生素C且具有解热、止渴、健胃的功效；牛肉有补中益气、滋养脾胃、强健筋骨的功效，寒冬食牛肉，有暖胃作用，为寒冬补益佳品；核桃性温、味甘、无毒，有健胃、补血、润肺、养神等功效，冬季食用核桃对慢性气管炎和哮喘病患者疗效极佳。冬季茶席用温暖的红茶为多，红茶滋味醇厚，汤色红艳透明，叶底鲜红明亮，搭配这些滋养的茶食，为寒冷的冬季平添一份温润。

2. 根据茶席主题搭配茶食

在讲究食材营养性前提下，如何根据茶席的主题进行茶食的搭配是一个值得每个茶席设计者都精心去研究的问题，应做到每席茶所搭配的茶食都能有相应的关联性，通过茶食的摆设来增加茶席设计的内涵。下面就以几个例子来做说明：

（1）佛教主题。李时珍在《本草纲目》中载："茶苦而寒，阴中之阴，最能降火，火为百病，火情则上清矣。"从茶的苦后回甘、苦中有甘的特性，佛家可以产生多种联想，帮助修习佛法的人在品茗时，品味人生，参破"苦谛"。但是，修禅也是很苦的事情，如佛家的"禅七"就是一件相当考验人的活动，传统的禅七每天只吃两顿饭，坚持过午不食，每天固定的时间送上茶点，长时期的打坐修禅没有相应的茶点作为辅助，人在身体上很难坚持，但是用什么样的茶点来辅助才既不让身体受损也不让禅七的功夫流散呢？这就涉及了"禅茶明性，素食养心"的问题。端起茶杯细啜漫品，当茶汤静静地浸润心田时，人的心灵就在虚静中得到净化，精神也就在虚静中得到升华，此时，有几样清新淡雅的茶食，入世出世、茶禅一味的感慨油然而生。

九华毛峰出自佛教圣地九华山，茶性苦、清凉，茶味清淡醇和，是佛茶中的精品，每每有外客前来，寺中的和尚便以山药豆沙点心、手剥笋和无花果配上九华毛峰来招待。山药豆沙点心入口甜而不腻，豆沙和着山药的清香缓缓入口，舌尖还有一丝薄荷的清凉；手剥笋味道清鲜纯正，品尝后能立刻感受到来自大自然的独特味道；无花果含有大量的糖类、脂类及人体必需的氨基酸等，可有效补充人体的营养成分，增强机体抗病能力。这三者配上一杯佛茶极品九华毛峰方显"佛"字真谛。

普陀山以海岛独特的地理环境和气候为条件，使普陀佛茶成为色、香、味俱全的茶中精品，为寺僧祭佛和敬客之物，品饮时配以养心安神的莲子、延年益寿的白果和糯软香甜的粽子，更体现茶性的清凉与禅茶的意境。

以佛教为主题的茶席设计，在很大程度上可以借鉴这些寺院里的茶食配方，既符合主题又意蕴无穷。

（2）儒家主题。中国茶道多方面体现儒家中庸之温、良、恭、让的精神，并寓修身、齐家、治国、平天下的伟大哲理于品茗饮茶的日常生活之中。清醒、达观、热情、亲和与包容，构成儒家茶道精神的欢快格调，这既是中国茶文化的主调，也是与佛教禅宗的重要区别。儒家茶点亦秉承这一思想内涵，讲求"天人合一""五行协调"，因此在茶点的配备上特别讲求口味的和谐。

以口味清凉的莲子、糯软香甜的栗子、涂有奶油的抹茶蛋糕和龙井茶搭配，不仅凸显茶味而且相当的爽口，味感和谐，且莲子补脾止泻、益肾涩精、养心安神，栗子养胃健脾、延缓衰老。以金丝蜜枣、手剥笋、红豆糕搭配台湾冻顶乌龙；以花生糖、兰花豆、霉干菜饼搭配铁观音；以驴打滚、山核桃仁、酸奶乳酪搭配普洱茶；以吴山酥油饼、茶香南瓜子、黑芝麻羹搭配大红袍；以鸡汁豆干、玉米枣泥糕、白果搭配红茶；以笋干、玉米蛋糕、栗子羹搭配黄山毛峰；以奶油青豆、核桃派、茶干搭配庐山云雾；以桂圆、巧克力花生酱、笋干搭配凤凰单枞……这多种搭配都是经过品配验证过的口感趋于和谐的、适合午后休闲的茶点，符合儒家"和"的思想。

（3）道家主题。道家重养生，其养生茶品种繁多，道家茶及茶点根据不同人温凉燥湿的体质差异，以偏纠偏，矫枉过正，从而达到阴阳平衡的食性结构，起到养生护体的作用。道家的茶和茶点的搭配品种很是丰富，这也是道家创立1800多年以来积累的宝贵财富。道家为了养生的目的创造了很多有养生功用的茶品，如春季养生茶、夏季解暑茶、秋季润燥茶、冬季防寒茶等，因此也有很多相应的茶食与之搭配。

春季养生茶配合维生素丰富的圣女果和甘性的板栗，具有清胃生津、消食健胃、生发阳气、清热除烦的功效。夏季解暑茶与清凉的莲子及蜜汁藕配合，具有清热化湿、调和脾胃、清利头目的功效。秋季润燥茶清热润燥、补肺开音、宣降气机，配以鸭梨和山核桃能平复秋季给人体带来的燥气。阿胶蜜枣和姜糖均属温性，配以健脾益气、温肾祛寒、振奋精神的冬季防寒茶，是冬季养生的首选。观音面茶具有益气血、黑须发、抗衰老的功效，配以活血养血的白瓜子和益气补血的大枣是女士美颜驻颜的良方。核桃益智、葡萄抗衰老，配上道家延衰增智茶具有补肾养肝、益智安神、改善记忆的功效。咽喉不适茶配上甘草杏及凉拌西瓜皮，具有利咽、润喉、清肺的功效。在创作以道教为主题的茶席时，完全可以利用这些现成的茶食与茶品的搭配来完成主题。

（4）民俗主题。明代文人田汝成在《西湖游览志》中记载，每逢立夏之日，家家各烹新茶，配以各色细果糕点，馈送亲友比邻，所以做"七家茶"，正所谓"清明谷雨到立夏，青瓷茶杯泡新茶，樱桃梅子配茶点，左邻右舍送七家"。立夏时节，人们的茶点必有煮鸡蛋、全笋、带壳豌豆及金橘、橄榄、樱桃等时令果蔬。乡俗蛋吃双，笋成对，豌豆多少不论，民间相传立夏吃蛋拄心，因为蛋形如心，人们认为吃了蛋就能使心气精神不受亏损。立夏以后便是炎炎夏天，为了不使身体在炎夏中亏损消瘦，立夏应该进补。食用双笋，令人双腿也像春笋那样健壮有力，能涉远路。带壳豌豆形如眼睛，古人眼疾普遍，人们为了消除眼疾，以吃豌豆来祈祷一年眼睛像新鲜豌豆那样清澈，无病无灾。在茶杯内放两颗青果即橄榄或金橘，表示吉祥如意的意思。这些传统的寓意用在以立夏为主题的茶席中就再适合不过了。

古人将整个婚姻的礼仪总称为三茶六礼。三茶，就是订婚时的下茶、结婚时的定茶和同房时的合茶。古人结婚以茶为识，以为茶树只能从种子萌芽成株，不能移植，否则就会枯死，因此把茶看作是一种至性不移的象征。所以，民间男女订婚以茶为礼，女方接受男方聘礼，叫下茶或茶定，有的叫受茶，并有一家不吃两家茶的谚语。婚礼时，还要行三道茶仪式。三道茶者，第一杯"白果茶"，茶中有白果、枸杞等，取百年好和、白头偕老之意；第二杯"莲子或枣子茶"，取其早生贵子之意；第三杯"清心茶"是龙井、碧螺春等绿茶，取其至性不移之意。吃的方式，接杯之后，双手捧之，深深作揖，然后向嘴唇一触，即由家人收去；第二道亦如此；第三道，作揖后才可饮，这是最尊敬的礼仪。在这种以婚庆为主题的茶席中运用红喜蛋、蜜饯、甜冬瓜条、白果、红枣、莲子、花生等有好彩头的茶食意义非凡。

会茶是中国人特有的一种方式，通常是通过喝茶来集体抒怀，如果以这一主题进行茶席的设计，在茶点上的发挥余地就相当的大。例如，姑嫂茶就是孤独的夜晚，妻子请来姑嫂，一起饮茶并思念亲人。她们摆上家里常见的烘青豆、豆板、笋干、话梅条、丁香萝卜、豆腐干、老姜、山、番薯干、花生米、瓜子、樱桃肉、橙子皮、炒花生、黄豆芽等点心，泡一杯盖碗茶，互相抒发对丈夫的思念。

新年时常常用到以祭祀祖先和亲人为主题的茶席，这是中国人重要的礼仪方式。全家人终于团圆，分三道茶：第一道茶，甜茶，祝亲人一年甜到头。甜茶是用糯米锅巴和糖泡成的。糯米煮成饭，把饭放在热铁锅上，烧结成一片片锅巴，泡成甜茶，香又糯，十分可口。第二道，熏豆茶。熏豆茶共有六种佐料：熏青豆、胡萝卜丝、腌制过的橘皮丝、苏子、芝麻及少量嫩芽茶。用过二道茶后用餐，桌上鸡鸭鱼肉十分丰盛，餐后上第三道清茶。

3. 根据对象搭配茶食

（1）根据地域搭配茶食。不同的区域气候不同，就算是在相同的季节茶点的搭配也应该因地而异。我国南方许多地方春季具有湿润偏热的天气特征，人体的新陈代谢较为活跃，很适宜食用姜、枣、花生等食品。北方则干燥偏寒，在茶食配备上应多吃润肺食物，梨和萝卜都是养阴润肺的食物，常吃不仅可以保持呼吸道的畅通，还可以增强肺部水分，每天吃上几口，对我们的健康是很有好处的。另外，山药、百合、绿豆，还有荸荠也都是不错的润肺食物，可以适当地多吃一些；同时，我们也可以多吃一些带苦味的食物，如苦瓜、苦菜等。

我国南方夏季湿热交蒸，人们食欲普遍下降，消化能力减弱。故夏季饮食应侧重健脾、消暑、化湿，菜肴要做得清淡爽口、色泽鲜艳，可适当选择具有鲜味和辛香的食物，但不可太过。由于气温高，不可过多进食冷饮，以免伤胃、耗损脾阳。而我国的北方夏季气候偏干，且高温持续时间较短，早晚温差较大，一天当中的茶点搭配也要注意季节及食性的特点，如中午食用较清凉的茶点，晚上则选择食性较为平和的茶点。

我国北方的秋季和南方的冬季，大都具有干燥偏寒的天气特征。在干燥偏寒天气下，"燥邪"易犯肺伤津，引起咽干、鼻燥、声嘶、肤涩等症，应适量多吃些水果，以润肺生津、养阴清燥。南方的秋季干燥但不寒冷，秋天要多吃些滋阴润燥的茶食，避免燥邪伤害。

干燥寒冷这种天气在北方持续的时间较长，宜多吃些热量较高的食品，如蛋类等。当然，干燥寒冷天气之下，尤其须注意饮食平衡，适当吃些"热性水果"，如橘、柑、荔枝、山楂等。

（2）根据体质搭配茶食。不同的人身体素质不同，应多了解自己的体质，依据情况食用茶食。如脾胃虚寒的人，不宜大量吃西瓜、梨、猕猴桃、柚子等凉性水果，要选择吃温热性的，如荔枝、龙眼、石榴、樱桃、椰汁、榴莲、杏、栗子等；内火大、痰湿盛者，少吃桂圆、荔枝等；过敏体质，慎吃芒果、菠萝等。又常言："桃养人，杏伤人，李子树下抬死人。"李子多吃会使人生痰、助湿，甚至令人发虚热、头昏；尿路结石的人不能多吃草莓；胃酸多、易腹泻的人，少吃香蕉；苹果、桃、葡萄、哈密瓜、桑葚、西瓜等水果含糖量高，故糖尿病人慎食。

患有某种疾病的人也要有选择地食用不同的水果。经常大便干燥的人可选择桃子、香蕉、橘子等，少吃柿子，因为柿子可加重便秘；肝病患者可选择香蕉、苹果、西瓜、梨、大枣，少吃酸性及较硬的水果；胃溃疡患者可选择香蕉，能促使胃溃疡愈合。

（3）根据茶类搭配茶食。茶席上使用的茶叶分红、绿、黄、黑、白、青六大类以及各式花草茶等茶产品，不同的茶茶性不同，口感及色泽不同，要依据各个茶的特征来搭配茶食。总体上来说，红茶性暖，绿茶、白茶性寒，黄茶、黑茶、青茶性温，依据这些茶的茶性搭配茶食，更能体现以人为本的理念。冬天或者女性喝绿茶就尽量避免选择寒性食物，少用西瓜、李子、柿子、柿饼、桑葚、洋桃、无花果、猕猴桃、甘蔗等为茶食。红茶性暖，体质热的人就不要选择荔枝、龙眼、桃子、大枣、杨梅、核桃、杏子、橘子、樱桃、栗子、核桃、葵花子、荔枝干、桂圆等热性食物为茶食。

一般来说，品绿茶，可选择一些甜食，如干果类的桃脯、桂圆、蜜饯、金橘饼等；品红茶，可选择一些味甘酸的茶果，如杨梅干、葡萄干、话梅、橄榄等；品乌龙茶，可选择一些味偏重的咸茶食，如椒盐瓜子、怪味豆、笋干丝、鱿鱼丝、牛肉干、咸菜干、鱼片、酱油瓜子等。台湾范增平将此归纳为："甜配绿，酸配红，瓜子配乌龙。"

茶食的种类丰富多彩，茶席的主题亦如大海般浩瀚，想在茶席中选择适合的茶食除了依据季节、主题、对象进行外，还有很多细节方面的事情需要注意，如选择怎样的器具，如何选择茶食的形态，如各种糕点的造型、色泽等，都还需要更多的茶人和美食爱好者进一步深入的探索。

（四）茶点茶食的配置与摆放

伴随着人类文明的发展，食物不再用手直接取送，而使用方便的盛器。茶点茶果盛装器的选择，无论是质地、形状还是色彩，都应服务于茶果茶点的需要。换言之，什么样的茶果，选配什么样的器皿。如茶点茶果追求小巧、精致、清雅，则盛装器皿也当如此。所谓小巧，是指盛装器皿的大小不能超过主器物；所谓精致，是指盛装器皿的制作，应精雅别致；所谓清雅，是指盛装器皿的大小应具有一定的艺术特色。

现今市场上的茶点茶果盛装器，形式多样，品种异常丰富。质地上，有紫砂、瓷器、陶器、木制、竹制、玻璃、金属等；形状上，有圆形、正方形、长方形、椭圆形、树叶形、船形、斗形、花形、鱼形、鸟形、木格形、水果形、小筐形、小篮形、小篓形等；色彩上，以原色、白色、乳白色、乳黄色、鹅黄色、淡绿色、淡青色、粉红色、桃红色、淡黄色为主。

一般来说，干点宜用碟，湿点宜用碗；干果宜用篓，鲜果宜用盘；茶食宜用盏。

色彩上，可根据茶点茶果的色彩配以相对色。其中，除原色之外，一般以红配绿、黄配蓝、白配紫、青配乳为宜。又凡各种淡色均可配各种深色。

有些盛装器里常垫以洁净的纸，特别是盛装有一定油渍、糖渍的干点干果时，常垫以白色花边食品纸。

茶点茶果盛装器的选择，还应在质地、形状、色彩上，与茶席主器物协调。

茶点茶果一般摆置在茶席的前中位或前边位。

总之，茶点茶果及盛装器要做到小巧、精致和清雅，切勿选择个大体重的食物，也勿将茶点茶果堆砌在盛装器中。只要巧妙配置与摆放，茶果茶点也将是茶席中的一道风景。

第九章　茶席中的配置审美艺术

自宋代开始，焚香、插花、挂画与茶便被合称为"四艺"，出现在各种茶席间。这一优美的传统延续至今，在时下各种流行的茶席设计之中，挂画、插花和焚香依然成为不可或缺的重要组成部分，或为点缀，或为背景，有时甚至成为局部的主角。

一、茶席中的挂画

挂画，又称挂轴，也就是习惯上所说的字画，包括绘画和书法。这些字画都是人们为了表达感情，并基于本能的创造欲、审美的追求而产生的作品，是智慧及生命力的结晶，有提升生活品质的作用。茶道的场合也一样，着意规划一个品茗的环境，选择合于茶趣的字画作为进德修业、茶道学习的指标挂在茶席上，是很重要的一件事。

茶席中的挂画，是悬挂在茶席背景环境中书与画的统称。书以汉字书法为主，画以中国画为主。

茶圣陆羽在《茶经·十之图》中，就曾提倡将有关茶事写成字挂在墙上，以"目击而存"，希望用"绢素或四幅或六幅，分布写之，陈诸座隅"。至宋代，挂画已与点茶、焚香、插花一起被作为生活"四艺"，同时出现在"茶肆"及社会生活之中。

挂画，在日本茶道中的地位甚高，被认为是茶道中第一重要的道具。日本茶道集大成者千利休在其《南方录》中说："挂轴为茶道具中最最要紧之事，主客都要靠它领悟茶道三昧之境。其中墨迹为上。仰其文句之意，念笔者、道士、祖师之德。""当客人走进茶室后，首先要跪坐在壁龛前，向挂轴行礼，向书写挂轴的伟人表示敬意。看挂轴便知茶事的主题。"（滕军《日本茶道文化概论》，东方出版社1999年版。）

原则上只要是好的字画都可以悬挂，但为了茶会举行的目的，有时也需要考虑字画的性质。例如，新春茶会、元宵茶会、七夕茶会、中秋茶会，甚至祝寿、追思、婚礼都可举行茶会。为了让茶会的趣味性提高，必须适当地选择挂轴，使其不失茶会的乐趣。

（一）挂轴的作用和位置

挂画的重要性，体现在以下几个方面：

美化茶席。基于人类普遍喜欢美好事物的心理，美化茶席便成了主客产生默契很重要的因素。现代人对美的感觉是很直接的，讨好视觉，马上就会产生良好的效果。

构成茶席的中心。悬挂字画的地方，就是构成茶席相关位置及秩序的中心所在。泡茶的位置、主人的位置、客人座位的安排，一般来说都会据此而定。

传达主人的心意。主人会在这个茶席中最重要的地方，挂上字画表达自己最诚挚的心意，为这难得的茶会留下美好的回忆。

字画的大小、格式及悬挂的位置，对于茶席的结构和气氛的营造有很重要的影响。悬挂的位置要看茶席或茶室的结构，使挂轴和建筑物能够配合很恰当，譬如高低、采光等，字画本身的结构及方向性也会关系到悬挂的位置，务使达到整体设计的效果。

关于挂轴和茶屋的设计，在《南方录·觉书》第十八章说了如下一段话：

拥有名物挂轴的人，有关床龛的建筑设计，必须要有概念。如果是横幅，字画的天地范围太狭小的话，床龛上面的天井可以往下调整。又，直条形的字画，如果长度长的话，可以把天井往上撑高。如果挂的只是普通的字画，那就一点也不必费心了。珍藏的有名字画，只要样子很好看，就可以照做。关于画，可分为"右绘"和"左绘"。必须依照茶席的方向，考虑床龛的结构理念，去决定茶室的配置才可以。

（二）茶席挂轴的选择

茶席的挂轴，只要是好的字画，不论中西都可以使用。中国对茶席的挂轴尚无特别的界定，茶席的空间也没有明确的设置，这毋宁说是个好现象，在应用上会有比较大的空间和弹性。

茶席上挂字画以一张为原则，若挂太多会像书画展一样，东西虽好，看起来也很累，如果要细细品赏，还是少一点，分多次欣赏比较好。而且一个茶席若字画太多，对于茶会的整体结构，显得分量太重了。但是如果是大型的茶会可依照需要多挂几张，符合人多热闹的气氛；若设有展览席（展览观赏书画文物的场所）的茶会，茶席的设置则要另辟或隔开，以避免互相干扰。

（三）茶席挂轴书写的内容

日本茶道由于崇拜禅僧的墨迹，使挂于茶室壁龛或茶席背景中的挂轴，以禅僧亲笔所书写的内容为尊，因此，从一开始，日本茶道中挂轴的内容即以文字简练的佛语、禅意为主，如"吃茶去""随处做主""归一""真心""一圆相""空是色""无一物""和敬请寂""心外无别法""茶遇知己吃""行亦禅坐亦禅""一期一会""日日是好日""平常心是道""直心是道场""喝""梦""无"等。这也是构成今之日本茶道基本属于宗教意识与艺术形态的主要原因之一。

而中国茶道中的挂轴，从一开始就受陆羽的影响，主要以茶事为表现内容，后来更多的是表达某种人生境界、人生态度和人生情趣，以乐生的观念来看待茶事，表现茶事。如将各代诗家文豪们关于品茗意境、品茗感受的诗文为内容，用挂轴、单条、屏条、扇面等方式陈设于茶席中。其常见的有：

茶，敬茶，敬香茶　　　　君不可一日无茶
坐，请坐，请上坐　　　　清　逸

留　香　　　　　　　　　从来名士能评水
　　　　　　　　　　　　自古高僧爱斗茶

欲把西湖比西子　　　　　草木人
从来佳茗似佳人

为爱清香频入座，　　　　诗写梅花月，
欣同知己细谈心。　　　　茶煎谷雨春。

茶亦醉人何必酒，　　　　怡　情
书能香我不须花。

七碗茶　　　　　　　　　精燥洁

追　香　　　　　　　　　叶嘉先生

伴　茗　　　　　　　　　七碗得诗

长安酒减价　　　　　　　成都药市无人问

百草不开花　　　　　　　水丹青

以茶会友　　　　　　客来敬茶

茶道大行　　　　　　齿颊香

精行俭德　　　　　　廉美和敬

　　挂轴中，也有反映宗教内容的，但不仅限于佛一家，而是道、佛、儒各家的禅语，道义与儒训都有所体现。如：

茶禅一味　　　　回　家
清　心　　　　　道　心
几欲仙　　　　　禅机无限
静　心　　　　　合　无
破　睡　　　　　吃茶去
童子烧灯　　　　三饮得道
自家吃　　　　　合　一
明心见性　　　　饮即道
无　为　　　　　三生万物
不动心　　　　　太　和

　　茶席还常以放大的扇面作为挂画挂于背景物中。这些扇面常书写一个"茶"字，或名人诗句词句；也有以小楷、小篆等体书写全篇名人书文，如将陆羽《茶经》的蝇头小楷抄于扇面上，使挂画显得十分别致。

　　茶席挂轴除了书写名人诗词外，也可直接写明茶席设计的命题或茶道流派的名称。如在茶道交流活动中，来自西安的茶道表演者在其挂轴中就直接写上"长安茶道"四个字，既表明其来的地方，又含蓄地显示其不同于其他的茶道表演流派。

　　茶席挂轴的内容，除了书法也可以是中国画，尤其是水墨画。

　　日本茶道的挂轴上，常见简单、信手画一随手圆，题为《圆相图》，或淡淡几笔勾一老僧像，曰《芦叶达摩像图》，以比喻、暗示之法表达禅之玄机，或传递茶与佛、佛与禅的相通关系。

而我国挂轴中的绘画内容，相对较为多姿多彩。既有用简约笔法，抽象予以暗示，也有用工笔浓彩，描以花草虫鱼。最常见的还是以松、竹、梅的"岁寒三友"及水墨山水为多。不钻牛角之尖，崇尚自然，热爱生活，美己心灵，这一中国茶人的茶道秉性，也同样反映在茶席挂轴的绘画内容之中。

在茶道挂画中，应提倡自己写，自己画。如不求永久保存，甚而是可以自己装裱。

自己，如宋人之风，不必求绳自缚，可随己心，信手直达胸臆。历来字如其人，席之己展，茶之己奉，何又遮笔借字？

二、茶席中的插花

（一）插花溯源

插花，是指人们以自然界的鲜花、叶草为材料，通过艺术加工，在不同的线条和造型变化中融入一定的思想和情感而完成的花卉的再造形象。

东方的插花艺术起源于中国。早在1500年前的六朝时期，就有"有献莲花供佛者，众僧以铜罂盛水，渍其茎，欲华不萎"的记载（《南史》）。

插花见于茶席中，历史也已悠久。宋代，人们已将点茶、挂画、插花、焚香作为"四艺"，同时出现在品茗环境中。

至明代，茶席中摆放插花已十分普遍。明代文学家袁宏道在《瓶史》中写道："茗赏者而上，谈赏者而次，酒赏者而下。"说明当时茶与插花已是非同一般的关系。袁宏道还在《戏题黄道元瓶花斋》中写道："朝看一瓶花，暮看一瓶花，花枝虽浅淡，幸可托贫家。一枝两枝正，三枝四枝斜。宜直不宜曲，斗清不斗奢。傍拂杨枝水，入碗酪如茶。以此颜君斋，一倍添妍华。"寥寥几句，一下子点出了古代文人对茶席中插花的精神追求。

插花艺术的起源应归于人们对花卉的热爱，通过对花卉的定格，表达一种意境来体验生命的真实与灿烂。插花可分为中国式插花、日本式插花、西洋式插花三种。

中国在近2000年前已有了原始的插花意念和雏形，到唐朝时已盛行起来，宋朝时期插花艺术已在民间得到普及，并且受到文人的喜爱。至明朝，我国插花艺术不仅广泛普及，并有插花专著问世，如张谦德著有《瓶花谱》、袁宏道著有《瓶史》等。中国式插花显示了自然之真、人文之善、宗教之圣和艺术之美的特质，可以分为园花、盆栽、秉花、佩花、篮花、瓶花、果供（供花）几类。

公元6世纪，日本天皇派特使小野妹子到中国做文化交流亲善访问，他带回了中国的插花艺术，使日本的插花始于池坊。虽然在漫长的岁月中其他流派脱离池坊另立门户，但是池坊一直被公认为是插花的本源。日本式插花有奉献、耐性、精力、专注、智慧等要旨，并依不同的插花理念发展出相当多的插花流派，如松圆流、日新流、小原流、嵯峨流等，各自拥有一片天地，与西洋花艺有着完全不同的插花风格，可以说是花艺界里具有影响力之艺术。

西洋式插花起源于尼罗河文化时期的地中海沿岸，与中式和日式插花相比较更强调实用和设计理念，一般较能融入生活之中，达到日常生活的装饰效果。西洋式插花区分为形式插花和非形式插花两大流派。形式即为传统插花，有格有局，以花卉之排列和线条为原则；非形式即为自由插花，崇尚自然，不讲形式，配合现代设计，强调色彩。传统式适合特殊社交场合，自由式适合于日常家居摆设。

（二）茶席插花的精神探索

茶席设计即品茶环境的设计，属于茶艺的静态表现。为了更好地营造出泡茶、饮茶的环境和氛围，茶席设计中要精心创意，认真准备，从选茶、备器到茶具下面的铺垫、插花、挂画等物品的摆设，都要围绕茶席的主题。不仅要让茶叶、茶具等物品搭配得当，还要求整体色调协调一致，而且要蕴含较深层次的寓意。

插花在茶席上的应用，可以协助主人达到茶席所要表达的意境。但现在所要说的是以插花为主要手段，表现了主人所要达到的任务，这时的插花不能只是站立在一旁观看，而是要进入到泡茶席的核心区，与茶具一起共舞。

茶席插花所使用的材料不只是花，还包括叶子、枯枝、石头、果实，通过这些元素，结合挂画、茶具摆设等表现出主人的茶道审美境界和茶道思想。插花已经是一门独立的艺术，在茶席上运用插花还是要以茶作为主角，让人们进入茶席首先意识到的是泡茶或者说茶具的组合，进一步才注意到花。花在茶席上不仅仅是表现出一种审美的意味，更是提醒人们，美丽的插花易逝，要珍惜现在，表达了"一期一会"的茶道精神。

茶席插花所给予人的，正是近在咫尺的与自然的交流，它是喧嚣的尘世中可能保有的一份健康与活力，它会从精神上给予人们启发和满足，令人取得由静观万物而获无穷乐趣的凭借。对于仕途得意的人来说，瓶花等造型艺术既是相庆相贺、尽情游赏的对象，又可以抚慰为官的生活所带来的心灵疲累。失落者更需要艺术，以对屡次受伤的人生有所补偿。

（三）茶席插花的特点

茶席插花不同于一般的宫廷插花、宗教插花、商务插花、文人插花、生活插花，它是为体现茶的精神，教人崇幽尚静，清心寡欲，达到修身养性和心灵的升华。其追求纯真、质朴、清灵、脱俗、清简之精神。

茶席插花是在茶席这一特定环境下的插花艺术，采用的是东方式插花的风格，并融入茶道之精神。具体有如下特点：

首先，插花作品强调意境美，作品清新淡雅，富有诗情画意，强调形、神、情、理、韵的统一，与茶室书画融为一体，耐人寻味。

看一件意境深邃的插花作品就如同品一壶回味无穷的茶，使人心旷神怡。取清秀的翠竹，注入清澈的水，以清静的心，插出花的清芬，知晓自然的珍贵，活在这个世上才会乐趣无穷。不要一味地追随科学的进步发展，要常能心存观赏花儿自然之姿的闲情逸致。在那面对花处，又有可以让每个人都松口气歇息一下的空间。

插花时，亦要顺应自然，不可任意强求，否则这一下那一下翻来覆去地修整，结果弄到最后错过了花时，伤了花意，叶萎枝枯花谢了，便一切都前功尽弃了。人生亦如是。

其次，茶席插花选材力求简洁，花材数量不要多。花材色彩搭配上不要超过三种颜色，轻描淡写、清雅脱俗，体现纯真、清简。插花时不要光考虑凭小伎俩以求得怎样插好，或者尽可能使其显得美一些之类的事，而是应该考虑怎样插才能把花的自然本色表现出来，而且还要使其拥有令人回味无穷的余韵。

再次，造型上传承东方式插花的特点，以线条美来表现其主题。通过线条的粗细、曲直、刚柔、疏密，表现简洁、飘逸、瘦硬、粗犷的造型。

最后，亲近自然，表现自然美。茶室插花继承中国传统插花的特点，注重自然情境，着力表现花材自然的形式美和色彩美，具有很强的季节感。作品中的枝叶花果，顺其自然之势，曲直、仰俯、巧妙配合，宛若天成。千利休居士遗留给后人的茶道七条法则中，有一条是"茶花要如同开在原野中"，这绝不是说将盛开在广阔原野中的所有的花姿原样地再现于花瓶中，而是仅取其中的一朵，将所有的花的生命全部凝聚于其上。以这种心情来插花，才更体现自然之真。

（四）茶席插花的作用

花是茶室中必不可少的构成因素。

花材是充满灵性的生命体，可以增添茶席的生机，增添茶席的色彩，起到画龙点睛的作用。插花是有生命力的艺术品，和书画一道营造一个清新淡雅的品茶环境，可以提升茶席的文化品位。赋予茶室明显的季节感，亲近自然，达到人与自然的和谐统一。插花是主人精心制作的作品，体现了主人的为客之道，表现了主人的个性。

茶席上的花是自然的生物。无论你在茶室摆放何种高价出色的道具，它毕竟是一种静物。虽然釜中水鸣如松风跃动，但真正能体现"静中有动"的还得说是拥有新鲜生命力的茶花。如果茶室中没有了茶花，那就完全变成"静上加静"了。

（五）四季茶花

茶席插花讲究生命的自然，**讲究寓意的深远**，一年四季都要找寻相应的插花来显示茶席的意韵。一般来说，正月里各种梅花相继吐香，在寒风中吐露淡雅芬芳，正所谓"众芳摇落独喧妍"；二月里杏花、海棠绽放，色彩淡雅，娟美秀丽，有"香雾空蒙月转廊"的风情韵致；三月春暖，桃花迎风飘洒，陶渊明的桃花源里就充满了这样的桃花和风情；四月，樱花和丁香开了，那种生命的气息在这盛开的花瓣中充分地展现；五月里，天气热起来了，各种花争相开放，石榴、白兰、玫瑰、含笑、木香、春夏鹃、紫藤、琼花不胜枚举；六月，荷花吐芳，这个季节就应该是荷香伴茶的时候，给炎热的夏季以清凉和高洁；七月的时候，紫薇、葵花都开得如火如荼；八月的桂花；九月的菊花；十月的兰花；十一月的山茶；十二月的水仙和蜡梅……花多得没法列举，意韵却总在那里：既要凸显茶的主体，又要获得美的表达；既要暗香浮动，又要茶香四溢；既要体现茶的内涵，又要增加茶席的生气和自然意义。

三、茶席中的焚香

焚香，是指人们对从动物和植物中获取的天然香料进行加工，形成各种不同的香型，并在不同的场合焚熏，以获得嗅觉上的美好享受。焚香一开始就将人们的生理需求迅速与**精神需求结合在一起**。在中国盛唐时期，达官贵人、文人雅士及富裕人家就经常在聚会时，争奇斗香，使熏香成为一门艺术，与茶文化一起发展起来。**焚香**，用在茶席中，不仅作为一种艺术形态融入其中，同时以它美妙的气味弥漫于茶席四周的空间，使人在嗅觉上获得非常舒适的感受。

（一）中国香的源流

中国的香文化肇始于轩辕黄帝时代，形成于春秋，成长于汉，完备于唐，鼎盛于宋。

黄帝时期，在中国大西北的黄土高原上，有一片宛若芭蕉叶状的土地，这里就是中国最早的香发源地——甘肃庆阳。医圣岐伯在庆阳首次发现了香的药用价值，直至今日，庆阳的人们仍然有在过年的时候烧苍术、柏香的习俗。

汉代，香文化发展进一步深入，香道文化出现端倪，进入前香道时期。张骞出使西域之后，中国和西域、南洋贸易来往增多，汉朝的乐府诗云："行胡从何方，列国持何来，氍毹、五木香、迷迭、艾纳及都梁。"氍毹是毛毯，后面皆是香药。可见，香药是当时丝绸之路上中外贸易的主要商品之一。

魏晋南北朝时期，香主要在王公贵族之间流传，由于朝代更迭频繁，各种思潮的碰撞使文化和精神得到了空前的发展，香逐渐从贵族熏香和品香中独立出来，进入到文人士大夫的精神生活，成为一种单独的艺术和修身养性的活动，"香道"应运而生。

唐代，香具发展到一个很高的层次，上至王公贵族，下至权臣、富豪及士大夫无不极尽其能，引进和开发了各种香具，如镇压地毯一角的重型香炉、帐中熏香的鸭型香炉、悬挂在马车和屋檐上的香炉等。

宋代，香文化发展空前繁荣。贵族士大夫对香保持着一贯的热情，辛弃疾就有"宝马雕车香满路"的词句。与唐代相比，宋代用香的群体从王公贵族扩大到了一般的文人士大夫。文人爱香，不但要时而焚香，最要紧的是要暗香浮动，于是各种用香的形式就扩展开来了，如香囊藏于袖中的暗香盈袖之说、墨中调和香料的书香门第之说。宋代，佛、道盛行，香疗养生观念的普及使香药的使用进一步发展，也促进了香药的对外贸易。

明清时期，香的发展进一步扩大，香文化的发展进一步深化，这个阶段社会用香风气更加浓厚，香品成型技术有较大发展，香具品种更加丰富，香的国际交流更加频繁。香的使用从《红楼梦》中可见一斑，《红楼梦》前80回对香品、香具、用香的描写丰富、具体，是香史上较有代表性的内容，如元春省亲时大观园所焚的"百合之香"、袭人手炉所焚"梅花香饼"、宝钗所服"冷香丸"等都涉及了香文化。

香是一种奢侈品，香文化的发展尤其需要安定繁荣的环境。晚清以后中国社会受到前所未有的冲击，政局的持续动荡严重影响了国人熏香的情致，改变了人们熏香的习惯，影响了香料的贸易及香品的制作，最终影响了长期推动香文化向前发展的文人阶层的生活方式和价值观念，书斋琴房里的香也渐行渐远。今天，历史的尘埃已经渐渐落定，香的美好又勾动了国人对于美的追求，相信在这样一个年代里，香文化将洗净铅华，再起天香。

（二）茶席香事

自然界的根、枝、叶、花、果都蕴含着香气，在茶席中运用这些香气可以提升人们饮茶的境界。茶席中运用香道元素，既可以提高香的品位，亦可以提升茶的境界，两者相辅相成，正所谓香道中包含着茶香，茶道中蕴含着香道。

首先，饮茶伴香古来有之。

唐代郑巢《送琇上人》描写了出家人清淡出尘的生活，其中"古殿焚香外，清赢坐石棱。茶烟开瓦雪，鹤迹上潭冰"是中国古代禅林焚香煮茶的写照。明代朱权《茶谱》记载了以茶待客之礼，煮茶之前要先命童子设香案焚香。明代唐寅的诗《夜坐》写道"茶罐汤鸣春蚓窍，乳炉香炙毒龙涎"，就是香、茶相伴的例证。明代徐勃《茗谈》中说："品茗最是清事，若无好香在炉，遂乏一段幽趣；焚香雅有逸韵，若无名茶浮碗，终少一段胜缘。是故，茶、香两相为用，缺一不可，飨清福者能有几人哉。"明代文徵明之子文彭《行书扇面》写道："仲夏新晴事事宜，定炉香沉海南奇。闲临淳化羲之帖，细读开元杜甫诗。石井飕飕对斗茗……"明末五子之一的屠隆在《考槃余事·香笺》中写道："煮茗之余，即乘茶炉之便，取入香鼎，徐而爇之。"这就是典型的茶席焚香之举。明人高濂在《遵生八笺》中说："香之为用，其利最溥……蕴藉着，坐雨闭窗，午睡初足，就案学书，啜茗味淡，一炉初热，香霭馥馥撩人，更宜醉筵醒客。"

其次，人们品茶先是品香，再是尝味，茶香亦是香道所要品味的一抹真香。

　　茶从嗅觉意义上来说也是香道的一种，未经发酵的茶叶带清香，轻度发酵的茶叶则具有奶香、花香等，随着发酵的加重，味道也越来越多。工夫茶具中专门设有闻香杯，就是特别突出了茶的香味。中国古书对茶香气的描述不逊于香，如寒、一味、真香、清和、香烈、甘重、香浊、秀气、草木之气、冷隽、洁净等，从茶的多样性来看，茶香与沉香颇有一比。

　　再次，香与茶在道家中被视为药，在使用中互为补充。

　　香的药用价值由来已久，香药多应用于饮品和食品，如沉香酒、沉香水、紫苏饮等，影响最大的当是使用香药的"香茶"。宋人点茶多加入龙脑、麝香、沉香、檀香、木香等，也常加入莲心、松子、甘橙、杏仁、梅花、茉莉、木樨等。著名的北苑贡茶"龙凤团茶"就是香茶，在其中加入了少量的麝香和龙脑。北宋蔡襄改进"龙凤团茶"的工艺，制成精美的"小龙团"，重不到一两，每年只产十斤，价比金银。然而，在制茶过程中，香药后来逐渐不用，只有香花被保留下来，主要原因是香药会掩盖茶的自然香味。蔡襄《茶录》中记载"茶有真香"，"恐夺其真。若烹点之际，又杂珍果香草，其夺益甚，正当不用"。

　　茶的最早发现与利用，是从药用开始的。"神农尝百草，日遇七十二毒，得茶而解之。"晋代张华《博物志》也同样有"饮真茶，令人少眠"的说法。陶弘景《杂录》中所说"茗茶轻身换骨，昔丹丘子黄君服之"。西汉壶居士在《食忌》中所说："苦茶，久食羽化。"这都说明茶最早的利用是和药联系起来的。

　　茶与香的相伴使用，很好地发挥了各自的作用。明人李日华在其笔记《六研斋三笔》中写道："洁一室，横榻陈几其中，炉香茗瓯萧然，不杂他物，但独坐凝思，自然有清灵之气来集我身，清灵之气集，则世界之恶浊之气，亦从此中渐渐消去。"这就是茶与香互作的效果体现。品何种茶配何种香是大有讲究的，茶与香一样有疏通经脉的作用，同样的茶不同的人饮用效果大不相同。脾胃寒的人多引用绿茶会感觉不适，如熏以檀香等阳性暖胃的香材，不但增加了嗅觉美感，更对养生大有神益。另，铁观音配天木、藏茶配藏香都别具风味，配法不拘一格，运用之妙存乎一心。

第四，日本茶与香的兴盛。

成书于日本室町初期关于斗茶的重要著作《吃茶来往》中记载，日本茶堂中供有释迦牟尼、观音、普贤、文殊、寒山、拾得等像，供桌上设有花、香，周围的壁上挂满中国画，香几上放有中国的漆雕香盒。可见当时茶、花、香与佛已经作为一个整体了。

佐佐木道誉是日本镰仓室町时期的著名武将，《太平记》中记载他在京都郊外举办大型"斗茶会"："四株巨树之间，有一两人合抱大香炉置于两张桌子之上，香炉内一次便要燃放一斤的名香，香气四散，人们宛若置身于浮香的世界。"说明当时茶与香已经很紧密地结合起来，并被很多人所使用。

日本桃山时代著名茶人千利休主张"空寂"茶，提倡茶道的禅法，茶道中讲究视觉、嗅觉、听觉的整体禅意感受，插画与焚香必不可少。千利休曾教导弟子："茶道就是取水、砍薪、烧水、点茶、供佛，与人同饮，插花焚香，继承佛家的祖业。"千利休在日本的影响深远，他倡导"和敬清寂"的茶道及香道思想，随着他的提倡，茶与香不仅从形式，更是从精神层面深入到日本人的审美当中。

（三）茶席用香

茶席中用香是很讲究的，从香的种类及样式、用香的时间、香炉的种类及摆设等方面都需要精心挑选和调和，力求做到香不夺茶味，品茶时既能品茶香，亦能赏香味，两者互为补充和促进，共同为茶席增色。

1. 茶席中自然香料的种类

檀香、沉香、龙脑香、紫藤香、甘松香、丁香、石蜜、茉莉、茶等。

2. 茶席中香品的样式及使用

茶席中的香品，总体上分为熟香与生香，又称干香与湿香。熟香指的是成品香料，一般可在香店购得，少量为香品制作爱好者自选香料自行制作而成。生香是指在做茶席动态演示之前，临场进行香的制作（又称香道表演）所用的各类香料。

熟香样式有常见的柱香、线香、盘香、条香等，另有片香、香末等作熏香之用。

生香临场制作表演，既是一种技术，又是一种艺术，具有可观赏性。有香木、末香、饼香、软块香、沉烟香及香花的欣赏，欣赏方式则分为隔火熏香、火炉熏香、电气熏香、蒸香、煮香、点香、香篆点香等。这种用香形式对于香道文化的传播，起着非同寻常的作用。

此外，以茶为香，运用香道手法给予鉴赏，也是一种精致且细腻的方式。将各种茶香用闻香炉点出，给客人传赏"焙茶香"，干茶放在闻香炉的薄云上，香气突出且浓郁，同时客人还可以赏鉴"干茶香"和"温壶置茶后的茶香"。

3. 茶席中香炉的种类及摆置

香炉造型多取自春秋之鼎。从汉墓中出土的博山炉，史学界基本上认为是中国香炉之祖。至宋，瓷香炉大量出现，样式有鼎、乳炉、鬲炉、敦炉、钵炉、洗炉、筒炉等，大多仿商周名器铸造。明代制炉风盛，宣德香炉是其代表。

各类香炉，都有铜、铁、陶、瓷质等材质，宫廷和富贵人家还有用金、银铸之的。现代香炉多为铜质、铁质和紫砂制品。

表现宗教题材及古代宫廷题材，一般选用铜质香炉。铜质香炉古风犹存，基本保留了古代香炉的造型特征。

表现现代和古代文人雅士雅集茶席，以选择白瓷、直筒、高腰、山水图案的焚香炉为佳。直筒高腰焚香炉，形似笔筒，与文房四宝为伍，协调统一，符合文人雅士的审美习惯。

表现一般生活题材的茶席，泡青茶系列可选紫砂类香炉或熏香炉；泡龙井、碧螺春、黄山毛峰等绿茶，可选用瓷质、青花、低腹、阔口的焚香炉。瓷与紫砂，贴近生活，清新雅致，富有生活气息。

香炉在茶席中的摆置，即香炉在茶席中的位子，应把握不夺香、不挡眼的原则。因此，香炉多摆放在相对次要的位置，焚香的时间也应尽量与茶香错时焚烧，如果要与茶香同时出现，则香品的选择一定要与茶性、茶香相匹配。比如：客人来到之前，在玄关或茶席中熏香，以清淡、若有若无的香气为佳；茶香之后，赏清雅的熏香更能拓展茶席的空间。

第十章　茶席与茶礼呈现关系

饮茶在我国，不仅是一种生活习惯，更是一种源远流长的文化传统。"茶"作为礼仪的使者，千百年来为人们所重视，民间甚至有"无茶不成仪"的说法。待客茶为先，历来是中国最普及的日常生活礼仪。早在3000多年前的周朝，茶已被奉为礼品与贡品。到两晋、南北朝时，客来敬茶已经成为人际交往的社交礼仪。唐代颜真卿《春夜啜茶联句》中有"泛花邀坐客，代饮引清言"。唐代刘贞亮赞美"茶有十德"，认为饮茶除了可健身外，还能"表敬意"。

在中国古代，不论饮茶的方法如何简陋，它就已成为日常待客的必备饮料，若客至未设茶，则有轻怠之意。现代社会，以茶待客更成为人们日常社交和家庭生活中普遍的往来礼仪。客来敬茶，一是为客人洗尘，二是对客人表示致敬，三是与客人交流叙谈，四是与客人同乐，五是与客人互爱，六是与客人相互祝愿。这是中华民族的传统礼仪和习俗，并成为人们日常生活中的一种高尚礼节和纯洁美德。可见茶与礼仪已紧紧相连，密不可分。

从狭义的理解来看，茶席只是提供了饮茶的空间，但事实上，茶席所承载的不仅仅是有形的器皿组合，更多的是饮茶的整体环境与氛围，而礼仪的元素在其中也应该是贯穿始终的。

一、茶礼仪形态

静态的茶席，展示出了彼此的包容和尊重，即使在未做任何动作以前，也能够传递大量的礼仪元素。

（一）重客

布置茶席之先，要有一个最初的关于礼仪的认知：我所展示的这方茶席，观赏与体验的主体是客人，而非行茶者自己。这个问题的提出，大概会对许多茶席设计者带来一定的困扰，因为每个人都非常容易从本身的喜好出发来思考茶席的主题、选择茶品与茶具、搭配茶水与茶食、并挑选合适的音乐与服装，甚至视觉的着眼角度都是以自己所坐的位置为依据的，却往往忽略了客人的真实感受。

韩国青茶研究院的吴令焕院长在教授茶席设计的课程时，会一边创作一边强调"到客人的位置上看"；配器、配花时会反复地询问现场的客人"这样好吗"；创作完成之后，还会坚持让每一个学员坐在客人的位置上来感受作品的整体效果。有了这一项基本的认知之后，设计者不妨试着换一个角度，从欣赏者的眼光出发，重新审视每一个细节，使我们所展示的茶席真正达到"宾至如归"的礼仪境界。

（二）和谐

从礼学的角度讲，"礼之用，和为贵。""和"既是中国茶道的哲学基础，又是中国茶礼的核心。对于"和"，人们易将其等于"同"，认为"同"乃一致，一致才能协调，其实这是一种误解。真正的和谐是包含互补与差异的统一，是融合对立与冲突的平衡。

桌椅、铺垫、茶器、花境、书画……无论是差异多大的元素，在茶席的设计中都追求和谐共处。从桌椅来看，造型夸张奇特从来都不是创作者的初衷，而典雅舒适、甚至"一看就想坐上去喝茶"，才是理想的境界。

从铺垫来看，茶席必不需要精致华美、喧宾夺主的面料，看重的是对茶器的承载和衬托。从茶器来看，展现出茶品在口感和外观上的优点是必要条件，然后才是考虑形致的优美与和谐。从花境来看，向来都有花境宜茶又不宜茶的争论，太艳丽太喧闹的花与茶的幽、静、冷、淡、素格格不入，只有自然、淡雅的花境于茶席才是和谐的。从悬挂的图轴来看，其置于茶席的点睛效果绝不是来自于鲜艳的色彩，而是优雅的构图。

在日本茶道中，进入茶室之前，所有参加茶道的人都要把随身携带的东西放开，包括他们的刀、战场上的杀气或对政府事务的关心，由此在那里找到和平和友谊，这也是对茶席中由"和"致"礼"的最佳诠释。

（三）细节

在茶席的布置中，对礼仪的要求渗透进了每一个细枝末节。

首先，切记不可将壶嘴对着客人，因为壶嘴对客为茶礼禁忌，一般用来表示请客人离开。《礼记·少仪》："尊壶者，面其鼻。"此为敬客之意。鼻者，柄也。壶嘴与壶柄前后相对，如以柄向客，则示以客为尊；反之，如以嘴向客，则示以客为卑。故不能以壶嘴对客。

其次，与茶杯或茶盏相匹配的，茶托是必不可少的。相传唐时西川节度使崔宁的女儿发明了一种茶碗的碗托，她以蜡做成圈，以固定茶碗在盘中的位置。以后演变为瓷质茶托，这就是后来常见的茶托，也有被称为"茶船子"，其实早在《周礼》中就把盛放杯樽之类的碟子叫作"舟"，可见"舟船"之称远古已有。从实用性来理解，茶托既可以使茶杯或茶盏摆放更稳，又能避免茶水泼洒在茶席上留下污渍，是比较具体的礼仪行为。

二、茶席呈现中的礼仪关系

在茶席当中，人是不可缺少的组成部分。人在茶席中的动态，应处处体现出礼让和节制。

（一）仪表

茶席的主人应适当修饰仪表，一般女性可以淡妆，表示对客人的尊重，以恬静素雅为基调，切忌浓妆艳抹，有失分寸。需要特别注意的是手上不能残存化妆品的气味，以免影响茶叶的香气。在展示茶席时选用某些相宜的饰品可以美化仪表，但是建议手上不必佩带任何首饰，而其他饰品也应与茶席所体现的风格相符合，不宜过于闪亮或夸张，而使客人的关注点从茶席被影响至饰品上。

（二）体态

当人处于茶席之中时，即使不说话不行动，其体态都流露出了礼仪的表达。应该说，体态美是一种极富魅力和感染力的美，它能使人在动静之中展现出人的气质、修养、品格和内在的美，传达着茶席对美的诠释。

1. 站立

在茶席中，男士要求"站如松"，刚毅洒脱；女士则应秀雅优美，亭亭玉立。标准的站姿可以从以下几个方面来练习：

（1）身体重心自然垂直，从头至脚有一直线的感觉，取重心于两脚之间，不向左、右方向偏移。

（2）头正，双目平视，嘴角微闭，下颌微收，面容平和自然。

（3）双肩放松，稍向下沉，人有向上的感觉。

（4）躯干挺直，挺胸，收腹，立腰。

（5）女士双臂自然下垂在体前交叉，右手虎口架在左手虎口上；男士双臂自然下垂于身体两侧，两手自然放松。

（6）双腿立直、并拢，脚跟相靠，两脚尖张开约60度，身体重心落于两脚正中。

2. 端坐

在茶席中，应该让人觉得安详、舒适、端正、舒展大方。入座时要轻、稳、缓，若是裙装，应用手将裙子稍稍拢一下，不要待坐下后再拉拽衣裙，会造成不优雅的感觉。正式场合一般从椅子的左边入座，离座时也要从椅子左边离开，这也是一种礼仪上的要求。茶席中的标准坐姿则可以从以下几个方面来练习：

（1）坐在椅子上，要立腰，挺胸，上体自然挺直。

（2）与站姿一样神态从容自如，嘴唇微闭，下颌微收，面容平和自然。

（3）双肩平正放松，女士右手虎口在上交握双手置放胸前或面前桌沿，男士双手分开如肩宽，半握拳轻搭于前方桌沿。

（4）作为来宾，女士可正坐，或双腿并拢侧向一边侧坐，脚踝可以交叉，双手交握搭于腿根，男士可双手搭于扶手。

（5）双膝自然并拢，双腿正放或侧放，双脚并拢或交叠或成小"V"字形。男士两膝间可分开一拳左右的距离，脚态可取小八字步或稍分开以显自然洒脱之美。

（6）坐在椅子上，应至少坐满椅子的2/3，宽座沙发则至少坐1/2。

（7）谈话时应根据交谈者方位，将上体双膝侧转向交谈者，上身仍保持挺直，不要出现自卑、恭维、讨好的姿态。讲究礼仪要尊重别人但不能失去自尊。

茶席中的坐姿还有一种席地盘腿坐，一般只限于男性，要求双腿向内屈伸相盘，挺腰放松双肩，头正下颌微敛，双手分搭于两膝。

3. 跪

由于茶席的特殊性，还不得不说说跪。中国人习惯于跪，以表达最高的礼节。古时人们要坐，多半是席地而坐。坐时两膝着地，脚面朝下，身子的重心落在脚后跟上，这种坐姿与现在的跪一样。如果上身挺直，这种坐姿叫长跪。跪和长跪都是古人常用的一种坐姿，与通常所说的跪地求饶的"跪"，姿势虽然相似，含义却不相同，完全没有卑贱、屈辱的意思。

而茶席中的"跪"，正是沿用了古人的礼仪。一般的跪姿都是双膝着地并拢与头同在一线，上身（腰以上）直立，臀着于足踵之上，袖手或手臂自然垂放于身体两膝上，抬头、肩平、腰背挺直，目视前方。而男士可以与女士略有不同，将双膝分开，与肩同宽。

（三）表情

在茶席中应保持恬淡、宁静、端庄的表情。一个人的眼睛、眉毛、嘴巴和面部表情肌肉的变化，能体现出一个人的内心，对人的语言起着解释、澄清、纠正和强化的作用，对茶主人的要求是表情自然、典雅、庄重，眼睑与眉毛要保持自然的舒展。

1. 目光

目光是人的一种无声语言，往往可以表达有声语言难以表达的意义和情感，甚至能表达最细微的表情差异。茶席中的良好形象，目光是坦然、亲切、和蔼、有神的。特别是在与客人交谈时，目光应该是注视对方，这既是一种礼貌，又能帮助维持一种良好的联系，使谈话在频频的目光接触中持续不断。比较好的做法是用眼睛看着对方的三角部位，这个三角是以两眼为上线，嘴为下顶角，也就是双眼和嘴之间。当然要注意不可将视线长时间固定在对方的眼睛或是其他注视的位置上，应适当地将视线从固定的位置上移动片刻，这样能使茶席中的各方心理放松，感觉平等、舒适，从而更加享受茶席的美好。如果是在茶席中进行表演，则应神光内敛，眼观鼻，鼻观心，或目视虚空、目光笼罩全场，切忌表情紧张、左顾右盼、眼神不定。

2. 微笑

微笑与茶一样，带着亲和力而来。微笑可以说是社交场合中最富吸引力、最令人愉悦、也最有价值的面部表情，它可以与语言和动作相互配合起互补作用，不但能够传递茶席中友善、诚信、谦恭、和谐、融洽等最美好的感情因素，而且反映出茶主人的自信、涵养与和睦的人际关系及健康的心理。

微笑的美在于文雅、适度、亲切自然，符合礼仪规范。微笑要诚恳和发自内心，做到"诚于中而形于外"，切不可假意奉承。只有用善良、包容的心对待他人，才能够展现出表里如一的微笑。

微笑是人的眉、眼、鼻、口、齿以及面部肌肉所进行的协调行动。发自内心的微笑，会自然调动人的五官：眼睛略眯起、有神，眉毛上扬并稍弯，鼻翼张开，脸肌收拢，嘴角上翘。做到眼到、眉到、鼻到、肌到、嘴到，才会亲切可人，打动人心。在微笑训练的方法中有一种方法值得一试，就是将眼睛以下的部分挡住、练习微笑，要求从眼中要看出笑的表情，也就是"眼中含笑"。这种训练方法的目的就在于调动多部位器官协调动作，形成微笑的表情。

（四）语言

在茶席展示的过程中，茶主人还需要通过语言来进一步说明与表现自己的作品，并与客人进行良好的沟通与交流。语言作为一门艺术，也是个人礼仪的一个重要组成部分。

首先，语言的生动效果常常是依赖语言的变化而实现的，语音变化主要是声调、语调、语速和音量，如果这些要素的变化控制得好，会使语言增添光彩，产生迷人的魅力。在茶席中发言，声音大小要适宜，对音量的控制要视茶席所在环境以及听众人数的多少而定。同时，根据不同的场景应当使用不同的语速，而速度平和适中则可以给人留下稳健的印象，也比较符合茶席作品的气质。根据内容表达的需要，还应恰当地把握自己的语调，形成有起有伏、抑扬顿挫的效果。做到语言清晰明白，不要随便省略主语，切忌词不达意，注意文言词和方言词的使用和说话的顺序，同时还要注意语句的衔接，使话语相连贯通，严丝合缝。

其次，在茶席中要使用得体的称呼，称呼客人用敬称，称呼自己用谦称。敬称有多种形式，可以从辈分上尊称对方，如"叔叔""伯伯"等；以对方的职业相称，如"李老师""王大夫"等；以对方的职务相称，如"处长""校长"等。对长辈或比较熟悉的同辈之间，可在姓氏前加"老"，如"老张""老李"；而在对方姓氏后加"老"则更显尊敬，如"郭老""钱老"等；对小于自己的平辈或晚辈可在对方姓氏前加"小"以示亲切，如"小王""小周"等。一般年龄大、职务较高、辈分较高的人对年龄小、职务较低、身份较低的人可直接称呼其姓名，也可以不带姓，这样会显得亲切。

另外，要努力养成使用敬语的习惯，即表示尊敬和礼貌的词语，如日常使用的"请""谢谢""对不起"，第二人称中的"您"字等。如果与客人初次见面可说"久仰"；而很久不见则可说"久违"；如果要请客人对茶席进行指点和批评应该说"指教"；而在茶水服务中打断了客人的谈话应该说"打扰"；如果需要请客人代劳可以说"拜托"；等等。

（五）动作

无论是布置茶席还是于茶席中行茶，都切忌莽撞，无论是取放或是传递什么物品，都要尽量使用双手，这于礼节、于稳妥、于美观，都是必需的。手执茶具要轻拿轻放，特别是壶中、杯中有水时，要避免将水泼洒出来，若是将茶席或客人的衣服溅湿，则是在礼仪上的重大失误。

茶席中的动作还讲究双手回旋。在进行回转注水、斟茶、温杯、烫壶等动作时用双手回旋。若用右手则必须按逆时针方向，若用左手则必须按顺时针方向，类似于招呼手势，寓意"来、来、来"表示欢迎。反之则变成暗示挥斥"去，去、去"了。

伸掌礼是茶席中使用频率最高的礼节性手势，表示"请"与"谢谢"，主客双方都可采用。两人面对面时，均伸右掌行礼对答；两人并坐时，右侧一方伸右掌行礼，左侧方伸左掌行礼。伸掌姿势为：将手斜伸在所敬奉的物品旁边，四指自然并拢，虎口稍分开，手掌略向内凹，手心中要有含着一个小气团的感觉，手腕要含蓄用力，不致显得轻浮。行伸掌礼同时应欠身点头微笑，讲究一气呵成。

茶席中其他手势的运用也要规范和适度。与客人交流时，手势不宜单调重复，也不能做得过多、过大，要给人一种优雅、含蓄和彬彬有礼的感觉。谈到自己的时候，不要用大拇指指自己的鼻尖，应用右手掌轻按自己的左胸，那样会显得端庄、大方、可信；谈到别人的时候，不要用手指指点他人，用手指指点他人的手势是不礼貌的，而应掌心向上，以肘关节为轴指示目标。掌心向上的手势有一种诚恳、恭敬的含义；而掌心向下则意味着不够坦率、缺乏诚意。

稳健优美的走姿可以使茶席产生一种动态美。标准的走姿是以站立姿态为基础，挺胸、抬头、收腹，保持身体立直，以大关节带动小关节，排除多余的肌肉紧张，以轻柔、大方和优雅为目的，要求自然、面带微笑。行走时，身体要平稳，两肩不要左右摇摆晃动或不动，两臂自然摆动，不可弯腰驼背，不可脚尖呈内八字或外八字，脚步要利落，有鲜明的节奏感，不要拖泥带水。步伐可快可慢，但脚步要轻，无论如何着急，只能快步走，不能奔跑。

在走动过程中，向右转弯时右足先行，反之亦然。在来宾面前，先由侧身状态转成正身面对。离开转身时，应先退后两步再侧身转弯，不要当着宾客掉头就走。

茶席中很难避免下蹲的动作，应做到优美俊雅，上身保持直立，一条腿打弓，另一条腿膝盖向里侧紧靠，脚尖着地，脚跟抬起。切忌双腿叉开下蹲或双腿直立弯腰撅起臀部。

当人处于茶席中，还应该避免出现日常生活中的某些动作，比如当众搔头皮、掏耳朵、抠鼻孔、剔牙、咬指甲等。另外，有些简单的礼仪也要注意，比如咳嗽、打喷嚏时，要以手帕捂住口鼻，面向一侧，避免发出大声；口中有痰要吐在手纸、手帕中，不要吐在地上；手中的废物要及时进行处理等。

三、茶席之礼仪程序

在我国北方，有"敬三道茶"的说法。有客来，延入堂屋，主人出室，先尽宾主之礼。然后命仆人或子女献茶。第一道茶只是表明礼节，讲究的人家并非真要请客人喝。这时主客洽谈未深，而茶本身精味未发，或略品一口，或干脆折盏。第二道茶，便要精品细尝。恰逢主客谈兴正浓，而茶味正好，可边啜边谈，以茶助谈兴，正是以茶交流感情的时刻。待到第三次将水冲下去，再斟上来，客人便可能表示告辞，主人也起身送客了。这时礼仪已尽，话也谈得差不多了，茶味也淡了。

细看现代的茶席，虽然不见得有这样严格的要求，但是礼仪依然被阐释为细致的仪式。在每一道行茶的程序之中，却都蕴藏着礼仪的规范，令茶席展示出更丰富的礼仪内涵。

（一）欢迎

在一个完整的茶席展示中，茶主人应该首先向来宾行礼以示欢迎。最常见的欢迎礼当属鞠躬礼，并分为站式、坐式和跪式三种。

站立式鞠躬时男士的动作要领是：两手平贴大腿徐徐下滑，上半身平直弯腰，弯腰时吐气，直身时吸气。弯腰到位后略作停顿，再慢慢直起上身。女士行礼与男士基本相同，只是将双手交握于身前。行礼的速度宜与他人保持一致，以免出现不协调感。

茶席中的坐式鞠躬礼也有男女的不同标准。男士双手握空拳，齐肩宽置于茶桌上，上半身平直前倾，前倾时吐气，直身时吸气。女士与男士的动作区别主要在手部，双手交叠置于胸前茶桌上，在行礼时应保持头部与身体的一致以及视线的自然下移并回正。

在一些特殊的茶席中还会用到跪式鞠躬礼。主客之间的"真礼"以跪坐姿势为预备，背颈部保持平直，上半身向前倾斜，同时双手从膝上渐渐滑下，全手掌着地，两手指尖斜对，身体倾至胸部与膝盖间只留一拳空当（切忌低头不弯腰或弯腰不低头）。稍作停顿慢慢直起上身，弯腰时吐气，直身时吸气。客人之间的"行礼"，两手仅前半掌着地。

在欢迎礼后，还应该彬彬有礼地致辞欢迎应邀者光临，并介绍茶席设计的主题与思路。一般来说，茶席的欣赏形式比较自由，主讲者也不要求有严格的规范，可即席发言，随感而发。

（二）备水

茶席无水，便不成茶席。而水为茶之母，精茗蕴香，借水而发。从礼仪的要求来看，备水需要先备洁净的水，更考究的做法是试水，使客人体会到好水沏好茶的良苦用心。沏茶讲究水的活、甘、清、轻。"活"是指活水，如山涧流动的山泉；"甘"是指水味之甘甜，是优质泉水的特点；"清"是指水源清澈纯净、不见杂物；"轻"是指水的比重较小，即水的硬度较小。其次，水以现烧的为好，尤其大火快烧最好。同时，不同的茶类对冲泡水温有不同的要求；同一种茶类，如果茶叶品质不同，其冲泡水温的要求也有所不同。此外，冲泡水温的高低，对茶叶内含物质的浸出也有很大的影响。因此，要选用合适的煮水器来确保沏茶的水温恰到好处，既不要影响茶品的口感和色泽，又要避免茶叶浮及杯口而妨碍饮茶与交谈。

（三）净具

茶席中的茶具要清洁干爽，茶杯内外不能有丝毫污垢，可以在客人的视线之内清洁茶具，即便是干净的茶杯，也要用开水烫洗一下，这样会给客人带来舒适安心的感受。从这个角度来理解，净具已不仅仅是一项行茶的程序，而具有相当的礼仪上的意义。

（四）示茶

在茶水冲泡以前，可以先将茶叶的品种特点进行介绍，并展示干茶，供客人依次传递嗅赏。取茶时应逐步添加为宜，不要一次放入太多，如果茶叶过量，取回的茶叶千万不要再倒入茶叶罐。向壶内或杯内投茶时，应使用茶匙或茶则投放适量的茶叶，切忌用手抓茶叶，以免手气或杂味混淆影响茶叶的品质。

（五）沏茶

沏茶时动作要轻柔持重，通常的做法是把茶壶上下拉三次沏成，称为"凤凰三点头"。这是一种传统的行茶礼仪，是对客人表示敬意，同时也表达了对茶的敬意。上下三次寓意三鞠躬，表达主人对客人有敬意善心，因此手法宜柔和，不宜刚烈。同时，水注三次冲击茶汤，更多激发茶性，也是为了泡好茶。

（六）斟茶

在斟茶时应遵循"浅茶满酒""满杯酒、半杯茶""茶满欺人、酒满敬人"等古训，一般斟七分满即可，寓意"七分茶，三分情"，表示对客人的敬意和友情。如冲满茶杯，不但烫嘴，还寓有逐客之意，但酒与其恰好相反。另外，斟茶的动作要轻，要缓和，切忌一冲四溢。

（七）敬茶

在敬茶时，应尽量做到双手奉茶，如果受环境的影响必须单手奉茶，则应右手端杯，左手也随杯向前。奉茶时应面带微笑，眼睛注视对方，身体不宜侧倾，以示礼貌。有的主人嘴里还会说句"请用茶"，表示谦逊。

待客敬茶所遵循的就是一个"礼"字，有两位以上的访客时，用茶盘端出的茶色要均匀。在决定奉茶的顺序时必须作相应的礼仪上的考量，一般的原则是先主宾后主人、先女宾后男宾、先主要客人后其他客人。

在客人品饮茶水的过程中要随时注意其杯中茶水存量，做好续茶的准备。在为客人续茶时，如果凉茶较多，应倒去一些再斟上。待茶水淡而无味时，可以将茶渣倒去，重新取茶冲泡。当然，客人谈兴正浓时，不宜频频斟茶。

另外有一个不可不知的礼仪常识。我国旧时有以再三请茶作为提醒客人应当告辞的做法，即通常所说的"端茶送客"。因此，在招待老年人时应特别注意，敬茶之后不宜一而再、再而三地劝其饮茶。

茶席中的客人接受敬茶时也要以礼还礼，双手接过，行注目礼、叩手礼，或是点头致谢，最为郑重的做法是欠身起坐。叩手礼也叫叩指礼，是从古时中国的叩头礼演化而来的，叩指即代表叩头。早先的叩指礼是比较讲究的，必须屈腕握空拳，叩指关节。随着时间的推移，逐渐演化为将手弯曲，用几个指头轻叩桌面，以示谢忱。行叩手礼时，下级和晚辈必须双手指作跪拜状叩击桌子二三下；长辈和上级只需单指叩击桌面二三下表示谢谢。

（八）品饮

品饮茶汤不宜一次饮干，更不应大口吞咽茶汤，喝得咕咚作响。应当轻啜慢咽，慢慢地小口仔细品尝，一苦二甘三回味，其妙趣在于意会而不可言传。品饮之后，还应及时做出称赞，并适当地与茶主人交流茶叶的品质以及饮茶的感受。

（九）赠礼

在我国历史上，不论富贵之家或贫困之户，不论上层社会或贫民百姓，莫不以茶为应酬品，或是互致问候，来表达和睦相处之情。北宋汴京民俗，有人搬进新居，左右邻居要彼此"献茶"，邻居间请喝茶叫"支茶"，可见，茶已成为民间礼节。南宋时，临安（现杭州）每年立夏之日，家家都会各自烹新茶，再配上诸色细果，馈送亲友比邻，俗称"七家茶"，这种习俗，直到今日在杭州郊区农村还保留着。南方一带，每当清明之际，人们还会购几斤新茶，遥寄远方的亲朋好友，以示真挚情意。

在茶席中的赠礼，自然延续了这样美好的传统，以小小礼品来表达茶主人的浓浓心意，是许多茶席会采用的做法。赠礼的形式不拘一格，可以是包装精美的茶叶，可以是席间供客人品茗的杯盏，也可以是其他与茶席主题相符的纪念品，不求华美，只求将茶席的文化意蕴传递至更长远的时间与空间中。

（十）恭送

茶席的品饮结束后，茶主人应站在茶席一侧恭送客人离去，并微笑道别。在客人离去之际，出于礼貌，还可以陪着对方一同行走一段路程，与之告别，并看着对方离去。

第十一章　茶席呈现时的声画配置

茶席设计，无论作为静态的展示，还是动态的演示，其目的都是要传递一种文化的感受。因此，有效地调动音乐的作用，无疑会帮助这种综合的传递方式更直接、更迅速地为观众所领悟，即运用声音、形象进行解读。茶席设计作为静态的展示时，音乐的旋律可以调动观赏者对时间、环境及某一特殊经历的记忆，并从中寻找到与茶席主题的共鸣；茶席设计作为动态演示时，除上述的功能之外，还能有效地为演示者提供动作节奏的导引。它就像一根无形的指挥棒，将演示者的情感也调动起来，此刻的审美主、客体都会在心里同时流淌着涓涓的情感细流，仿佛在那一瞬间，演示者和观赏者已融为一体，一起在茶席之美的感叹中手牵手地步入同一境界之中。

一、茶席呈现与声画关系

对日本"茶道"有所了解的人都知道，在日本茶道中听不到任何旋律，观众只能在一个寂静的环境中听到茶具的摩挲声、汩汩的蒸汽声、潺潺的流水声，还有四座均匀的呼吸声。在这样的环境中人们开始自然地专注、自然地节制并自然地忍耐。

笔者曾经向日本龙愁丽女士请教过一个问题："日本茶道中是否有音乐，如果有，一般都选择什么样的音乐？"龙女士回答："在日本茶道中是没有音乐的，人们认为在茶道表演过程中，流水的声音就是最美的音乐。"对于她的回答，笔者当时还不是特别能理解，但对于"流水的声音就是最美的音乐"这句话却若有所悟。

后来笔者有幸赴日本作茶文化交流，行程中观摩欣赏了好几家茶道表演，让人印象最深刻的是"武士流派"的茶道表演。茶道中的"武士流派"体现的是"武士"精神，动作干脆、硬朗，一般都由男性来传承茶道。我们欣赏到的是一位女性，她是家族长女，所以对于"男性"这一概念就不做约束。我们在导游的讲解中期待着这位女性的出现。

一切都是静静的，在我们安静地等待中，一位腰间系着深紫色手绢（这个颜色象征着她的地位，颜色越深地位越尊贵）的女士出现在我们面前，她身材丰腴，个子娇小，从她的微笑中流露出作为家族长女的坚定和自信。起初我还无法想象她将怎么向我们展示"武士流派"的风格，怎么用女性身份展现武士风貌。

只见她在我们众目睽睽之下沉稳地走向茶桌，一步一步、有条不紊地做着每一个动作，我们看着她不动声色地打开紫手绢，擦拭着本已很干净的茶具，这一招一式都透露着她身份的高贵和良好的教养，她的每一个动作都向我们诉说着坚定、干脆和潇洒，但又无时无刻不提醒着我们：她是一个女人。我们听着她清洗茶具的声音，节奏的张弛和她的呼吸相得益彰，我们随着她的节律一起走进了冲泡过程。水勺抨击茶具的突然开始和戛然而止与其后而至的潺潺水声更因彼此的衬托而显得必不可少。此时笔者突然想起了龙愁丽女士对于日本茶道中有关"音乐"的解释，不禁令人想起"大音希声"的古训。

"大音希声"来自于老子对"道"的解释："大音希声，大象无形。"这里所谓"大"不是一种量的大小，而应该是一种境界的高低，老子的思想一向崇尚自然，"大音希声，大象无形"也是这一思想的体现，"大音希声"应该可以理解为"至美的乐声听起来好像没有声音一样"，而并非真的是没有声音。只是这至美的境界是要求乐声和自然界的和谐，只有融入自然之中便也分辨不出这乐声，听起来就好像没有声响一样，听者和演奏者都投入到这人、乐、自然的和谐美好之中，全然不觉有人工雕琢之气。让人在"希声"之余却又回味无穷，我想"大音希声"之所以是最高境界，也正在此回味之余。

事实上，在日本茶道中又何尝没有音乐呢？只是这里的音乐，是自然融入了茶人每一个动作和茶人的呼吸之间而已，这样一种在音乐上追求的大音希声不正好与泡汤中白水称为无味之味是一种境界吗？

从社会学的角度来说，音乐的属性是多重的，根据不同的场景，有时是审美的，有时是象征的。这是音乐活动的特性，一方面，人们把这种审美性质或象征性质赋予音乐；另一方面，人们又用音乐的审美性和象征性来表达我们的感情和思想。然而在具体的活动中，特定的审美价值和特定的象征意义在不同的人、不同的群体、不同的民族和国家中是不同的。这是有不同的个人经历、不同的自然环境、不同的社会结构和文化传统所决定的。

在茶席设计中，音乐的功能同样是多方面的。首先是其审美功能。

音乐的审美功能如同茶席的审美功能一样是一个复杂的问题，因为它不仅涉及不同的民族、国家、地区、个人，而且和历史推移、地理环境的不同、宗教信仰的不同有着非常密切的关系。谈到审美，我们会不自觉上升到哲学的高度来看待和分析它，反而会忽略对美本身的感性认识。

在音乐的其他姊妹艺术中，如绘画、雕塑、舞蹈等，我们都能从其艺术作品中找到现实生活中的原型，唯独音乐在现实生活中找不到原型。也正是因为如此，音乐本身成了音乐体验和审美的主体，音乐的审美体验更容易被人们的记忆保存下来。

众所周知，中西方文化大不相同，中西方的音乐也是一样，无论是创作背景还是表现手法都有着非常大的区别，甚至中西方的审美情趣都相距甚远。但是有一点他们是共同的，那就是作品背后所承载的情感表达，在音乐审美的体验中是一致的。如中国的琴曲《忆故人》，此曲音意缠绵，意在表现思念友人的深厚情感；贝多芬的《月光奏鸣曲》，虽然后世的出版商或学者给这首曲多重复杂的解释分析，然而月光中所流露出的快乐幸福的情绪正是贝多芬与学生奇察尔迪小姐热恋的投射。我们看到这两首音乐的名字，如何在现实中去物化，显然做不到；但是通过聆听，却能够直接得来音乐的审美体验，能够接收到音乐情感表达的信息。

可以说茶席是一种独立的文化群体和领域，我们将音乐置身于茶席之中，这必然会给音乐审美带来一个全然不同的思考方式和角度。我们不再孤立地运用我们的眼睛或是耳朵，而是将听觉和视觉的审美体验统一在了同一个空间里面，这也是音乐的审美功能在不同的文化背景中另一种全新的阐释。

在茶席设计中，音乐还有其娱乐功能。

音乐的娱乐功能存在所有的民族文化中。在汉语中，音乐的"乐"和快乐的"乐"是同一个字，很多音乐学家都不认为这是单纯的相同，并通过大量的研究论证音乐的"乐"和快乐的"乐"之间的关系，音乐的娱乐功能一次一次被证实。有关音乐起源的理论中也有这样的论述——音乐起源于游戏，这一理论说明音乐本身的出发点就是为了娱乐。

纵观古今，多少娱乐活动和场面少得了音乐，如天子的宴席、足球赛事的开幕、少儿的游戏、大人的聚会等，音乐在其中何尝不将其娱乐的精神进行到底。

而在茶席中，因为音乐的出现，人们开始自觉地跟着音乐的规则制订出活动规则；因为音乐的出现，人们心情曼妙。茶席中的音乐还担负着其他的功能，但其娱乐功能必不可少。

再次，在茶席设计中，音乐还具有交流表达功能。

借用心理学方面的定义：音乐是一种社会性的非语言交流的艺术形式。人类有语言和非语言两种交流方式，而非语言包括肢体、眼神以及人类自己重新创造的第三方密码系统。人类是一个庞大复杂的生物群体，因为其复杂性，所以人类构建的语言系统也相当的复杂，语言是用来沟通交流的，可为什么人类有了完善复杂的语言系统还有用语言也表达不清的思想和感情呢？这个问题的提出，也为非语言交流方式的出现提供了现实基础，所以音乐作为非语言交流方式的一种，开始作为媒介担当起交流的功能。

不难想象，语言对于大多数人来说，在表达情绪和情感时显得力不从心，我们不能像文学家那样，在一张寂静的纸张上就能描绘出一个鲜活的世界，所以我们需要借助非语言作为我们表达的手段，而音乐就成了这一种表达的首选。

音乐的交流表达功能广泛地存在且体现在音乐作品和我们的生活中，如中国民族音乐中的山歌、号子都是音乐作为交流手段的体现，还有像少数民族苗族、佤族所使用的木鼓更是一种通信工具，在特殊的事件中发出信号，召集群众。

然而音乐作为交流工具时，也同样会受到时间、空间、文化、民族等因素的制约，在"茶席"这个特定的时空中也不例外。在这样一个文化空间中，音乐的语言又将如何运用和传达呢？音乐的语言又将怎么理解呢？当我们提出这些问题的同时，茶席中音乐的交流功能也得到了确认，而所要遵循的规律也在逐渐清晰。

最后，在茶席设计和表演中，音乐还具有象征功能。

象征性主要体现在符号的运用上。人们会把很多物品、行为、时间都符号化，而符号可能是文字、图像，也可能是音乐或其他。

比如，在茶艺创意课中，学生在为茶席和茶艺选择音乐时，也会不知不觉地运用到音乐的象征性。如一位同学很喜欢班得瑞的音乐，在高中紧张的学习阶段就是班得瑞陪伴他度过的，所以在他的茶艺创作中，主题是高中的生活，而选择的音乐却是班得瑞的《夜曲》。

如此看来，音乐的象征性也有表达和交流的功能，也有传递和接收两个方面，所以这种功能只能在被一个群体共同认识和约定的范围内发生作用，没有这样的特定条件，交流也成为不可能。

无论是理论研究还是生活常识都告诉我们，音乐对人的情绪和心理有着巨大的影响。在此我们不详细阐释音乐本身的构成如音高、速度、力度、音程等对人的情绪带来如何的影响和作用，我们可以回忆生活中的音乐体验，如听到欢快的音乐我们的脚步会不自觉地加快、心情飞扬，听到庄严肃穆的咏唱时会不自觉地对生命或某种神秘的力量满心敬畏，听到电影中某一段深情的大提琴演奏时心里会暗藏涌动，甚至泪流满面，听到刺耳的声调会心脏紧缩，甚至极度烦躁，听到婴童的歌唱会感到天使就在身旁。这一切不正是音乐对心理情绪改善的最好证明吗？

由于音乐有这样的功能，也因为茶席是音乐存在的现实基础，所以茶席同样也具备了这一功能——对健康的促进。那么，如何让音乐在茶席中发挥好这一功能，倒成为我们要重新思考的问题。

音乐是流动的茶席，茶席是凝固的音乐。茶席给了音乐合适的时空，音乐让茶席更为饱满。

二、茶席呈现与音乐表达

在茶席设计的展、演过程中，采用背景音乐作为声音环境似乎已成为一种定式。这在10余年前，当茶艺作为一种表演时，就被编创者聪明地加以运用。日本茶道的表演者们，初次到中国来进行表演，还不曾注意到背景音乐的使用，但随着和中国的不断交流以后，不仅也采用了背景音乐，就连在表演形式上，也模仿起了中国茶艺早期的表演模式，如一主泡、二副泡，上、下场等，甚至出现了像中国某些茶艺表演采用众多表演者同一动作，在背景音乐声中一起泡茶的壮观场面。

就茶席设计展、演中的音乐而言，有现成音乐和创作音乐之分，在选用时，应加以正确的认识和区别。

1. 背景音乐的特征及适用范围

所谓背景音乐，简言之就是作为背景使用的音乐，如诗朗诵所配的音乐、电影的画外音乐等。它包括为表现某一主题而创作的音乐以及能为其所用的现成音乐。这种现成音乐的语言和风格，必须与一定环境中某种活动行为或场景的氛围相近，否则，将失去背景音乐使用的价值，甚至走向反面。

在一般情况下，采用这种现成音乐，大多选用音乐光盘、磁带的方式在现场进行同步的播放，也有一些是由乐手在现场进行演奏。

现成音乐的特点是：音乐源多，同一首曲目常有二胡、笛、唢呐、古琴、古筝、琵琶等不同乐器的演奏以及独奏、重奏和合奏；选用方便，在一般音像商店，都可买到；在音乐的旋律上，要求不太严格，只要其基本或部分符合所需氛围的要求即可；不受音乐长度的限制，行为时间长，其所选音乐可重复播放；除个别茶席设计特定主题和演示形式的需要，一般以节奏平缓的慢板和旋律优美的乐曲为主；在茶席设计的动态演示中，其动作节奏只能服从于所选音乐的节奏。

在茶席设计展、演过程中，布席过程有背景音乐陪伴，可帮助设计者或演示者更快地进入茶席主题所要表达的情绪状态；候展、演时有背景音乐出现，可为观赏者提供一个准确理解茶席主题的声音环境；至于在动态的演示过程中，背景音乐更是起着演示过程的速度把握和意境导引的作用；即使在演示完毕，背景音乐仍旧扮演着茶席主题表达"言尽而意无穷"的角色，使观赏者在观赏结束后，仍处在对茶席艺术的反复回味之中。

创作音乐是指为某一活动或场景的主题专门创作的音乐。

在目前我国的各类茶道、茶艺表演中，极少出现为其专门创作的音乐。主要原因是茶道、茶艺编导者们大多对音乐是外行，又不善于与音乐家进行合作，甚至把音乐只当作是表演的附加品，认为可有可无。同时，创作音乐的形成过程较为复杂，且制作成本高，所以一般情况下，各地的茶道、茶艺编导都避重就轻，买一张光盘了事。

创作音乐的基本特征是：只为某一主题而专门创作，茶道、茶艺的表演，其动作的节奏性、连贯性、完整性更富有内心情感和外部情绪的表达；音乐的节奏直接为动作的节奏服务，完全符合具体行为的氛围，不具有选择性。

2. 背景音乐的选择

音乐虽然没有国别、阶层、民族、年龄、性别、身份之分，但音乐的产生，又总是受着一定地区、社会形态、社会文化及不同民族不同人的心理因素的影响，因此，音乐又必然在旋律与节奏等元素中反映出不同地区、不同阶层、不同文化和不同时代的特征，并留下一定的文化印记。同时，即使相同的乐曲，用不同的乐器演奏效果也不一样。如名曲《春江花月夜》，当古筝演奏时，音律宽广，和声丰富，音韵具有较多的层次感；

而当二胡演奏时，则突出了对场景的描述，使音乐形象表现得更为深沉和悠远。又如，不同的乐器还鲜明地反映了不同地域和不同民族的历史文化形象，如听到芦笙的演奏，立即使人感到身临云南少数民族地区，而马头琴的声音出现，又很容易把我们带入到无垠的内蒙古草原。因此，不同的茶席设计作品，在展、演过程中，要选择在音乐形象氛围上与其相吻合的乐曲作为背景音乐。

（1）根据不同的时代来选择。所谓音乐的时代性，是指那些在某一历史时期产生并在那一时期广泛流行，深深地融入了那个时期的政治、社会、文化、经济等时代背景中，成为那个时期标志之一的音乐作品。如茶席设计作品《外婆的上海滩》，选择了20世纪30年代的歌星周璇在电影《马路天使》中演唱的《四季歌》作为背景音乐。《四季歌》原本只是江南的民间小调，但由于是红歌星周璇所演唱而受到大众的广泛喜爱。因此，《四季歌》就具有了30年代的历史特征，用它来作为茶席设计的背景音乐，不仅有效地点明了茶席主题所要表现的时代，也有助于茶席中老唱机、旧式粉彩茶器及背景明星画等物态语言的表达。由此，观赏者一听、一看，便可全然明了。

如果说，人们对近现代音乐还尚能清晰识别的话，那么，对于古代音乐的具体时代特征就相对比较难把握了。只有少数专业人士才能准确地识别某一古曲产生和流行于哪朝哪代。但一般根据某些有代表性的乐器，还是能大致区别出不同的历史时期特征的。如编钟音乐，反映了汉代的特征；埙演奏的乐曲则会更早。茶席设计基本属于传统文化范畴，一般由古琴、古筝、琵琶等演奏的古曲运用的范围比较广泛，观赏者也不会苛求具体的产生年代。

（2）根据不同的地区来选择。音乐的区域特征，历来被音乐家们所重视。音乐的区域特征，主要来源于不同地区的民间曲调。如地方戏曲越剧、黄梅戏、豫剧、川剧、采茶戏、粤剧等，就是分别由浙江、安徽、河南、四川、江西、广东等地的民歌、小调、曲词等变化、发展而成的。在各地民歌基础上整理、加工而成的歌曲，那种带有浓郁的地方特色的曲调，一听就知道来自何方。在上海第二届高级茶艺师培训班上，一位来自东北的学员设计的茶席《猫冬茶》，选用了浓郁的"二人转"曲调《月牙五更》，使人们一下子强烈地感受到东北地区的民俗风情，加上茶席那富有特色的物态语言，获得了很高的评价。

（3）根据不同的民族来选择。不同地区有不同的民族，但不同的民族并不完全代表不同的地区。有些在同一个地区，就包含了许多语言、民俗等完全不同的民族，如一个云南地区，就有几十个少数民族共同生活在一起。其他如贵州、甘肃、新疆、四川等地，也都各自分布着许多不同的民族。因此，单从乐器上看，如芦笙、巴乌、短笛、铜鼓等，虽然都出自于云南，但它们却各自代表着自己的民族，这就要求我们在具体设计茶席选用背景音乐时，应加以细心的区别。

（4）根据不同的宗教来选择。茶道与宗教有着深厚的文化渊源。中国古代茶文化的发生、发展，宗教曾起了巨大的作用。茶席设计，往往会表现茶与道、茶与佛、茶与儒之间的关系，这时，应注意根据不同的宗教来选择背景音乐。如表现佛教的"茶禅一味"时，应选佛教的梵音；表现道家的"道法自然""乐生"思想时，应选择道家的音乐，如《三奠茶》等；表现儒家的"中""和"思想时，应选择典型的儒家名曲。

（5）根据不同的风格来选择。茶席设计一旦完成，其总体的风格也自然形成。粗犷、原始的物态语言，应注意选择那些音域宽广、宏大，富有强烈节奏感的音乐；器具组合细腻、灵巧，应选择那些节奏平缓、和声柔美的音乐；物态语言宁静、深远的设计，应选择那些单音细柔、甚至直接选用来自大自然的风声、水声和雨声。物态语言极具现代感，如表现都市生活、时尚流行等，可选择现代流行音乐。在一次茶席设计大赛中，有一表现西方圣诞平安夜的茶席作品，选用萨克斯管演奏的名曲《回家》，茶席与音乐的风格、情境非常契合，给人以非常美好的艺术享受。

总之，茶席设计的背景音乐选择，要善于把握内容与形式的统一、情感与情调的统一、节奏与动作的统一、流派与风格的统一，这样才能实现茶席设计的整体美。

3. 背景音乐中"曲"与"歌"的把握

用乐器演奏的乐曲，虽不使用语言但仍能表达某种意境，反映某种情感。而歌则是话语和乐曲结合的产物，它的内容表达具有一定的具象性。比如人们歌唱"山"，歌词都是围绕山及人与山的情感关系等。若要抽去歌词，仅剩下单纯的"曲"，则不同的人会有不同的理解和感受。这就是"曲"与"歌"的一般差别。

茶席设计，一般都是由抽象的物态语言来表述主题的，如作品《冬》，并无一件器物有真实的寒冷感觉，但观赏者通过雪松及雪松上以棉絮象征的白雪、大面积耀眼的白色铺垫等，都能感知它所展示的寒冷冬天的意境。因此，茶席设计的背景音乐一般应选择较为抽象的乐曲。

选择"歌"作为背景音乐，往往只在以下几种特定的情况下采用：

（1）茶席特别要强调具体的时代特征。如茶席设计作品《知青晚茶》，选用的是"文革"时期的流行歌曲《大海航行靠舵手》，使人在背景音乐的旋律中，深刻地回味到那场全国性知青上山下乡运动的情景。又如茶席设计作品《女儿茶》，选用的是江西民歌《送郎当红军》，也一下子点明了革命战争年代红色根据地的老百姓积极参加革命军队的时代特征。

（2）茶席设计特别要强调具体的环境特征。如茶席设计作品《战士也爱茶》，选用了军旅歌曲《打靶归来》，恰到好处地表现了女兵们训练以后回营房品茶的情境。

（3）茶席内容本身即是对某一"歌"的具体内容的诠释。如茶席设计作品《茶禅一味》，选用的是佛教唱经《心经》，因茶席的动态演示要表现僧侣参禅品茶的过程，而《心经》的内容也是表现这一具体过程的，两者便自然地统一在了一起。

在这里特别要指出的是，并非任何表现"平静""平淡"等境界的茶席内容都可选择佛教的唱经音乐。因为，每一首不同的唱经音乐都有不同的具体经文内容，它们并不适合广泛的抽象内容。

4. 动态演示中背景音乐"旋律"与"节奏"的把握

旋律是音乐的主体。旋律也是音乐情感的具体表现形式，是激扬、是宁静、是宏广、是细腻、是畅怀、是深沉，都是由旋律即具体的音符变化来体现的。不同的茶席设计内容总是通过不同的表现形式来表达不同的情感。因此，背景音乐中旋律的正确选择和把握，就显得十分重要。如表现夜色、月色的古筝曲《春江花月夜》，表现的是在夜色下赏景的过程，因此，旋律语言由过门、慢板、中速、跳跃、快板、高潮、尾声等不同的速度运用表现对不同景物的不同情绪，其音乐形象也在不同的旋律中给以不同的表现，如对不同的花的描述，对江水、江岸的描述，以及对江边、花中人的描述。而同是表现夜色、月色的古曲《荷塘月色》，则音乐形象相对比较固定而具体，情绪的变化也不多，始终体现着一种宁静的状态，即便是表现人与景的对话，也是在一种深沉的情态下悄然对诉。由此可见，不同的旋律，总是表现着不同的音乐形象。

茶席设计的动态演示，动作性是它的主体内容。茶的冲泡，又是这一动作过程的核心。因而，这一动作过程的情绪相对地要求比较固定，不能忽喜忽忧，忽高涨，忽平落。这不仅是艺术表现方法上的要求，更是科学泡茶方法的要求。由此我们可以清楚地看到，凡旋律变化较大的乐曲，一般不适合作为茶席设计动态演示的背景音乐，而应选择那些情绪相对比较稳定的音乐。

旋律的表达，总是与节奏联系在一起的。节奏则由具体的每一节拍构成。节奏是音乐构成的基本要素之一，是指各种音响有规律的长短、强弱的交替组合。

茶席设计作为茶文化的一种表现形式，属传统文化的范畴。品茶历来是要求在平静的氛围中进行的，因此，茶席的背景音乐，应以平缓的慢板及中板为主，只在高潮部分，可以稍快的速度、稍强的音符出现。但即使如此，也不能改变其高潮部分的基本板速，如全曲的板速是四分之四拍，高潮部分也同样必须在四分之四拍下进行，否则，演示的动作将出现混乱而失去连贯性。因为，节奏不仅无形地指挥着演示者的动作和情绪的表达，同时对观赏者来说，也是一种无言的审美导引。这种导引越连贯，越自然，也就要求节奏越连贯。突然的变奏，观众和演示者都要重新调整情绪和情感以与新的节奏相适应。变奏出现得越多，情绪和情感调整也就越多，最终的审美效果便可想而知了。

三、茶席呈现中视频的设计

自当代茶文化复兴以来，各类茶艺表演所选用的音乐，大多是清一色的古曲，演奏的乐器也大多是古筝、古琴，尤以古琴为多。当然也有例外的，如在一次上海国际茶文化节的开幕式上，来自香港的叶惠民先生编排的茶艺表演中，选用的背景音乐便是20世纪30年代的流行歌曲《读书郎》。在欢快、跳跃的旋律与节奏中，三位茶艺小姐欢快地走上台来，她们所穿的服饰，传统中显示着时尚，组合茶具的搭配，古朴中融合着现代的特质，表演时，也一改过去因过分专注而显得过于严肃的神态，她们笑容满面，快乐地进行着茶的冲泡，自始至终感染着每一位观赏者。

从表面上看，这只是一次茶艺表演背景音乐的创新使用，但更多是留给茶艺表演的编导们不尽的思考。按传统的理念，音乐的形象应与茶艺表演的形象相一致，而她们在冲泡传统的乌龙茶时，选用的却是和茶扯不上边的《读书郎》；又如茶艺表演应宁静而专注，但她们个个却是喜笑颜开；又如传统的茶道、茶艺表演，背景音乐的节奏一般比较缓慢，而《读书郎》的节奏却是欢快的节拍；等等。但从现场的效果来看，这欢快的动作同样能把茶泡出最佳的质态，这欢快的节奏同样使人感受到了茶的魅力。由此可见，茶道、茶艺表演中音乐形式的运用应该是多样的，而不是单一的。因为，茶艺也是一种生活的艺术，而生活本身就是多种多样的。

于是，我们应该让视野再开阔一些，让选择再丰富一些，特别是应该把胆识变得更大一些。这也是中国茶文化艺术发展的需要。就音乐的选择、运用来说，只要音乐的旋律、节奏、所用的乐器等有利于茶艺表演的动作和情感的表达，都可自由而大胆地创新运用。

茶道、茶艺表演及茶席设计的动态演示，其音乐的创新运用，还应包括创作音乐的广泛使用。应该说，茶道表演的创作音乐，它的前景是非常广阔的，笔者完全相信，在当代中国，随着茶道、茶艺表演及茶席设计动态演示的不断发展，作为构成这一综合艺术形式之一的音乐，一定会在不久的将来，对创作音乐的兴趣成为一种主流。到那时，中国的茶道表演，才真正可以称其为表演。茶道所传播的美及思想内涵，也会更丰富、更形象、更生动，更深刻地展现在我们伟大的中华民族以及世界人民面前。

茶席是一种单纯的艺术作品，也是一种丰富的品饮行为；茶席是一种静态的空间艺术，也是一种动态的时间艺术；茶席是一种细致的把玩品味，也是一种博大情怀的寄托。总而言之，茶席就是承载并传播茶文化的时间和空间的艺术。

1. 琴与茶席

从古人记录的文字或图像资料可循，古人品茶皆不止在于单纯的品茶的滋味，更在于享受品茶的氛围，所以我们看到的多是志趣相投的知己，抚琴品茗、三两相叙的画面。如此我们得知，士文化中突出的象征——琴，也是茶席中典型的音乐行为。

古琴泛川派的代表人丁承运教授，一次应邀来杭州举办琴会，当时我们设计了一个题为"琴瑟在御，莫不静好"的雅集。活动结束的当晚，丁老师和大家在一个小茶室喝茶抚琴。众人要求其操一首《忆故人》，他说《忆故人》太过缠绵，当日身体和心情不适合抚这一首，于是抚了一曲《白雪》，只听其琴声中白雪皑皑、曲意中清远高洁。曲终，众人皆品茶落泪！

此番茶席中的音乐行为可谓线条交织———一是抚琴，二是听琴。抚琴是一种音乐行为，听琴也是一种音乐行为，然而在茶席这一特定的时空中，音乐行为与茶席却是如此的交融和谐。而要达成这种和谐境界的前提是要有共同的群体，他们都是喜爱琴和茶的；而有了这一共同文化背景，这一切方才没有乱了分寸，破坏了意境，才能得一圆满的回忆。

2. 曲与茶席

2012年秋天，浙江农林大学茶文化学院举办了一场秋茶会，主题为《当昆曲遇见茶》。昆曲同样是士文化的重要特征之一，所以昆曲和茶也就有了遇见的理由。在这场茶会中有琴师、笛师、演唱者、听众、品茶人。他们在这样一个空间里互换角色，琴师、笛师会时不时地品上一口茶，而听众（品茶人）也会时不时地哼上一句曲，或高声或浅唱，或考究或随性。

听戏和品茶这两种中国人特有的娱乐和审美模式在茶席这一特定的时空中也经历了一场完美的邂逅，令茶席中音乐行为的范围和尺度得到了延展，进而也提示着我们，音乐行为的选择与茶席主题的确立息息相关。

3. 青春对茶席的挑战

学生在茶艺创作课上所呈现的茶席及音乐，常会给笔者带来一个全新的世界。因为青春，他们的音乐选择和音乐行为没有约束和边界，所涉及的体裁、题材也包括了各个地域、民族、时期、人物、风格、种类等。

从地域上来说，有亚洲、欧洲、非洲、美洲等；

从民族上来说，有本国本民族及少数民族，还有他国及少数民族；

从时期上来说，有古典的，也有现代的；

从人物上来说，有莫扎特、贝多芬等，也有李叔同、赵元任等；

从风格上来说，有交响、弦乐、轻音乐，也有爵士、打击等；

从种类上来说，有器乐、戏曲、名歌，也有艺术歌曲等。

这是一个代表着青春的群体，当然他们不止有青春，他们还受到了良好的教育，有过对音乐的体验和对茶席的思考，所以在他们看似大胆的选择背后，更是代表了一种青春的力量作用于传统文化上所产生的结果。

第十二章　茶席呈现时的着装

　　人类的服饰，可以说是人类文化最早的物化形式，是记录人类文明的具象符号，它既以人类的全部穿着方式、衣装、饰品等物质的东西作为前提，又反映着人类的观念、制度形态等精神文化的内容，所以服饰文化不仅是有关服装的知识和技巧，而且还是渗透于各个时代人们心理情感、主观意愿、社会习俗、道德风尚和审美情趣之中，并逐渐积淀而成的一种观念，是一种反映社会成员普遍心理和民族精神实质的文化形态。服饰文化不仅拥有丰富的物质成果，而且还在深刻表现社会文化心理的同时，渗透着整个国家和民族的独特思想，具有其独特的文化价值。

一、茶席与服饰

　　从字义上解释："服"是防暑御寒，指的是实用功能；"装"是装饰美化，指的是艺术功能。服装一方面在物质上、生理上满足人们的穿衣需求，给人以舒适感；另一方面在精神上给人以美的享受。"美"是真正能体现自然和社会发展规律，体现人类社会生活本质和人的创造性，并能引起人们的审美感受和特定的情绪反映的事物和形象。凡是经过人们艺术加工手段创造出来的美属于艺术美，这种美是艺术家创造性劳动的产物，因此比自然美更强烈，更理想化。服装的美应体现一定时代、民族和社会的审美理想，并引起人们的审美感受和特定的情感反映，美化人们的仪表和生活。

《礼记·礼运篇》中说："昔者先王……未有麻丝，衣其羽皮……后圣有作，治其麻丝，以为布帛。"《墨子·辞过》中说："古之民未知为衣服时，衣皮带茭，冬则不轻而温，夏则不轻而清。圣王以为不中人之情，故作诲妇人，治丝麻，捆布帛，以为民衣。""先王""后圣"因教给人们治丝麻、衣布帛而受到推崇，此后，"黄帝、尧、舜垂衣裳而天下治"。《系辞·疏》曰："以前衣皮，其制短小，今衣丝麻布帛，所作衣裳，其制长大，故云垂衣裳也。"由此可见，有了正规的衣服，不仅每个人的社会角色得到了标识，民心安定，且社会秩序也开始形成，因而国家也就得到了治理。

服饰，在表现体态的同时也表现着思想。人的心灵性格必然要通过人的表情、行为、动作反映出来。所以，充分利用人的心灵美和性格美表现出的形体社会美，是服饰美的魅力所在。在人的服饰美中，服饰虽是起点缀、衬托的作用，但深刻地理解和掌握服饰美的语言，准确和熟练地运用它，能在人体美的节奏、韵律、气质、风度上装扮出更加迷人的效果。要借助于服饰的审美手段，赋予服装的色彩、线条、造型以内在生命，使服装在人体形态语言的表述中更具生命活力。

由于服装最为直接地受到社会中物质因素和精神因素的双重影响，服饰自身的性质又最能集中地表现时代、风尚、道德、情欲等这些充满变化内容的自我意识，成为社交活动中最重要的手段。随着时代的进步，各种服饰表现完善着体态语言。和谐美的要素追随着时代步伐，人类的美的观念都能被铭刻在服饰中，对于服饰美的追求就是一定意义上的文化起源。文化之所以产生就是表明了人类对于自身原始、自然的状态的不满足，表明了人类心灵中具有改变现实状态的愿望。当然，这种愿望只有当人对于自己的现实状态有明确的意识时才会有现实的要求。在历史上，没有哪一种文化形式像服装一样有意识的追求变化。当我们把服装呈现于理论的视野之中，它所带给人们的理论意义远远超出了人们的想象，启发人们重新从不同的方面对于人类的着装行为、人类穿衣的历史进行探索和考察。

美是人的一种感受，它包括从外形、材料感受到的形式美和从内在因素感受到的内在美。美存在于生活中的一切方面，其中服饰美是美的重要内容之一，因为服饰是人类生活的重要组成部分。我们每个人每天都创造着服饰之美，同时又欣赏着别人传达的服饰美。服饰美与其他艺术美一起点缀着我们平凡而美好的生活。

服饰之美，是一种统一的美。它是功能与装饰、物质与精神、形式与内容的统一，而形式与内容是服饰美的主要内容——服饰的形式美是现象，内容美是本质。形式美服从于内容美，同时又具有相对的独立性。

唯物主义哲学家认为："美是生活"。莎士比亚说："如果我们沉默不语，我们的衣裳与体态也会泄露我们过去的经历"，"衣裳常常显示人品"。一个民族本来的特征保存着某一特定地区自古以来的某种习惯，当服装满足了穿着者在社会活动和自我欣赏上的审美需求时，服饰会由保护肌体的基本功能向满足人社会性需求的审美功能飞跃。服饰反映着典型的生活之美，反映着人类的精神之美，体现着人类的智慧，对于服饰的审美乃是人们高尚的精神与物质享受。

自人类社会产生服饰文化以后，在服饰上往往体现着民族感情，体现着既已形成的且被公认的礼俗，体现着群体性的审美情趣。我们可以对每一个时代的服饰进行宗教的、政治的、经济的、心理的解读，可以发现它在一定的历史时期有着很强的传承性。它重视传统，渗透着各种意识形态，折射出人类多方面的聪明才智。服饰已不再是单纯的御寒之物，它溢出实用之途自成一派。随着整个人类的进化，服饰日趋艺术化，其观赏性不断增强。服饰已成为时尚的一种象征，形成了实用性、观赏性、礼仪性、信仰性上的地域及民族特点。

"衣如其人"这句话不无道理。人除了头部五官可以表现个人情感以外，其躯干部分也是重要的表达途径。在这个部分，任你适度裸露或包裹严实，都是对自身需求的一种表达，而这种表达方式在很大程度上要依赖于服装。一个人除了他的语言谈吐、形体姿态等所表达出的感觉以外，其着装形象更是重要的表达个性的方式。服装对个人形象的影响非常之大，甚至在某种意义上会起到"成亦服装、败亦服装"的作用。服饰被人们称之为"流动的建筑""活动的雕塑"，服饰美德最大特点是衣服与人的完美结合，它具有艺术的精神属性，能给人带来精神上的愉悦。巴尔扎克在《夏娃的女儿》一书中表示："装扮是一种内心思想的持续表现，一种语言，一种象征。"的确，对服饰穿着的不同审美观点，体现了人们不同的文化价值观。

人类的祖先是不穿衣服的，亚当和夏娃赤身裸体地生活在伊甸园里，没有清规戒律束缚，活得挺自在。可后来受了蛇的引诱，偷吃了果子，就开始有了七情六欲，就开始有了羞耻之心，羞愧愧地把无花果叶子连缀成衣，聊以遮羞。大约人类始祖的衣服凝聚的是人的一种羞愧的情绪，还没有遮风挡雨、抗御寒冷的功用，也或许伊甸园中压根就没有寒冷。可大自然毕竟有严冬与酷暑，所以说后来大约又加入了自然的因素，人们便开始用衣服来一层层地包裹自己，并且越来越厚，越来越严实。内衣之外要有外衣，外衣之外还要加罩衫，并且是从头到脚，头上加了各式的帽子和头巾，而脚上穿了鞋还不算，还要套上一种叫作袜子的东西。到了印度则更甚，妇女们裹了头巾还不够，还要在脸上蒙上一层朦胧的面纱。分析起来，这其中除去了御寒的用途与民俗的原因外，大约还有一些道德观念在作怪。后来衣服甩掉了一些实用属性进入审美的领域，时装业成了热门，而时装模特也尽情地在舞台上一展丰采。

拥有漫长封建社会的中国也不甘于落后，男子着了长袍后外面还要加一个马褂，虽偶有村夫野老如农夫樵夫之类或许会赤了膊，《三国演义》中就记载了一个叫许褚的人赤了膊去大战马超，那是基本合法的。可女子就不行，有三从四德压着，衣着上就得密封自己。这时的衣服充当了助纣为虐的角色，譬如胸罩，那时大约还是天方夜谭的事，就知道用了布横七竖八地缠，直至缠平女性身体的曲线。譬如一双赤着的脚，中国旧时之女性则要用布缠紧缠严，以致缠小缠残，成三寸，穿绣神秘，因神秘也就令男子心颤而想探个究竟。

古代"胡服骑射"的故事是尽人皆知的。那次服装改革，在赵国上下引起了广泛而激烈的辩论。宽大的袖子是自古以来人们的传统服装，传统怎么能改变呢？匈奴人是茹毛饮血的民族，泱泱中原人怎能去学蛮夷呢？改革的阻力非常之大。但是赵王的决心已定。他颁下诏书，凡不改服的大臣，一律革职。与此同时，在许多别的方面，他也大力推行改革。于是，服装的改革引发了一场改变传统观念的伟大政治运动，最终使赵国成为七强之一。赵武灵王的例子从表面上看，是统治者个人的行为，其实它是社会的强制行为，因为没有赵国大多数人求改变的愿望，其服饰改革就不可能成功。那么人类共同的心理特征是什么呢？一求新。人人都希望美，因此人人都在求新。哪怕是最最保守的人，也会偶尔拨动那沉寂已久的心弦，赶一下时髦。二求表现自我。人们希望通过着装来显示自己的个性，显示自己超越了周围，表现自己的不同凡响，这是一种超群意识。

在茶席表演中，旗袍是被大量选用的服装品种。因此，在本节中着重对旗袍历史及其文化作一梳理。

一提到旗袍，就让人联想到江南女子那灵动的双眸、尖尖的下巴、纤细的水蛇腰。对于旗袍，《辞海》中描述为："旗袍，原为清朝满族妇女所穿用的一种服装，两边不开衩，袖长八寸至一尺，衣服边缘绣有彩绿。辛亥革命以后为汉族妇女所接受，并改良为：直领，右斜襟开口，紧腰身，衣长至膝下，两边开衩，袖口收小。"

所谓"旗袍"，指衣裳连属的一件制服装，同时它必须全部具有或部分突出以下典型外观表征：右衽大襟的开襟或半开襟形式，立领盘纽、摆侧开衩的细节布置，单片衣料、衣身连袖的平面裁剪等。通常意义上的旗袍，一般是指20世纪民国以后的一种女装式样。

中国旗袍，上溯姬周，下迄民国，3000余年来承袭各代袍服的演变，至清朝才正式确立雏形。当时所谓的旗袍，是满族衣着中最具代表性的服装，这种衣服是当时男女老少一年四季都穿着的一种袍子，那时并不叫"旗袍"，因为当时为满族人特有，而满族实行军政合一的八旗制统治，满族人又称为"旗人"，所以后来人们就称他们所穿着的袍子为旗袍。旗袍的式样和结构很简单，一般为圆领、大襟、连袖，前后左右四面开衩，用扣绊。它的最大特点是能适应满族骑射活动的需要，因为它是四面

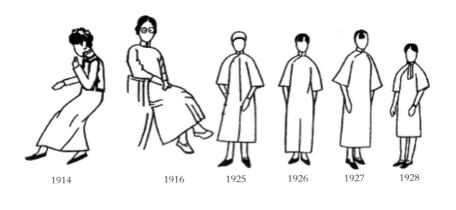

1914　　1916　　1925　　1926　　1927　　1928

1929　1930　1931　1932　1933　1934　1935　1936

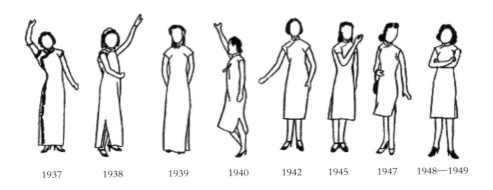

1937　　1938　　1939　　1940　　1942　　1945　　1947　　1948—1949

1914—1949年旗袍造型演变

开裾，所以上下骑马都方便利落，不受束缚，非常适应骑射民族的生活风俗。入关以后，清政府逼令全国军民"剃发易服"，所以汉族逐渐改变了原来宽大袍袖的服装，数千年的弁服、深衣废除，代之以这种长袍，使之成为全国统一的一种服装款式。

旗袍的造型也是不断在演变的。20世纪20年代末期，受欧美服装的影响，旗袍的长度已缩短至小腿，袖长减短，腰身已由原来的直身渐收。至30年代，旗袍造型变化越来越多，腰身越来越合体，肥袖变窄，领子忽高忽低。发展到40年代，旗袍则逐渐取消了袖，缩短了长度，降低了领高，并省去了繁琐的装饰。这种状态一直到六七十年代，由于受当时政治环境的影响，旗袍逐渐销声匿迹。80年代以来，旗袍重显光彩，获得新的生机，在庄重的场合或喜庆的日子，妇女穿着旗袍，显得端庄大方、温柔典雅。其式样也随着现代妇女观念的变革，发生了一系列的变化，但基本形式仍同从前。旗袍的设计巧妙，结构严谨，连袖造型，使肩部瘦削；前后衣片和袖子连在一起，由整块面料剪裁，任何部位都没有重叠，也没有繁琐的装饰，外轮廓线条顺畅，给人以修长苗条的感觉。紧扣的立领庄重雅致，下摆开裾，不仅使人行走方便，给人以活泼、轻快的感觉，而且能时隐时现女性脚部最美的部位。斜襟别致而富有变化，随着人体的起伏状形成清晰、流畅的曲线，衬托出东方女性的质朴、端庄、温柔、文静的风韵。旗袍的美和茶艺表演所散发的美相得益彰，这或许也是很多茶艺表演者选择旗袍的原因。所以旗袍这一融合了中西造型之优点的中华民族服装，不仅受到了中国人民的喜爱，也为世界人民所赞美。

旗袍是充满韵味的、经典的，它雍容华贵又仪态万方，端庄中见俏丽、娴熟中显清高。宋庆龄一生钟爱旗袍，也从未放弃过旗袍，她着以款款大方的旗袍出席各种正式场合，即使赋闲家中，也是旗袍不离身；王光美也以喜穿旗袍出名，每逢国事访问或在外交礼仪场合均身着旗袍，将其作为代表中国形象的礼服。

旗袍是中国的，适合东方女子丰腴圆润的外形、含而不露的气质。骨感一点的人能穿出纤细动人的韵致，肉感一点的人则是丰腴盈润……

旗袍的美丽是与人体密不可分的，女性的头、颈、肩、臂、胸、腰、臀、腿以及手足，构成众多曲线巧妙结合的完美整体。《花样年华》中的张曼玉更是把旗袍演绎到了极致，就像一首风华绝代的唐诗或者宋词，把东方女性的风情万种表现得淋漓尽致，那袅娜的颈、婀娜的臂、妖娆的腰、旖旎的胸、婆娑的臀，简直是美不胜收。

中国人崇尚自然，以温柔敦厚为美，而旗袍显得异常宽松和流畅，没有尖锐的棱角，线条平滑而柔顺，毫不刺激与抢眼，令人感到舒心和自然。旗袍的着装讲究和谐、融洽，既不过于褴褛黯淡，也不花哨艳丽，显得很"儒雅"，这也体现了中国"文质彬彬，然后君子"的风范，恰到好处地表达了中国人心底的美。

现代旗袍的魅力在于它的变化无穷，独特的个性与神韵和现代审美观念结合，使其美不胜收。现代旗袍大致分为复古类与时装类两大系列：复古类的旗袍设计特点与20世纪20年代流行的旗袍款式基本类似，没有大的变化，主要是用于礼服，在较正式的场合穿用。时装类的旗袍，可谓花样繁多，既要体现"时装"这一现代理念，又要融入旗袍所特有的神韵，其领、袖、下摆等处都有变化；既要符合现代人的着装理念，追求个性化、时尚化，又要保持传统服饰特点，萦绕传统服饰文化的韵律。

旗袍如此的雅致庄重、风情万种，那么如何选择旗袍，才能穿出真韵味呢？

首先从年龄上考虑。年龄大些的女性可以选择较为宽松的款式，面料颜色应稍深些，以体现庄重文静、典雅大方的气质；中年女性可以选择色彩富丽高雅，有绣花和滚边的旗袍，以体现雍容华贵的风度；年轻的女性适宜选择绚丽优美的色泽花式、活泼俊俏的款式，以体现风姿健美、朝气蓬勃的青春活力。

其次从季节上考虑。春秋两季，天气凉爽，可选择化纤或混纺织品，挺括平滑，绚丽悦目；初夏天气渐热，可选择化学纤维面料的半袖旗袍，轻便、凉爽；盛夏时节，燥热难当，应选薄花布或丝绸制成的无领无袖旗袍，凉爽宜人，如扇在身；冬季也可以穿旗袍，可絮上丝绵、驼绒、皮毛之类，制成棉袍或皮袍。

最后，旗袍紧扣高领，显得庄重雅致，但仍要根据体态而选。脖子细长的人，用紧而高的领子，会突出脖子的欠缺，领矮且宽些，方可弥补这个不足。旗袍下摆的开衩，要跟身高成正比，身材修长，开衩可稍大些，走起路来风度翩翩，煞是好看；开衩偏小，便裹腿难行。

经典的旗袍样式，它能较适度地表现女性美，不夸张地表现胸、腰、臀、腿，以自然简约的风格体现东方人内敛、含蓄、自信、朴素的气质。它不同于新样式艺术的侧身轮廓"S"曲线的张扬，也不同于旗女旧式长袍的谨严保守，它是对人体的一种较为温和的解放。由于是衣裙一体的形式，其造型曲线从领至肩、胸、腰、臀然后至下摆，整个线条一气呵成，非常流畅，具有书法般的线条美感，直接体现了中国文化的特色。遮与露、实与虚表现得恰到好处。旗袍走进我们的昨天、今天和明天的生活，在展现人外在美的同时也展示了人的内心世界，这种展现当然有人自身气质的作用。衣服穿在人体的表面，但是凝聚在服装中的文化和技术含量，对人的潜在的资质的调动和挖掘，起着不可忽视的作用。

二、茶席呈现时的着装艺术

"佛要金装，人要衣装"，"人配衣服马配鞍"，这是中国人常说的俗语。"衣食住行"则把衣列在第一位，正是因为服装的功绩，它把我们人类的形象烘托得更加完美。在服饰语言中，服装材料表面的图案、色彩、质感以及材料形成服装的造型形态即为服装的外在形式。服饰外在美是材质美、色彩美、造型美三者相辅相成的结果。人们往往对服装都各有偏爱，掌握了选择服饰的技巧，使服装的款式、颜色、搭配与茶艺表演的题材、主题、色彩等相得益彰，同时又与自己的年龄、肤色、身材相谐一致。在泡茶过程中，服装的颜色、式样与茶具环境要协调，这样"品茗环境"才能够优雅。茶艺师的服装颜色不宜过于鲜艳，袖口不宜过宽，否则不方便泡茶。选择服装的技巧与艺术决定了一个人衣着服饰是否合体的主要因素。

（一）根据茶席设计的题材、主题选择服装

1. 表演型茶艺中服装的选择

表演型茶艺是指通过茶叶的冲泡和品饮等一系列形体动作，反映一定的生活现象，表达一定的主题思想，具有一定的场景和情节，讲究舞台美术和音乐的配合，既使人得到熏陶和启示，也给人以审美愉悦的一种艺术形式。

（1）仿宫廷茶艺。20世纪90年代，一种新的茶艺表演方式逐渐为人们所熟知，这是一种复原宫廷茶艺操作流程的表演方式，从服装造型，音乐配备，茶器具、茶叶的选用及冲泡茶叶的技艺方面，都模仿古代宫廷中的茶事活动，表演服饰华丽，器具精美豪华，场面壮观，被人们所乐道。目前的仿宫廷茶艺多为仿唐代宫廷茶艺、仿宋代宫廷茶艺、仿清朝宫廷茶艺等。

所谓宫廷服饰，广义上讲包括皇帝、皇后、皇子、皇孙、亲王，他们在宫廷内外日常活动时所穿着的袍服和佩件。袍服包括朝服、龙袍、龙褂、坎肩；佩饰包括朝珠、荷包、腰带或者是顶翠、凤冠等。这些宫廷服饰最主要的目的是在满足宫廷帝王的奢侈生活，以及他们利用宫廷的服饰来作为统治管理的一种工具。宫廷服饰的装饰纹样特别丰富，可以说是人类文明进步的一种智慧的结晶。其纹样主要追求富、贵、寿、禧。

短襦长裙是唐代女服的主要特点。裙腰系得较高，一般都在腰部以上，有的甚至系在腋下，给人一种俏丽修长的感觉。"罗衫叶叶绣重重，金凤银鹅各一丛"，"眉黛夺将萱草色，红裙妒杀石榴花"。唐代的裙子颜色绚丽，红、紫、黄、绿争奇斗艳，尤以红裙为佼佼者。领子有圆领、方领、斜领、直领和鸡心领等。

清代女装，汉、满族发展情况不一。汉族妇女在康熙、雍正时期还保留明代款式，时兴小袖衣和长裙；乾隆以后，衣服渐肥渐短，袖口日宽，再加云肩，花样翻新无可底止；到晚清时都市妇女已去裙着裤，衣上镶花边、滚牙子，一衣之贵大都花在这上面。清末流行衣袖里面装假袖口，少时一二幅，多时二三幅。这种装束，一则为了显示身份和富有；二则为加

强旗装封闭形式的风格特色。假袖口不但用料考究，装饰布局也追求与旗袍相同，由此整体服饰更增加了华丽的效果，也加强了装饰的层次感。假袖口一层层连接起来，显现出窄袖的修长感觉。

满族妇女着"旗装"，梳旗髻（俗称两把头，也叫旗头），戴耳环，腰间挂手帕，穿"花盆底"旗鞋。至于后世流传的所谓旗袍，长期主要用于宫廷和王室。清代后期，旗袍也为汉族中的贵妇所仿用。满族妇女的"旗鞋"极富特色。这种绣花的旗鞋以木为底，史称"高底鞋"，或称"花盆底"鞋、"马蹄底"鞋。其木底高跟一般高5厘米～10厘米左右，有的可达14厘米～16厘米，最高的可达25厘米左右。一般用白布包裹，然后镶在鞋底中间脚心的部位。跟底的形状通常有两种：一种上敞下敛，呈倒梯形花盆状；另一种是上细下宽、前平后圆，其外形及落地印痕皆似马蹄。"花盆底"和"马蹄底"因此而得名，又统称"高底鞋"。除鞋帮上饰以蝉蝶等刺绣纹样或装饰片外，木跟不着地的部分也常用刺绣或串珠加以装饰。有的鞋尖处还饰有丝线编成的穗子，长可及地。这种鞋的高跟木底极为坚固，常常是鞋面破了，而鞋底仍完好无损，还可再用。高底旗鞋多为十三四岁以上的贵族中青年女子穿着。老年妇女的旗鞋，多以平木为底，称"平底鞋"，其前端着地处稍削，以便行走。

清代男子服装主要有袍服、褂、袄、衫、裤等。袍褂是最主要的礼服。其中有一种行褂，长不过腰，袖仅掩肘，短衣短袖便于骑马，所以叫"马褂"。马褂的形制有对襟、大襟和缺襟（琵琶襟）之别。对襟马褂多当礼服；大襟马褂多当常服，一般穿袍服外面；缺襟马褂多作为行装。马褂多为短袖，袖子宽大平直。颜色除黄色外，一般多青色或元青色作为礼服，其他深红、浅绿、酱紫、深蓝、深灰等都可作常服。

（2）禅茶。根据寺庙中的茶事活动，进行适当合理的编排，体现"禅茶一味"的韵味，顿悟赵州禅师"吃茶去"的意境，是最早表现佛门中茶事的茶艺表演。禅茶超凡脱俗，其庄重、典雅、清新、脱俗，超出意境想象，可以令听者如痴如醉，观者身临其境，让人们在深沉中敬仰，在悦耳的佛教音乐中洗礼。禅茶往往不去注重茶具的精致细腻，以朴实耐用的民间茶具为主，多以煮饮的冲泡方法，讲究典雅、礼仪，寓动于静，茶道、禅意已超脱了品茶的范围，是一种培养情操、涤心静气的方式。

佛教的服装文化同佛教的教义一样，传入中国之后就与中国的传统文化和民间文化及风情民俗结下了不解之缘。并且由于流传时间之久远、地域之广阔、民族之众多以及风俗民情的不同、地理气候的差异，使佛教服装在各个地区、民族形成各自不同的服装文化。因此，佛教僧人的服装无论从色彩、种类或形式差异等各个不同角度都体现出了佛教服装有着悠久的传统文化。佛教的服装有"三衣"。三衣原来展开像一块方形大床单，它的穿着方法是将整块布的一边由左肋绕披到右肩上。传到中国后，在左肩穿贴处缝上一个钩，在胸前缘边作一个纽，用来防止衣的脱落。后来，胸前的纽用一个牙、骨、香木等质料制成的圆环（称为"哲那环"）搭在钩上，显得方便和漂亮多了。

明太祖在洪武十四年（1381年）下诏规定各宗派僧人常服与法服的颜色：禅僧的常服是茶褐色，青色的绦子，玉色袈裟；讲僧的常服是玉色，绿色的绦子，浅红色的袈裟；教僧的常服为皂色，黑色的绦子，浅红色的袈裟。现在出家人袈裟的颜色也有很多种，如褐、黄、灰等，地位较高的出家人如方丈穿烈火红色，但是并没有宗派的区别。

另外，还有一种具有中国特色的"法服"——海青，是现代缁素二众礼佛时和比较正规的场合时使用。其腰宽袖阔，圆领方襟，所以又被称为"大袍"。出家二众在礼佛、诵经时穿大袍，将三衣中之一种披在大袍之外；其余只可穿大袍，不披袈裟。海青是根据隋代以后天子所穿的黄袍稍加修改而成，江苏吴中之地将广袖的衣服称为"海青"，因为僧袍的袖广，所以援引其名。同时，海青更有一些引申的含义，称僧袍为"海青"是取大海的浩瀚深广，能容万物；取大海波浪的飘逸洒脱，自在无碍；取大海色泽青出于蓝，代代更胜，意在鼓励策进，不同凡俗。

海青虽然脱胎于汉服，但是它仍然有一些特别之处。海青的衣领是用三层布片复叠缝制而成，称为"三宝领"；在衣领的前面中段，还缝有53行蓝色线条，称为"善财童子五十三参"。但是，这些说法其实都是穿凿附会之谈，实际上无非是为了加强衣领耐用而已。另外，俗袍的袖口是敞开的，而海青的袖口却是缝合起来的。海青其实应该是比较正规的常服，中国佛教的出家人在举行法会时都会穿海青，所以它更具有法服的意味。

（3）地方特有茶俗茶艺。中国历史悠久，地大物博，各地民俗也多姿多彩。饮茶是华夏子女共同的爱好，各地也把饮茶和民俗紧紧地结合在一起，形成了独具特色的地方特有茶俗茶艺。

如表现江南农村妇女泡茶活动的"江南农家茶"，其服饰应具有江南水乡的特色，以梳愿撮头，扎包头巾，穿拼接衫、拼裆裤、束偏裙、裹卷膀，着绣花鞋为主的传统服饰为主。春秋季服饰上装以拼接衫为主，面料多以花布、土布、深浅士林布为主要基调，色彩对比鲜明，鲜而不艳、艳而不俗；裤多用蓝底白印花布或白底蓝印花布，裤裆用蓝或黑色士林布拼接。腰部的瞩裙长度齐膝，裙搁极细，搁面和裙带上均有不同工艺的花饰，裙外面系上一条小穿腰，穿腰上缝着一个大口袋，穿腰四周及带上绣着各种图案的花纹，这些花纹是服饰中的重要装饰物。愿撮头的梳理也极具特色，以乌黑的头发、硕大的发留、众多的饰品，辅以精美的包头，显示出自己的心灵手巧和端庄秀美。

如表现江南文人雅士品茗活动的"文士茶"（也称"雅士茶"），由古时文人雅士的饮茶习俗整理而来。文士茶的风格以静雅为主，讲究饮茶人士之儒雅、饮茶器具之清雅、饮茶环境之高雅；讲究汤色清、气韵清、心境清，以达到修身养性的最高境界。在文士茶艺表演中，表演者应着江南传统服装，古朴、大方，给人以温文尔雅、端庄大方、清雅朴素的成熟美，将文人雅士追求高雅、不流于俗套的意境恰到好处地展现出来。

如表现客家古老饮茶习俗的"擂茶"，其服饰应选用客家民族服饰。客家成年人的服装基本上以蓝、靛青和黑色为主色调。客家服饰保持了中原宽博及右衽的服饰特点，但也融入了当地少数民族以短窄为上的服饰特点。客家人的服装，无论上衣或是裤子，都保持了宽松肥大的古风，上衣是大襟衫，边斜下开襟，安布纽扣，女装在襟边加一二条绣花边，裤裆深，裤头宽。自制的布鞋，鞋面为黑色，鞋式为宽口船型，不用鞋带，俗称"懒人鞋"。发式为"盘龙头"（俗称"圆头"），把辫子纽起盘结在后脑，像龙盘起扎紧，插上一支"毛锸"即可，显示了客家人外柔内刚、勤劳节俭的性格特征。

如表现洞庭湖待客之道的"姜盐豆子茶"，也均以地方特有服饰和音乐增强其艺术氛围，秉持强烈的民族性、地方性和时代特征，将茶文化地方特色渲染得淋漓尽致。

2. 生活型茶艺表演中服装的选择

老百姓开门七件事：柴、米、油、盐、酱、醋、茶。茶是与人们的生活休戚相关的。生活型茶艺是一种在日常生活中为客人提供泡茶品饮的茶艺方式，在传统生活茶艺的基础上进行加工整理和改良提高，使之规范化，更具有艺术性和观赏性。

生活型茶艺表演主要以中国传统服饰为主，一般是旗袍或对襟衫和长裙。裙子不宜短于膝盖以上10厘米，不能太暴露。袖口不宜过宽，肩膀不宜过紧，注重气派稳重的氛围效果，服装的整体搭配给人以和谐的美感，严肃端庄、美观高雅，能起到烘云托月之效。服饰的选择最好还能与所泡茶品相符合。如冲泡的是绿茶，其特点是叶绿汤清，最好选用白色、绿色等素雅的纯色，而不宜选择红色、紫色等纯度过高的服饰，以达到视觉上的协调。

3. 少数民族茶俗表演中服装的选择

我国茶文化遍及华夏大地，勤劳勇敢的各族同胞兄弟在生产生活中创造了丰富的以茶为中心的物质文明和以茶文化为载体的精神文明，各民族逐渐形成了不同的茶文化和不同的茶技艺。在我国55个少数民族中，除赫哲族人历史上很少吃茶外，其余各民族都有饮茶的习俗。少数民族茶艺表演不仅仅是展现泡茶的技艺，还得讲究布景、配乐和茶具配置，配以民族特有的舞蹈，展示民族独特泡茶方式，把单纯的茶艺表演演绎成一出小型的舞台剧。比如傣族竹筒茶、布朗族青竹茶、基诺族凉拌茶、佤族烤茶、纳西族龙虎斗茶、土家族擂茶、藏族酥油茶、壮族打油茶、侗族青豆茶等，都曾经过编排整理登上舞台表演。其中影响最大的是白族的三道茶表演。中国云南的白族人家，无论是逢年过节、生辰寿诞、男婚女嫁，还是贵客临门，主人都会以"一苦二甜三回味"的三道茶来款待来客。在此基础之上编排整理的三道茶表演，给人们留下了非常深刻的印象，并且已成为云南地区一种特有的接待模式。

我国北方民族喜欢在嫁妆的鞋垫、肚兜上刺绣鸳鸯戏水、喜鹊登梅、凤穿牡丹、富贵白头、并蒂莲、连理枝、蝶恋花及双鱼等民俗图案，以隐喻的形式，将相亲相爱、永结同心、白头到老的纯真爱情注入形象化的视觉语言之中，反映了朴素纯洁的民俗婚姻观。同时，赋予纹样造型以生命的律动，表现大千世界芸芸众生的勃勃生机。而方胜、如意纹、盘长等造型符号和纹样，则反映了广大劳动人民对幸福美好生活的执着追求和真诚期盼，表达了朴素纯真的审美情趣。

色彩是民族服饰视觉情感语义传达的另一个重要元素。民族服饰色彩语义的传达依附于展示媒体，通过视觉被人们认知。不同的色彩其色彩性格不同，作用于人的视觉产生的心理反应和视觉效果也不尽相同，因而具有了冷热、轻重、强弱、刚柔等色彩情调，既可表达安全感、飘逸感、扩张感、沉稳感、兴奋感或沉痛感等情感效应，也可表达纯洁、神圣、热情、吉祥、喜气、神秘、高贵、优美等抽象性的寓意。民族服饰色彩多运用鲜艳亮丽的饱和色，以色块的并置使色彩具有强烈的视觉冲击力和视觉美感，明亮、鲜艳、热烈、奔放，显示出鲜明的色彩对比效果。

少数民族茶俗表演中服装的选择，要根据茶俗表演的主题，紧密结合少数民族服装风格和特色，把多姿多彩的少数民族服饰文化与茶艺表演结合在一起，让少数民族服饰浓郁的民族性、多样性、实用性、区域性璀璨绽放，展示各民族鲜活的个性。

（二）根据茶艺表演者自身体型、肤色、脸型选择服装

适宜的服装在一定程度上会帮助人提升对他人的影响力——这种影响力使得着装者的个性审美情趣被欣赏和肯定，在精神上形成愉悦感。由于这种服装选择行为是与人自身的性格气质等分不开的，包括选择什么样的服装、搭配什么样的饰品等，其选择结果的不同使得最后的着装效果不同。符合潮流的，同时又是适合自身气质的服装就是对个性最好的表达方式之一。

1. 体型与服装的选配

人的体型多种多样，而每个人的体型又各不相同，所以在衣服色彩上

也有不同的选择。如何巧妙地扬长避短，衬托出人体的自然美，是服装的一大任务。服装的色彩对人的视觉有极强的诱惑力，若想让其在着装上得到淋漓尽致的发挥，必须充分了解色彩的特性。比如浅色调和艳丽的色彩有前进感和扩展感，深色调和灰暗的色彩有后退感和收缩感。

（1）体型较为丰满者如何选择服装。体型较为丰满者宜选用富于收缩感的、低明度的冷色调，使人看起来显得瘦一些，产生苗条感。如果穿浅色调，脸上的阴影很淡，人就会显得更加胖了。但是肌体细腻丰腴的女性同样适宜穿亮而暖的色调。如果选择上衣和下装分体式服装，则尽量避免短裙，上衣和下装的比例不要太接近，比例越大越显得修长。以纯色或有立体感的花纹来代替有夸张花色的图案，竖条纹能使胖体型直向拉长，产生修长、苗条的感觉。

（2）体型较为消瘦者如何选择服装。体型较为消瘦者在服装色彩的选择上应采用富有膨胀感和扩张感的淡色或者高明度的暖色调，使人的视觉效果产生放大感，显得丰满一些。若选择清冷的蓝绿色调或高明度的明暖色，会显得单薄、透明、弱不禁风。还可以利用衣料的花色来调节，比如大格子花纹或横条纹，就能使人的视觉效果横向舒展、延伸，变得稍微丰满些。

（3）梨型身材者如何选择服装。梨型身材上身比较瘦，腰部较为纤细，臀部过大，大腿较粗。梨型身材者较为适宜上下分体式服装，上衣应选用白色、粉红色、浅蓝色、浅绿色等明色调，下装应选用黑色、深灰色、咖啡色等暗色调。上下对照，使人的视觉效果更加聚焦上身的纤细，而忽略下身。

（4）苹果型身材者如何选择服装。苹果型身材上身较为圆胖，胸部较为丰满，腰部比较显粗而腿部比较纤细。苹果型身材者选择服装的色调刚好和梨型身材者选择服装的色调相反，上身适宜穿黑色、墨绿色、深咖啡色等深色系的服装，下装宜选用明亮的浅色如白色、米色、浅灰色等。白色长裤搭配深色上衣的视觉效果非常好。

（5）腿部较短者如何选择服装。腿部较短者在选择服装时，上装的色彩和图案应比下装更加鲜艳醒目华丽一些，或者选择统一色调的裙装，也可以增加高度，拉长视觉效果。如果要选择裤装，尽量以暗色调的长裤为宜。

（6）腿部较粗者如何选择服装。腿部较粗者在选择服装时应尽量避免穿紧身的裤子，以免暴露缺点。可选择样式简单的长裙或长裤，尽量把注意力转移至上身，要尽量避免穿靴子、紧身衬衫、大花格子、粗横条纹或背后有口袋的长裤。下装的颜色尽量以明度较低的暗色调为宜。

（7）腰部较粗者如何选择服装。腰部较粗者最好选择具有聚敛视觉效果的深色的上衣如黑色、深咖啡色等，同时束一条与衣服同色或近色的腰带，能够达到细腰的视觉效果。

（8）肩部较窄者如何选择服装。肩部较窄者在选择服装时，上装适宜用浅色或带有横条纹的图案，以增加宽度感；下装适宜用偏深的颜色，更加衬托出肩部的厚实感。

（9）体型较为娇小者如何选择服装。身高在155厘米以下的娇小者，无论是属于哪种体型，由于受到身长的限制，服装的可变化范围相比其他体型者要小得多。体型较为娇小者的服装搭配应以整洁、简明的直线条为主，比如垂直线条的褶裙、直筒长裤，上下身都是同色系列或素色的服装会使身材娇小者显得轻松自然。要尽量避免印花布料、过厚的布料，松松垮垮的衣服，大荷叶边，紧身裤或太多的色彩，以免使人的视觉效果更加收敛。

（10）体型匀称者如何选择服装。体型匀称者选择服装色彩的自由度要大许多，亮而暖的色彩显得俏丽多姿，冷色系和暗色调也可搭配得冷峻迷人，选用流行色彩更加富于时代特色。体型匀称者的服装搭配只需要考虑茶艺表演的主题以及自己肤色适宜的颜色即可。裙装或裤装款式，分体式或连体式皆可。

2. 肤色与服装色彩的选配

人们对服装的第一感觉是色彩，给人留下深刻印象的是色彩，体现民族风格的是色彩，流行趋势的导向也是色彩。歌德说过："一切生物都向往色彩。"色彩是最醒目，最敏锐的。自然界万物的诸多色彩，皆能引起人们不同的心理感受。服装色彩在不同的社会、不同的民族有着不同的看法和审美标准。红色、黄色等暖色调，常使人联想到火、太阳，引起兴奋、热烈、豪放、活泼的情绪反应，象征胜利、富贵、吉祥。蓝色、绿色等冷色调，使人联想到大海、蓝天、草原和森林，给人神秘、宁静，令人遐思的情感。蓝色象征信仰，绿色象征生命。白色则象征虔诚和纯洁。

就人的性格与色彩的关系而言，性格文静的人宜选用素静文雅的冷色，中性灰等色彩的服装更显其文静、庄重；色彩对比强烈、色相明确的服装使得性格开朗的人更加富有活力和俊俏。

肤色分为黄肤色、暗肤色、红肤色和白肤色四大色。在现代这个色彩缤纷的世界里，不是所有的颜色都适合于每一个人的。我们应先了解自己的皮肤，然后再选择适宜的服装。

（1）皮肤黝黑者如何选择服装色彩。皮肤黝黑者适宜穿着暖色调的服装，以白色、浅灰色、浅红色和橙色为主，也可穿纯黑色服装，同时搭配浅杏色、浅蓝色作为辅助色。黄棕色或黄灰色会显得脸色明亮，绿灰色会显得脸色红润，但不宜与湖蓝色、深棕色、墨绿色、深紫色、青色和褐色等搭配。色彩明度高，饱和度也高的服装较为适宜。

（2）皮肤发灰者如何选择服装色彩。皮肤发灰者在选择服装色彩时应把蓝色、绿色、紫罗兰色、灰绿色、灰色、深紫色和黑色定为服装搭配的主色调，而不宜选用白色、粉红色和粉绿色等。

（3）皮肤呈黑红色者如何选择服装色彩。皮肤呈黑红色者可以选择白色、浅黄色或米白等颜色，是肤色和服装色调和谐，要尽量避免穿浅红和浅绿色的服装。

（4）肤色红润者如何选择服装色彩。肤色红润者适合采用微饱和的暖色调作为穿衣的主色调，也可采用浅棕黄色、黑色配以彩色的纹案作为装饰，或者用珍珠色衬托其健美的肤色。紫罗兰色、亮黄色、纯白色和浅色调的绿色以及冷色调的淡色系如浅灰色等也不适宜肤色红润者。

（5）肤色偏红艳者如何选择服装色彩。肤色偏红艳者可以选用浅绿色、墨绿色或桃红色的服装，也可以选择浅色小花纹的服装，给人以健康活泼的感觉。要尽量避免穿鲜艳的绿色、蓝色、紫色或纯红色的服装。

（6）肤色偏黄者如何选择服装色彩。肤色偏黄者要尽量避免穿高亮度的蓝色、紫色等服装，而适合选用暖色调和淡色系的服装，可使肤色显得更富有色彩。

（7）肤色黑黄者如何选择服装色彩。肤色黑黄者可以选用浅色系的混合色，如浅杏色、浅灰色、白色等，以冲淡服装与肤色的对比。要尽量避免选用驼色、绿色和黑色等过重的颜色和黄色调的服装，以免显得人很没有精神，没有生气。

（8）肤色较白者如何选择服装色彩。肤色较白者不宜选用冷色调，会加重突出脸色的苍白。这种肤色一般不太挑服装色彩，可以选用蓝色、黄色、浅橙黄色、淡玫瑰色、浅绿色等浅色调的服装。穿红色的服装可使面部显得更加的红润。另外，也可以选用橙色、黑色和紫罗兰色等。肤色较白者选用高明度色彩的服装显得更加素雅高洁。

（9）肤色白里透红者如何选择服装色彩。白里透红是人类肤色中最自然、健康、美丽的肤色，是上好的肤色，选择服装色彩的范围比较广，选用素淡的色系可以更好地衬托出人的天生丽质。

3. 脸型与服装的选配

脸的五官，可以借用化妆来进行修饰，但是脸型的长短宽窄却不是那么容易用化妆来改变的。最好的办法，就是用服装的衣领来美化。衣领影响脸型最大，更左右着一袭服装的实际效果。

（1）椭圆型：这是最完美理想的脸型，通常称为瓜子脸或蛋型脸，几乎没有什么缺陷，更不需要加以掩饰，因此所有的领子都适合。

（2）倒三角型：类似于心形，上额宽大，下颚窄小，属于理想的脸型之一，所有的领子都适合。

（3）三角型：好像梨形，下颚宽大，上额窄小，适宜以"V"字型的衣领或大敞领，以减少下颚的宽大感，增加上额的宽度感，使脸型看起来更柔和丰腴。

（4）四方型：这种脸型大多属于宽大型，能给人很强的角度感，如果穿着了圆形衣领，反而会更突出宽大的视觉效果。用"U"型衣领可以缓和这种脸型的视觉效果。细长的尖领，小圆领，可增加脸部的柔和感。方形而不显大的脸，很富有个性，应该强调个性美。

（5）长方型：此种脸型可用梳刘海的方法减少其长度感，比较适合船型领、方领和一字领。领口不宜开得太深，否则在视觉上有缩短脸部的作用。

（6）菱型：这种脸型尖锐狭长，其下颚上额皆显狭小，可以利用刘海将上额遮盖住，将两鬓的头发梳得较为蓬松，以增加上额的宽度，使脸型在视觉上接近倒三角型，也就可以选择多种衣领了。

（7）圆型：圆脸型显得宽大、饱满，应该适当增加长度感，以减少圆的感觉。以"V"字型的领口来缓和最为恰当。穿圆领口时，领口需大于脸型，以视觉上的错觉来使脸型显得较小。大圆脸一定要避免穿紧贴脖子的衣领，领口要低些，且不能过于狭小。矮瘦娇小的圆脸型的人，衣领不能太过于宽大，大小应与脸型比例协调。

（三）茶艺表演者的妆容与配饰

在茶事活动中，茶艺表演者可着淡妆，但不能浓妆艳抹，脸部和手部应以显示白净为主。指甲必须修剪平整，切忌涂抹指甲油。眉和唇可作淡淡的勾画，做到似画非画较为合适。浓妆艳抹有悖于茶文化清新脱俗的韵味，显得俗气，且会给欣赏者造成缺少文化修养的不良印象。我们只需要保持清新健康的肤色，并在整个茶事活动中面部表情要平和，始终保持微笑。手上不宜佩戴手表、首饰，也不能染发。

第十三章　茶席设计作品赏析

一、茶席在艺术中
——2010杭州·国际茶席展作品赏析

在方寸的茶席通往天地自然的路上，我们精心营造了一个茶文化艺术空间。

2010杭州·国际茶席展，我们将近40个来自五湖四海的茶席纳入同一个艺术空间之中，每个茶席仿佛都将各自国家的文化收纳在杯盏之间。茶文化的空间由小到大、由微观到宏观、由器入道，既如《盗梦空间》层层递进，又如英国哲学家罗素所说的"错落有致之美"。

人类从林下的篝火旁进入博物馆，从山体岩石上的描刻进入美术馆，从山野间的歌唱进入音乐厅。进入室内空间往往是人类的智慧与美被高度凝结的标志。茶席设计作品作为艺术品，在审美上就应该具备艺术品的品相与格调。一切视听配置——包括展览招贴、展厅导视系统、灯光、专业展陈设施、音乐等——都在同一个室内的空间同时作用于茶席，于是"茶文化空间凝练了茶文化的美与道"。

此次茶席展国际参展队伍分别来自日本中国茶讲师协会、韩国青茶道研究院、新加坡留香茶道、印度尼西亚棉兰茶艺联谊会和意大利布雷西亚LABA美术学院。

国内参展队伍分别来自我国澳门特区澳门中华茶道会、浙江农林大学茶文化学院、浙江大学茶学系、浙江树人大学、安徽农业大学、南昌大学大学生茶艺队、江西工业贸易职业技术学院茗馨茶艺表演队、杭州绿城育华学校、杭州·中国茶都品牌促进会、临安市茶文化研究会等。

由此进入视觉的盛宴，纵览本次茶席展的艺术世界。

（一）新加坡茶席——田园夜晚的宁静

李自强先生的茶席设计强调"主题与概念""颜色的协调"以及"主次的分明"。《田园乐》表现了田园宁静的夜晚，玻璃盘象征池塘，内中漂浮着以蜡烛点出的花朵、嫩绿的茶叶，五色的玻璃珠正是满天星辰的倒影。盘下的斜线条象征着池塘边寂静无声的芦苇。在视觉构成上，点、线、面的运用十分到位。

铺上纯黑色的桌铺让人感到夜色的苍茫与寂寥，反而因寂静产生安定感。大面积的黑色在一个茶席上的运用是需要功力的，倘若处理稍有不妥便使得视觉效果压抑、沉闷，然而《田园乐》却将黑色运用得极为灵巧。这恐怕正是"颜色的协调"与"主次的分明"带来的妙处了，正由于处于中心地位的茶盏的高白与那"池塘"的清澈透亮，配上展厅射灯照映下的亮丽感，让设计者要表现的田园夜晚有了空灵的美感。作为茶席主体的高白茶盏被准确无误地衬托出来，仿佛一轮皓月。

这些视觉上的元素最终是为一个主题服务的，并且在主题的背后是设计者所要表达的某种概念。这也是李自强先生强调的"主题与概念"是茶席设计的灵魂。实际上茶席作为艺术，就是在表现设计者对世界和生命的理解。窃以为《田园乐》的主题已经够明确了，正是田园生活的宁静与乐趣，而这个主题的背后似乎有着更深厚的意味，那就是日常生活中的平凡器用皆有其美，只要运用得当，都可以进入茶席的审美领域。这正是平凡生活中的大美情怀。

（二）韩国茶席——无限精美的可能

韩国的两席茶席给人的第一反应是惊艳，而惊艳源于无限精美的可能。韩国的茶席设计师们追求优美的茶席，令我感觉到有一种母性的美感与细腻度，同时还透出重礼的儒学思想。

除了注重主题、茶器、铺垫这些重要元素之外，对茶巾、传统服饰、装饰物、茶食、挂画、插花都一丝不苟，极尽精美之能事。

韩国茶席还提出了"五个调和"：

一是色彩的调和——铺垫、茶巾、茶具、服饰等的色彩必须调和。

二是茶具的调和——茶具和茶具的大小、光泽应相互协调。

三是装饰物的作用——布置能凸显茶席意境的装饰物。

四是空间的留白——利用空间的留白达到整体的和谐。

五是自身的哲学——设计能很好地表达自身心灵的茶席。

她们通过茶席所要追求的意境正是神圣、真心、清净、美丽和品位。

《晚秋香气茶》表现的意境是：当落叶飘零的时候，秋意渐浓。不知何故，内心总是迷恋那一盏暖暖的香茗。用温暖的心备下与这个季节相调和的黑釉金扣茶具，还有秋天益饮的暖茶，待君前来，共同品味深秋的那一丝香气。

品茶时分，不诽谤他人，不商谈生意，也不谈论政治，只是静静地用纯净的心灵去感受高尚的茶品，来正视自己，反省自己。品茶的流程就是对心灵的一次洗礼，在这个流程中能够体会到生活中的秩序和礼仪。仔细体会茶席的各个构成要素就会知道茶席是一种综合艺术。

当您为某个人准备茶席的时候，真正的茶人会感受到自己内心的愉悦。因为这是用真诚的心来准备的神圣的、纯净的、美好的、有品位的礼物。茶可以将人引入美好的境界，如同优秀的音乐、感人的诗篇、优美的文字一样，纯净的茶也有同样的力量，所以说茶的境界是幸福的。茶中蕴含的哲理是用"一其心志"的心灵在美好的茶生活中重新审视自己，发现自我。

《母心房药茶》这个茶席的主题旨在找回茶的本来面目，给患病的客人提供健康。最初茶是作为药来使用的。现代人的生活中享乐主义的盛行，使得茶本来的意义已经渐行渐远。

茶具是为体型较胖，支气管较弱的客人准备的。用对支气管有益的五味子做的米糕和羊羹作为茶点。挂画旨在营造温暖的、有安全感的氛围，不要有冰冷的感觉。选择让人神清气爽的单纯的山水画。案上的铺垫选择象征茶花花样的织物。茶巾上要有耀眼的白茶花的图案。准备了让人心平气和，头脑清醒的在春天人工采摘制作的雨前绿茶。水是在合金水桶里放置一天后没有重金属的水。插花的意境在于象征天人合一，与灵魂息息相通，与自然和谐相生。

《母心房药茶》表现的意境是：母亲对子女的爱是无条件的，无穷无尽的。当我们怀着这样的母爱奉茶的时候能让所有的人感到幸福。冲泡茶叶时对方方面面的细节用心设计的心意也揭示了人生的哲理。冲泡出具有清透的茶香，纯净幽远的汤色，不苦、不涩也不很甜的茶味，才是优秀的茶人。如同正确地泡茶一样，我们做人也应该不偏不斜，堂堂正正。共品一杯香茗，能让我们感知简朴谦逊，分享关爱，积德善行，修身养性。在茶席中蕴藏着礼仪、文化和传统，融合了文学、绘画、书法、插花、音乐、工艺等艺术。茶是创造美好人生的精神文化之一，用平和的心境营造唯吾知足的意境。

（三）印度尼西亚茶席——茶席对血脉的思念

洪华强先生设计的《千岛茶香飘》一席可看到印尼华人以茶感念血脉之情，饱含了对中华文化的认同感与归属感。他说"中华茶文化源远流长，当年跟着我们南来的祖先飘到印度尼西亚这千岛之国"，又在邮件中提到"十几年前印度尼西亚还不可通用华文，当时我们会徽设计只能以图案化的'茶'字表达理想"，其中对熔铸在血脉深处文化的追求之艰辛可见一斑！

茶席采用插花、火炉、茶壶、茶杯、茶罐、扇子、茶点多种元素表现主题。

插花的花材选用印度尼西亚原始森林资源的野生兰，花卉姿态构思了自然、文化的艺术空间。

火炉正是照着陆羽《茶经》中所描绘的"风炉"亲手所铸。古鼎形，三足两耳，不锈钢制造。三足之间，设三窗，为通风兴火。底一窗，为通炭灰之所。八卦中有三卦：巽卦、离卦、坎卦。"巽"主风，"离"主火，"坎"主水，风能兴火，火能熟水。

贡局朱泥提梁壶，呈现了紫砂壶艺的实用性与艺术之美。

茶杯是景德镇手绘青龙瓷器与杯内的龙珠遥相呼应，升华了品尝茶汤的情趣。

茶点用福州脱胎漆器盘与美味的印度尼西亚特色酥饼糕点搭配，丰富了品茶谈心的情趣。

茶罐用的是景德镇的绿底粉彩，充满了民窑器的小巧与精致。

茶则、茶匙、茶盂都是泡茶实用器材，是出访品茗，方便携带的茶具配套。

扇子、茶巾、铺垫都是印度尼西亚民族的蜡染手织，融合了当地民族风情与中华文化的和谐之美。

茶席所选茶品是中国勐海班章普洱青饼。"水为茶之母，器乃茶之父。"普洱茶以生铁壶煮水冲泡，汤色深棕明亮，茶香袅袅。茶汤醇厚，入口回甘，相约三五好友，品茗、话壶，乃人生一大赏心乐事也！而生为千岛的炎黄子孙，品茶之外，对中华茶文化的热爱，有着传承与发扬的一份使命感！

（四）日本茶席——极致处的风景

日本文化无不有极致之美，特别是茶道更是一种典型。犹如岛国之风，犹如樱花烂漫，朝生暮死之间的哀婉审美，自然不会有中国文人的"闲多反笑野云忙"。日本茶道、茶席在不断走向极致审美风景的路上是带有一种神圣的严肃，一丝不苟、孜孜以求，没有其他民族文化中的"谈笑风生"。所以日本茶席在审美上确实走到极深刻的所在。很像妙玉，有精神洁癖，"太高人愈妒，过洁世同嫌"。也正是这种极致处的风景对茶席审美的探索无疑有重大的贡献。

和风茶席《茶之路·茶之心·献茶之旅》是对把茶从中国带往日本的高僧的感怀。泡的是日本的抹茶，香味微甜，茶的味道能够让人在鲜嫩的绿色中品尝到柔和的微甜。想要表现的感觉是献茶——表达对拼上自己的性命千辛万苦渡海带回茶叶僧侣们的感激之情。

预定使用的茶具（包括了小道具）：桌布、桌角、脚垫、长板、茶碗、茶勺、茶刷、枣形罐、水罐、煮水器、茶巾、花瓶、花。

想要表现出僧侣们诚心向佛的印象，拒绝华丽的装饰，而改为清雅装扮的茶室。"茶之路·茶之心"首先想要表现的是历史上茶远渡大洋来到日本的历史。其次想要描绘的是最初带回茶的日本僧侣们和中国僧侣们身上所穿着的僧衣的颜色。黄色代表的是中国，黑色代表的是日本。接着，是要表达能慎重地接纳茶水和茶杯的敬意，因为这是代表了在西方净土上神圣的佛祖。纯白色象征的是西方乐土，金色的长板则是神圣的代表。

最后，茶对日本人的心灵有着不可取代的重要影响，作为精神修行的茶道发展，也是想要表现的感情之一。

设计者对中国历史有研究，能够体悟到历史的厚重，并且有着深深的敬畏之心，又用简约的色块和干净的线条把这份内涵表现出来。

和风茶席《富士山祭奠》是以鲜亮的色彩来表现日本人的宗教观念。在日本神佛不分，这一席的设计者是对神佛世界有特殊的兴趣。桌铺是带有浓烈日本浮世绘图案的两座富士山，在富士山之上的云中，实际上也就是神界的所在，就是泡茶之处。土铃为铸物，手桶、茶海、盆、茶壶、茶杯、茶夹与茶匙等各种茶具一律用鲜亮的日式朱红色。

在中心地位的茶壶更被托高，托盘形状正是神界孙悟空脚下的"筋斗云"，将视觉中心的主体茶器真正烘托得所谓"神气"活现。背景有一个"祭"字，表现了《富士山祭奠》是通过一套日式的茶道祭礼来表达对富士山上的众神的虔诚、敬畏和向往之情。

中国风茶席《茶禅一味，步步清风》所用茶品是采摘自生长于台湾梨山（海拔2500米以上）的梨山乌龙茶，有清爽的花香，芳醇的甘甜味。欲图表现身处林间、清风拂面的清爽之感。

使用的茶具（含小道具）为：茶帘（用作桌布）、茶船、茶则、茶缶、盖置、急须、茶海、茶杯、挂轴、盆栽（预定）。

　　自茶道诞生之日起，茶与禅就有着不解之缘。用心招待客人，有礼貌地喝茶。茶文化发源以来，借由一杯清茶，人与人得以在茫茫人海中邂逅、相识、融洽相处。茶逢知己千杯少，壶中共投一片心。缘由茶生，惺惺相惜，进一步加深了丰富的人际关系。茶的世界，可使人重归心灵原点；品茶之道，可教人为人处世之道。由此，品茶开拓的正是一条通往禅悟世界的道路。如此能使人心重归原点的禅悟世界，将以茶席的形式予以表现。

　　日本的中国茶道家通过这一席欲图表现的感觉是：禅悟世界，无需烦琐冗余。正如"知足"二字，一切不必要的浮华绝非理应追逐的目标。摒弃一切多余装饰，宛如"重归心灵原点"的理念，茶席设计执着于至纯至简。挂轴上书"步步清风"四字禅语，表明参禅悟道的尽头，等待禅悟者的并非红尘的纸醉金迷，而是清爽地拂面而过、令人心旷神怡的阵阵清风。届时禅悟者身处的，既是一个静谧安详的地方，更是一个平稳和谐的世界。表现如此宁静祥和的禅悟世界，正是此茶席设计的主旨。

　　中国风茶席《白居易〈菊花〉》走入中国古典诗境之美。所用茶品为杭白菊（胎菊），温婉的芳香，甘醇祥和的口感，表现的是白居易咏菊诗的意境。以具象的茶席艺术来解读抽象的中国伟大诗人的诗境并非易事。

　　　一夜新霜著瓦轻，芭蕉新折败荷倾。
　　　耐寒唯有东篱菊，金粟初开晓更清。

　　倍感丝丝秋凉的夜晚，砖瓦上覆着薄薄一层白霜，芭蕉早已枯折，莲叶破败倾倒。如此萧瑟景象，唯有金珠般的秋菊沐浴着晨光，迎寒绽放。晶莹的露珠滴落在东篱之菊的花瓣上，使深秋的黎明更显清新。以茶为喻，借白居易的名诗《咏菊》所表之意象，将采菊为茶的情景还原于桌面之上。

　　使用的茶具（含小道具）为：煮茶器、茶杯、茶托、水盂、茶匙、盖置、茶海、桌布、桌铺、生菊、书法（芭蕉纸）、用于放置备长炭的器具。桌心布采用了娇小的菊花清新绽放的印象，以"菊"为核心进行配置。白色的桌布、茶器、茶壶、煮茶器则暗喻晚秋的薄霜。挂轴的素材使用了产自冲绳的芭蕉纸（以此比喻主题中枯折的芭蕉叶），其色泽也用于表现秋菊的金黄，并用丝绸装裱。2010年，是造纸技术传入日本1400周年的纪念之年。设计师愿以两国传颂的诗词相结合的茶席，以有着"全世界的伟大栽培家"之称的中国人制作的优质花茶——产自浙江省的杭白菊，辅以琉球纸（意指芭蕉纸或唐代文人们用以代替纸张的芭蕉叶）表现白居易的咏菊之诗，彰显中日两国美学的融合。

西洋风茶席《日月红》所用茶品是日月潭老枞红茶，略带香甜的芳香，有柔和的甜味，是让人觉得心情舒畅、精神为之一振的红茶。以30～40年前野生的阿萨姆的种子为原料做成的老枞红茶，有着柔和值得品味的深度。透过这一席想要让大家品味到在日本明治时期，带着该地最传统原始的红茶的奥妙，能够体会到日本最本质的茶室的感受。

使用的茶具（含小道具）为：白瓷花边盖碗、白色冷却垫、菊花花纹茶杯、茶托、锡水罐、银瓶、涂漆的茶则和茶勺、透明的树脂板、山苔盆栽。所沏之茶是日本日月潭最早引进的红茶。茶具虽然多使用日本的器具，但是也想要表现其现代感的一面。

日月潭的"潭"是湖的象征。用树脂制成的茶具，让人联想到清澈的湖水。而最终是要让每一个人都能够在茶席上静心体会东洋的现代主义和日月潭著名的旅馆THE LARU的时尚感。

这一茶席还将日本园林的空寂之美表现到桌面上来，东西方的美结合得不露痕迹。

西洋风茶席《月之湖》所选茶品是东方美人，茶的香味中略带平静之感，口感反而略浓。欲表现的是貌似表情波澜不惊，气质平静端庄，甚至给人以凛然之感的东方美人所具有的形象。值得注意的是，茶席欲图表现的并非是其华美的一面，而是那种平静端庄的感觉。可巧这一席的设计者正是富有此种气质的日式东方美人。

使用的茶具（含小道具）为：茶海、茶杯5个、圆盆（包金箔）、茶荷、茶缸、茶匙、茶巾、水、桌布2张。

这是一席动态的茶席，将茶席与花样滑冰和西洋音乐交融一体。

月圆花好时，一轮银盘投射于夜幕笼罩下的湖面。一叶扁舟摇曳于粼粼波光之中，逐渐接近湖心似真似幻的月影，最终逾越真实与虚幻的境界，抵达月之世界。茶席所表现的，即是如此略带故事性的意象。

包金箔的圆盆下的深青色桌布象征夜幕笼罩下的湖面，浅蓝色的桌布意指月白风清的夜空。金箔盆代表湖面上满月的倒影，室内的射灯则用以充当夜空中真实的明月。不过湖中的月影是意象表现的主体。托盘中的茶杯中途改变了画面构成，最终心形的公道杯成为泛舟湖面月影（金箔托盘）中的一叶扁舟。

本茶席最初的主体是"月与舟的嬉戏"，整体氛围如同童话故事般熠熠生辉。然而，时隔四年后，设计者对茶艺的思考以及自身的生活方式、人生哲学已经发生了变化。故而在这次的设计中，"舟"的职责是"泛波月影，使之变化"。无论怎样的风拂过湖面，无论摇曳的湖面让月影产生何种变化，粼粼波光依旧会归于宁静，继续与高悬空中的银盘交相辉映。

这一茶席的唯美意象，伴随的是音乐家德彪西的《月光》，跳出了花好月圆夜的魅力边框，折射出月夜下的阴暗以及宁谧中孤独、悲伤的另一面。设计者更配上了自己创作的诗作，译录在此：

我不会流逝

永在那一片夜空中熠熠生辉

激昂的豪雨

试图用夜空的墨色将我浸染

我以恬静的光辉

拭去雨水的泼墨

小丑的笑容下隐藏悲伤

如今依旧戏谑，惹人唏嘘

凝望荡漾水面的月影

我与你 吾与尔

在水一方

茶杯的移动和着音乐与诗有一个运动的过程：（1）明月东升，湖面静如明镜的状态。（若以花样滑冰进行表现，此时选手站在冰场中心静待乐曲声响起。）（2）波光渐起，湖面开始摇曳。（此时选手开始平静地滑行。）（3）流光溢彩，波纹变换着多彩的形态，映射湖中的明月的表情似乎也发生了变化。小舟逐渐靠近。（选手此时正在做腾空转体等花样动作。）（4）船行皓月，短暂的波光过后，湖面再度回归明镜一般的静谧。（此时是高潮，跳向中心的转体过渡的状态。）

作为印象派音乐的鼻祖，德彪西的音乐作品可称是名符其实的"音画"。王维的诗是"诗中有画，画中有诗"。借此喻，德彪西的作品可谓"曲中有画，画中有曲"。曲是流动的时空，画是凝固的瞬景。在他的音乐里，月光如水般倾泻，缓缓流淌，充盈整个空间。德彪西的音符散而不乱，像是溢出的水银在地板或是台阶上走走停停。如果贝多芬的月光是静的，是月光下流淌的故事，那么德彪西的月光就是动的，正是月光本身。以这样有画面感的钢琴曲泡茶，无疑是很高的精神享受。

（五）中国澳门茶席——透出生活的茶之美

澳门同胞设计的茶席充满了对生活的热爱，各种题材表现了他们各式各样的生活情趣。虽然参展的人数最多，茶席数也最多，但是统一、高效，在审美上让人感觉节奏轻快。

澳门中华茶道会的罗庆江提出："茶席设计，是以茶为中心、以方便泡饮为原则，在色彩、造型、空间等渗入美学元素，使之成为充满美感的艺术作品以传情达意。艺术，是通过塑造形象具体地反映生活，表达作者的思想感情，传达美感，使人觉得和悦舒畅。"

茶席，可以设在桌上，但桌面的大小往往局限了创意的发挥。所以，澳门的茶席全部席地铺设，在空间上并不多占有，但给人开阔之感。以下是参展各席简介：

《乐》。茶品采用岩茶，其丰满浓厚的滋味，正好表现出收成时的丰盛美满。以蔬果形状及色彩的茶具表现出丰收的感觉。以茶具表现出农民们于丰收期间的喜悦。辛劳过后聚在一起，泡一碗茶，闲话家常。

《好梦莲眠》。岩茶香气隽永，就如童梦般令人回味无穷。以五彩茶具配以茶巾，形式缤纷。表现童梦是充满色彩和欢欣的感觉。

《夜读》。茶品选用红茶，浓厚香醇，略带刺激。寓意求取知识，就如在"刺激"中寻得"香醇"。处于幽雅安逸、夜阑人静之境，最宜于品茗中寻求浩瀚的知识。其中的愉悦谁能共享？

《春天气氛 spring-feel》。茶品选用绿茶，其清新的香气带出春天的勃勃生机。草绿的席中配上如花一样的茶具，表达出充满希望的春天气息。

《泉》。茶品选用台湾乌龙茶，活跃流畅。茶具采用蓝白黑配搭，表现出清泉、流水、河石的山泉景色。

《水墨成趣》。用普洱的醇厚回甘来表现中国水墨画和东西文化交融的远厚深大。茶具选用黑白颜色对比，表现水墨交融的情趣。

《夕阳》。高山乌龙茶有如夕阳，余韵绵绵，依依不舍。选用充满自然美的手绘陶茶具，表现夕阳余晖，依恋迷人的景象。

《感恩》。采用素净洁白的茶具与具有层次感的咖啡色席巾。以朴实无华的茶席及平和甘醇的茶汤思念外婆。

《水王·鎏金》。玫瑰花茶的馥郁甘甜令人热烈奔放。茶具选用玻璃茶具与彩色茶巾，表现活力充沛、满怀希望的情怀。是为冲泡玫瑰乌龙茶而设计的。"水王"即是玻璃。玻璃茶具几乎隐形，所以需要一条色彩浓重的席巾将茶具显露出来。设计者找来一条如彩虹般艳丽的环纹手染布作垫，再以黑色布作粗阔边框把艳丽脱跳的颜色压住，效果恰到好处。如果没有框边，茶席就有崩溃的感觉。又如果用横条纹，就会显得呆板而狭窄。环纹正好形成动线，杯子放在此动线上，流畅自然，加强了视觉效果。设计者以三角形的玻璃缸将盖碗垫高，又稍离开彩布与对面的杯子相互呼应形成稳定的焦点，运用了"破调"的艺术手法，出人意料。玻璃煮水炉里放了黄色干花，留住了观众的视线。更值得大家注意的是设计者插了一瓶如彩虹一样奔放的鲜花，它的体积补充了因为煮水具放到了右边去的空虚，视觉上保持了平衡。

《闻茶"喜"舞》。所用蓝色席巾，令人有安稳清静之感。圆炉、圆壶、圆杯、圆罐，几个圆点排成两条线，却出乎意料的相交，聚合在茶罐之上，又形成了一个面，组成了茶事活动的区域。点、线、面运用的潇洒流畅，半个杯子冲出席巾之外，又是"破调"手法的运用。一套多色的杯子，虽然色彩活泼亮丽，但若摆放不当，却会成败笔。设计者能掌握色彩的特性，使茶席有韵律的跳动起来。三个红点（壶承、茶罐、最前面的杯子）组成的三角形正是主泡器（茶壶）、茶罐与茶杯这三件重要的茶具，主次分明。如若红色杯子错放位置，那就大打折扣了。该茶席的精彩不止是设计手法的恰当运用，更是因为生活的情趣"意趣横生"。那把绿泥紫砂壶顶坐着一只蓄势欲跳的小兔，席巾之上成百上千的蜻蜓正在舞动，一把火红的刺桐花飞脱了少许，好一个令人喜悦的初夏终于来临了。

在无数生活情趣与感悟之后，茶席《道》是高于日常生活，进入哲理冥想的境界了。这一席的茶品是陈年普洱，通过陈年普洱茶的滋味表现宏大深远的意味。阴阳的黑白二元之色，编织出一个半开放的茶席空间，在其中冲泡，正是在天圆地方之中。所用茶碗是金木水火土五行之色。枯衰之感让人感到万念俱灰的宁静，而其后又有一丛百合怒放，尽力吐出生命之美，一枯一荣之间表现出清静无为、返璞归真、天人合一的精神。

（六）人以纯粹审美的方式进入茶席

窃以为在组成茶席的几大要素之中，要有人本身，人的服装、面貌、姿态、气质都直接进入审美成为茶席不可分割的一部分。南昌大学大学生茶艺队的作品《浔阳遗韵》正是鲜活的证明。

作品有感于陈逸飞先生的传世名画《浔阳遗韵》而创作。此画的意境又出自白居易的《琵琶行》，"浔阳江头夜送客，枫叶荻花秋瑟瑟"。浔阳城，古时是对于江西九江的称谓。"匡庐绝顶，产茶在云雾蒸蔚中，极有胜韵。"这是古人对于庐山云雾茶的由衷赞叹。茶席中，六位婉约、美丽的女子，十二件青花素瓷茶具，勾勒出一幅回味悠长的画卷……

三位女子围桌而坐，既是侍茶之人，又成一道风景。右侧另有三位女子，那就是塑造画面，纯为审美了。一正两侧，右侧正面者手执素绸牡丹团扇，面容清秀，目光恬静，略带忧郁，凝视左侧吹弹者，想必随着乐声

287

陶醉在深深回忆之中。左侧居前者手执长箫，低眉吹奏；居后者，手抱琵琶，轻抹慢挑，目光与右侧女子相应。三人身着旗袍，右侧为花青色，左前者为绛紫色，左后者为明黄色，袍面花纹繁复，不能详尽。这茶席略带伤感，给人遐想无尽。白居易《琵琶行》中诗句的意境呼之欲出："低眉信手续续弹，说尽心中无限事……我闻琵琶已叹息，又闻此语重唧唧。同是天涯沦落人，相逢何必曾相识。"

南昌大学齐玲玲女士对茶席设计提出的观点是："用一种最简朴或者最精细抑或是最雅致的方式，叙说茶的故事。"

动态的茶席《新娘茶》，表现的是江西婺源的一种婚礼习俗，把在婺源当地从第一天的花轿入门到第二天的给公公婆婆奉茶，在五六分钟的时间内表现出来，让婚礼喜庆气氛更加浓郁。新娘在泡茶过程中，还加入了一些与新郎的小动作，表现出一对新人的恩爱与甜蜜。泡的茶是冰糖桂花茶，将其甜蜜富贵、吉祥如意的祝福一直传递下去。

（七）诗意与哲理的茶席

对于茶席设计的题材，有的具象，有的抽象，笔者以为抽象的题材总是比具象的题材更难表现。尤其难以把握的就是表现诗意和表现哲理，因为大象无形，只可意会不可言传。这首先要求设计者本身对诗意与哲理有自己的感悟与认识，其次又要通过更高一些的审美眼光与艺术技巧。即便如此，要达到诗意与哲理的准确更非朝夕之间的事情。

1. 表现诗意

《茶韵书香》表现的是"茶韵书香，相得益彰"的诗意。饮茶讲究清、幽、静、雅的环境，而这种环境最宜阅书写作。一卷在手，清茶相伴，细啜慢饮，在茶香水汽蒸腾之间，我们更可借助茶兴，抓住灵感，将它按于纸上，放飞思绪；当我们俗事缠身，身心疲惫时，偷得浮生半日闲，还原一个真实的自我。烹茶煮茗，与友倾谈，吟诗作赋，那是怎样的惬意。一撮清茗置于泥土烧白、绘彩青丽的瓷盅中，冲泡出江南的古香。一壶清茶悠然香，君子爱书，亦爱茶。

《寒夜客来》表现的是"寒夜客来茶当酒"的诗意。寒夜有客来访，饮下一杯温暖的祁红，将心中的积郁全都释放在主客闲聊之中。偶一抬头，是映在窗扇的梅花，那月色就此不同。茶作为一种物质，最重要的也许不是人强加给它的神性，而是它的本性。饮茶可以益思提神，强身健体，喝茶聊天，让人成长和收获的都是人与人的相处，或人与自己的相处。太过高高在上的符号或许美丽，却无法企及。因此，在这个茶席中想要表现这样普通的宁静和谐。这个茶席就可以出现在任何地方，坐在茶席上的人可以是任何人。放弃意念中寻求超脱的内容，回归生活也许才是最终的结局。

《荷》表现苏轼"欲把西湖比西子，淡妆浓抹总相宜"的诗意。西子湖畔的这十里荷花，便是西湖最素雅最精致的妆容。卓然挺立在风雨中的荷，风情傲骨中又透着柔美明艳，自有一派清远的标致与神韵。碧叶红花丛中，一杯香气四溢的西湖龙井，西湖美景，就这样落在了你的身边。

《秋茗》表现"春尖品饮一杯少，三碗搜肠味自芳"的诗意。茶性温和的普洱茶，滋味平淡，香气低沉。普洱茶有浓郁的沉着，也有醇厚的雅致，一如秋给我们的感受，苍老、凝重。菊花性寒、味甘，以菊花入普洱茶，能破其陈、益其香、滋其味、化其俗，于养生也大有裨益。菊花点缀了普洱茶，也点缀了秋，平添几分生机、轻盈。秋日，手执一杯香茗，对着窗外花丛，乐在其中。

2. 表现哲理

《禅茶一味》。中华文化源远流长，佛道儒三家延绵不绝，相互渗透，相互激扬，形成了炎黄子孙特有的精神追求与心灵皈依。或寂静安稳，平和至极；或飘然洒脱，清明虚静；或精行俭德，刻苦求远。而茶，以其空灵悠远之味，宁静祥和之饮，与佛家、道家及文人雅士心中所求的至境相契合。故有以茶悟禅、禅茶一味之说，即以茶为引，臻至心中至境。

《太极茶韵》。茶品选用普洱茶和胎菊的搭配，给人以一种和谐、调和的感觉，喝的人的心情也会变得安定；又有阴阳调和的意思，表示了道家的主题思想中崇尚自然、返璞归真，强调人与自然之间、人与人之间的和谐关系。茶具选用了黑瓷和白瓷的主泡器，黑色白色两个杯子。主泡器型似公道杯，在茶艺表演上能使用盖碗泡法的动作，出水的部分有挡住茶叶流出的网状物，以确保茶汤的净度；也在突出主题所要表达的对比差异的同时体现了一种和谐美。茶具本身使用陶土器，又能给人一种朴实自然、返璞归真的古朴之美。

（八）茶席作为强烈的地域文化符号

茶席一方面作为审美对象，有其艺术化的一面；另一方面也应该为现实服务。艺术与美理应创造价值。此次参展的茶席中就有不少是结合了地域性的茶文化来设计茶席的，通过茶席来凝练出有当地特色的茶文化与茶产品。这也给出了启示，正是茶席设计未来发展的一个前景。

江西工业贸易职业技术学院茗馨茶艺表演队的茶席《晓起皇菊黄》，正是让茶文化通过艺术的方式具备这种功能的典范。

整套茶席的设计以晓起村秋天皇菊收获的季节为背景，结合唐代诗人皎然的诗句，表现秋季重阳节当天菊园中采摘、收获、品茶时的热闹美景。

茶具组合全选用玻璃杯，透明的色泽更能体现出皇菊的汤色、外形以及皇菊在水中慢慢舒展的姿态。"华清玉女舞霓裳，倩影舒眉默吐芳。"青绿色的雪纱像是那青青的山野，包裹着金灿灿的皇菊花。

细细观赏时，花瓣纤细、颜色亮丽，好似那张扬的青春、蓬勃的生机和皇菊坚强的品格；细细品尝时，淡淡的清香沁人心脾，犹如微风送过，静坐在晓起村，远山峦峦，瞬时没入了菊园。

《爱情西湖》是围绕杭州的龙井茶展开的设计。所用茶品正是明前西湖龙井，青瓷系列的茶具也是专为冲泡龙井茶所设计。

有人说，西湖就是一杯茶，西湖十景则是摇曳其中的片片茶叶。此茶席将这一比喻设计其中，玉般的青瓷，配以上好的明前龙井。茶席上两组茶具在瓷板上的排列犹如西子湖上浅浅的两抹长堤，一如白居易的唐诗，一如苏东坡的宋词。再看那瘦长瓷板上所描绘的正是"疏影横斜"的梅花，那象征孤山上林处士的梅妻鹤子。赏茶盒下的是白娘子与许仙相会的断桥。低低的花插中一枝折柳，点出了柳浪闻莺中的耳鬓厮磨。每件茶器的荷叶边有似满池的曲院风荷。三只品茗杯底各生一圆钮，暗合了三潭印月。那茶盘中描绘的才子佳人虽不知姓名，却逃不过《西湖佳话》之类上演的爱情故事。西湖的茶与爱情品了几千年，依然缠绵。

《陌上花开》既是一种意境也是一个典故，意境是春天来了，田野上的鲜花都开放了，是一种祥和、富足、安定的意境。作为典故，则要说到钱王了。

临安是吴越王钱镠的故乡，他的原配夫人王妃戴氏，是临安（当时称衣锦军）横溪郎碧村的一个农家姑娘。戴氏是乡里出了名的贤淑之女，嫁给钱镠之后，跟随钱镠南征北战，终成一国之母。思乡情切，年年春天她都要回娘家住上一段时间。钱镠最爱这个糟糠之妻，一次他在杭州料理政事，一日走出宫门，却见凤凰山脚，西湖堤岸已是桃红柳绿，万紫千红，想到与戴氏夫人多日不见，不免又生出几分思念。回到宫中，提笔写下"陌上花开，可缓缓归矣"九个字，平实温馨，情愫尤重，让戴妃当即落下两行珠泪。此事传开，一时成为佳话。世人只知钱王枭雄的武功，却不知还有这段佳话。清代学者王士祯曾说："'陌上花开，可缓缓归矣'二语艳称千古。"

到北宋熙宁年间，苏东坡任杭州通判。英雄相惜，对钱镠敬佩有加，曾书《表忠观记》碑文，高度评价钱镠之功绩。苏东坡喜欢走动，也常来临安，听到里人《陌上花》歌后，颇有感触，便写下了三首《陌上花》诗。

杭州九溪十八涧附近的林海亭，石柱上镌刻了这样一联：小住为佳，且吃了赵州茶去；曰归可缓，试同歌陌上花来。于是这一典故与茶文化结合在了一起。

临安，在吴越钱王之时已是3000多平方公里的绿色家园，绵延至今已入首批"国家森林生态城市"。基于此，"陌上花开"茶席设计以钱王佳话为背景，体现临安本土的茶文化。所选茶品为"天目青顶"，茶具是"天目盏"，其他所用物品及文化载体也都源于临安本土。茶席尤其以茶食为特色，如临安最具代表性的山核桃、白果、笋丝、小香薯、青豆、花生、豆腐干等。以古朴的八仙桌和临安市树银杏的树叶做铺垫。席间有一份历史的厚重感，又有一份山水和乡野的灵秀清新之感。

（九）从经典中走来

中国人的经典或经典的作品，成为茶席设计灵感的宝库，学习经典、解读经典、表现经典不亦乐乎？

《弟子规》为清代秀才李毓秀所作，是中国在农耕文明时期产生的训诫书文。文中举出为人子弟在家、出外、待人接物、求学应有的礼仪与规范，特别讲求家庭教育与生活教育，是启蒙养正教育子弟的绝好教本。开篇"弟子规，圣人训，首孝悌，次谨信，泛爱众，而亲仁，有余力，则学文"是文之核心。

这组茶席以《弟子规》的传统文化为设计主题，以中国传统的文房四宝——笔、墨、纸、砚为概念茶具。茶为墨汁，书做茶盘，笔为茶漏。在展示中融入动态展示设计：研茶为粉，不失高洁之气；紫砂茗壶，自古书香门第；武夷岩茶，追风崇安朱熹；提笔一挥，清气人间，巧妙地体现了童心尊师之礼仪，师德慧弟之恩泽。在这缕古朴的书味茶香之中传递了尊师重道的中国传统文化。

《青花世家》的灵感来源是中国第一高产作家张恨水的经典小说《金粉世家》。此席茶品正是纯料古树普洱，色如陈酿，透出中国世家的深远况味。以青花瓷为茶器，有正旦青衣之美，茶杯图案为鱼与莲的结合，代表了中国传统祝福之"金玉满堂"。四件茶罐的形制分别是亭盒、秀盒、敦盒、容盒，"亭、秀、敦、容"正是中国文人的四种品格，是中国传统世家的气派，大乘之器，品饮之时虽在厅堂之上，却相忘于江湖。中国人精致的日常生活才是所有美的中心，蕴含着数不清的文化根源。人类的真正价值，就在这日常的茶事生活中最为直接而又最为蕴藉地得以表现。

（十）意大利茶席——东西方的第一次亲密接触

《东西方相会》意在东西方的文化和艺术通过茶席得到交融与升华。此茶席主要元素是东方的茶与西方的葡萄酒。将酒引入茶席，恐怕是一种容易招致非议的重大突破。

由意大利布雷西亚LABA美术学院以后现代式的名画解构设计为背景，以浙江农林大学茶文化学院协助具体设计茶席设置为主体，为大家呈现出东西相聚的融合气象。茶席中的背景画、大橡木酒桶与红酒是西方和拉巴美术学院的代表，青瓷茶杯与天目幽兰是东方和茶文化学院的代表。背景画《最后的晚餐》《蒙娜丽莎》原作为意大利文艺复兴时期的经典。《最后的晚餐》原作中主要体现犹大背叛耶稣真相暴露时门徒惊异的场面，气氛紧张，经过解构之后，受难者耶稣竟以茶待客，突显平和，耶稣喝茶以平心气，体现茶的真谛；另一幅《蒙娜丽莎》一改画作中主人神秘的微笑主题，将创作者达·芬奇入画，喝茶作画，体现茶之性情。这种方式的融合与相会可谓奇妙，创意实在新奇。

一抹茶香迎八方远朋，一杯红酒敬万里嘉宾。此情此景，毋庸多语，只需用心静感茶之真味、酒之甘洌，不一样的味道，却是同样的情怀。

二、青春的印记
——浙江农林大学茶文化学院历届学生茶席作品赏析

浙江农林大学茶文化学院的"茶艺创意与呈现·茶席设计"课程已历六届学生。师生们经过几年来的创作与积淀，对茶席设计的认识由浅入深，观念由拘谨到开放，主题变得越来越丰富。同学们头脑中无穷无尽的大千世界仿佛都能与茶席设计相结合，体现了高校茶席设计的"实验性"。

从贴近大学生活的"忆友情""忆军训"，到表现"生态自然"的意境，有的进入文学世界，用茶席诠释"唐诗宋词""红楼三国"，有的是表达自己对不同种族、宗教在"本体论"层面的理解，甚至有茶席直接以"世界末日"为题，叩响了茶文化的天问。茶席的表现形式也由单一走向多元，书法、绘画、舞蹈、音乐、雕塑、插花、服装、道具、灯光、布景，乃至微电影，多种多样的艺术手段都能在同学们的茶席设计中找到。

虽然在小小的课堂之中，限于时间、空间、资金等因素，同学们的作品不可能尽善尽美，但他们天马行空的想象力足以寄托于茶席的方寸之间，青春的印记是一方美的所在，从绿叶的经络中游走而来的思绪，编织成了这片异彩纷呈的茶席世界。

（一）"中国茶谣"精华：儒、道、佛三家茶礼

儒、道、佛三家茶礼是大型舞台艺术呈现"中国茶谣"中最重要的茶礼展示，体现了茶与中国文化中的精华，而三家茶席则是外在体现的主要载体，尤为重要。

1. 《儒家茶礼》茶席

《儒家茶礼》又称《礼茶》，主要体现儒家学说的核心精神"仁"，体现了人与人之间互为依存、互助、互爱，因此总体设计为二人共用一套茶具。使用的茶桌为汉几，红漆为底色，上有黑色如意纹。茶具采用宜兴紫砂，虽然到明代才出现，但兼有陶器的特点。紫砂的颜色收敛、敬慕，符合儒家不偏不倚的中庸之道。紫砂壶用的是光货，壶身圆润、简洁，与儒家茶礼整体意境相合。茶盘为竹制围棋盘，似对弈似品饮，茶盘左侧为红泥茶炉一套，另有茶匙、茶入各一。茶盘上为一壶及紫砂壶承，茶壶至于中线之上，前侧为两个紫砂菱花形茶盏，可配套相应的茶托。主泡一男一女，身着汉服。所配音乐为古琴曲《思贤操》。

2. 《道家茶礼》茶席

《道家茶礼》又称《仙茶》，所用茶席要体现天人合一的境界，因此采用的是景德镇的青花茶具，冲泡的茶品为八宝养生茶。道家茶桌为深棕色长方形茶桌，用于立式冲泡。茶桌中央配有太极图桌旗，背景为八扇藏青色的移动屏风，上面分别有八卦卦象及云纹。主体茶具为青花刀字文盖碗，有天地人三才和合之意。配以青花福寿纹碟9个，内盛八宝养生茶品。出水器为纯铜提梁壶。焚香用道家筒式炉，但可根据场地调节。主泡身着道袍，手执拂尘。所配音乐为小泽征尔指挥版《二泉映月》。

3. 《佛家茶礼》茶席

《佛家茶礼》又称《禅茶》，主要表现茶禅一味的境界，肃静而庄重，根据场景和意境的要求，主要采用青瓷茶具。茶席设于案几之上，配

以禅凳，为坐泡。案几上置竹茶盘，茶盘居中，上面配有哥窑茶具。青瓷中哥窑比弟窑更显稳重。其中款式古朴稳重的茶壶一个，茶盏托及茶盏一套，提梁壶一个，茶道组及茶入各一。茶席最前设一三足鬲式炉，焚香静心、行礼，以增禅意。

（二）道家潇洒的况味：《茗可名》

作者：茶文化102　刘方冉　张洁洁　谭志翔　孟范东

茶人应谦和平静，能随环境变通，内心却有所秉持。饮茶是一种心灵寄托，可以知琴心，游棋局，增书香，添画韵，醒诗魂，解酒困。《老子》第一章："名可名，非常名。"而茗可名，就是我们可以给茶赋予各种名字、寄托情思，但对茶来说，它还是它自己，依然是那山中瑞草、南方嘉木。我们在行走的过程中，难免被贴上各种标签、承受各方的压力，但在时间的历练里要记得最初的自己，学会放下身外的羁绊，给心灵减压。

采用茶席与舞蹈相结合的表现形式。舞为外，茶为内；舞为形，茶为心。形动是为外化，心静是为内不化。《知北游》有云：古之人，外化而内不化；今之人，内化而外不化。古人得之。

茶席上，茶品选用铁观音，原因有三：茶韵耐人寻味；茶香淡雅清远；"观""音"，也有倾听内心的声音，寻找茶之初、回归平静的意义。哥窑釉质晶莹，天然的开片有着自然古朴的美。盖碗造型秀美，适合女性使用；三只梅子青斗笠盏，是"一蓑烟雨任平生"的潇洒；淡蓝色的粗麻布与竹帘，干净宁静。四面悬挂的长绸扇，通过悬挂绸扇，扩大茶席的呈现空间。赋予茶席错落的空间感；由浅入深的水墨色，有着中国风的韵味；绸扇与舞蹈元素相和谐。风过帘动，萧萧黄叶，是当季的景致，营造平和自在的意境。音乐选用《细雨松涛》，古琴、箫与排箫的结合，悠远空灵而不失顿挫的古韵，水声鸟语让人寓身于境，平静内心。冲泡结束后，茶艺师撤去所有茶具，仅将盖碗留在席中，寓意着循其本，茶还是茶，通过茶获得平静的心境。

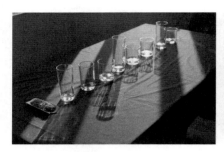

《春之声》茶席

（三）鲜醇的圆舞曲：《春之声》

作者：茶文化092　魏子千

将西洋音乐元素融入茶席是此席的亮点。作者将约翰·施特劳斯的圆舞曲《春之声》那种轻快的、富有动感与节奏的美好旋律与绿茶的玻璃杯冲泡达成了艺术上的"通感"。虽然整个茶席异常简约，只是纯黑铺垫上排列了高低各异的八个玻璃茶杯，但我们通感茶杯清澈透明的质感以及高低错落的布局，已经能从视觉上感受到音乐的节奏。茶品选用了细嫩的碧螺春，运用上投法，配合各玻璃杯中不同的水位，将茶品本身的美感表现得十分壮观。正如哲学家罗素所说，这个世界正因错落有致而美。更难得的是，作者经过反复试验，根据八个玻璃杯不同的体积以及其中的水位与投茶量，能够组成一部完整的音阶，并通过茶匙的轻轻击打演奏出如《春之声》般美妙灵动的茶音乐。

（四）相见亦无事：《君子之交淡如茶》

作者：茶文化092　孙敏慧　吴幸忆　艾智全　杨鹏云

此茶席以君子之交为主题，主要表现了一对友人之间高雅纯洁的友谊。以书法与茶艺相结合，书写的内容是"相见亦无事"，表现君子内心的恬淡旷达，有林下之风。

以有着类冰类玉之称的青瓷为主打茶具，象征君子之间的友谊冰清玉洁。茶席插花为岁寒三友之一的竹，代表君子的高尚人格和忠贞友谊。背景音乐为古琴曲《鸥鹭忘机》，寓意君子相交无巧诈之心。茶圣陆羽说过，茶之为饮味致寒，为饮最宜精行俭德之人。而精行俭德的茶人即是君子，君子相交，一杯香茶足矣。

（五）陶渊明的幽灵：《东篱风韵》

作者：茶文化091　朱冬　茶文化101　王丽

茶席的创意源自陶渊明在《饮酒》诗中的两句——"采菊东篱下，悠然见南山"。这首诗表现了陶渊明隐居生活的情趣，于劳动之余，饮酒致

《君子之交淡如茶》茶席

《东篱风韵》茶席

《微电影与茶》茶席

醉之后，在晚霞的辉映之下，在山岚的笼罩中，采菊东篱，遥望南山。自然率真的情怀与茶的意境十分贴切，对今天的我们也不无启发，在现代化喧闹的尘世之中，我们已经不可能像陶渊明时代那样隐居山林，但是依然可以借助茶来修炼内心，净化思想，坚守内心的安静与闲适。大学生用茶席向先贤致敬，克服浮躁的情绪，宁静致远。用茶席表现东篱下的风韵，以茶养心，坚守心中的圣地。

茶品选择白茶"玉蝴蝶"。葫芦铁壶寓意福禄吉祥、健康长寿，守得住内心的宁静，可以达到养生的目的。陶碗一只，象征一个人独守清苦，安贫乐道，独与天地精神往来。竹垫、藤编茶人，体现了自然、朴素、生态和谐的理念。所配茶点为山楂。背景音乐选用古琴曲《酒狂》。茶席的解说词正是对诗意茶心的解读：日夕的山气，归还的飞鸟，一边采菊，一边饮茶，早已"得意忘形"，人皆有欲，人欲无忌，人欲有异，人欲无边，而人欲有限。唯知足常乐。"采菊东篱下"为一俯，"悠然见南山"为一仰，俯仰之间参悟人生。

同学们通过这个茶席，体验以茶修心，净化思想，安贫乐道，崇尚自然，生态和谐的境界。

（六）青春的印记：《微电影与茶》

作者：茶文化092　俞仙东　郭可强　钱泽球　王瑞芳

微电影如何进入茶席呢？作为茶席的背景，这一新兴的艺术手法别有妙用。这个茶席想表现一种如火如荼的另类生活如何走向平静。一个静态的茶席显然很难表现一种心路历程，于是同学们尝试了微电影的剧情拍摄，作为茶席背景。他们将自己生活的校园环境作为蓝本，演绎了一段青春年少、热血方刚时的恩怨情仇。进而受到禅茶的浸润，领悟了人生的真谛。禅茶五泡，一泡苦涩、二泡甘香、三泡浓沉、四泡清冽、五泡平淡，犹如人生的少年、青年、壮年、中年与暮年。

（七）千古风流茶会：《兰亭雅集》

作者：茶文化101　王春芳　林晓清　王丽　金晓晖　张英彪　李万漳

王羲之的兰亭集会原本是一场酒会，曲水流觞，但这一茶席偏将这一千古风流的雅集以茶会的形式表现出来，别有一番意蕴。茶席主体为曲水，从左至右，以不停流动的水作为整个茶席的动感点。河流以防水纸作为河床，弯曲、由大及小。一片竹筏悠悠地晃荡在江水上，汲一壶清茶，尽显悠闲从容的人生之态。上游为一座饮茶会友的小亭，藤蔓缠绕。左后方为一四折屏风，可边进行茶艺冲泡，边即兴书法而成背景。

《兰亭雅集》茶席

《三杯茶》茶席

茶具选用紫砂，显古典之美。杯托形似竹筏，有漂浮的美感。根状壶承，衬出主体茶具。音乐配的正是《曲水流觞》。茶食是亲手制作的茶品——抹茶豌豆酥。茶席冲泡时，水流涌动，古琴声起，颂之以《兰亭集序》，千年前的风雅宛如眼前。

（八）异国的茶人精神：《三杯茶》

作者：茶文化101　李菊萍　严琦勇　庞乐瑶　张芳萍

《三杯茶》原本是一部小说的名字。小说中有一首感人的诗：敬上第一杯，你是我无意间救起的陌生人，一杯温茶，一句慰问；奉上第二杯，你是给我们带来希望的救赎，一杯红茶，一份感激；第三杯茶，你是我们永远的朋友，茶愈浓，情更切！以这样一个故事为创作出发点，同学们设计了一个巴基斯坦风味的异国茶席。

一位登山家，游历巴基斯坦境内，荒山野岭，烈日炎炎，不甚摔落昏迷。当他醒来时，发现躺在村庄的一位农户家里，头上已包扎的伤口还略微作痛。他走下床来到厅内，虔诚祷告的女主人给他斟上一杯红茶，他心存感激，一饮而尽。他们没有共通的语言，却都明白对方的心意。此后，他没有忘记那个村庄，经常给村庄带来外面的信息，给村庄带来希望。当他第二次来到女主人家，她仍然给他斟上一杯红茶，此刻冲泡着糖的红茶，娓娓飘出了感激的馨香。当第三次在她家喝上浓浓甜香的红茶时，已时过经久，同样的茶具、同样的茶叶、同样的冲泡，二人微笑着感激，对饮时刻，时间凝固，此刻，你是我永远的朋友！

　　茶品是斯里兰卡的红茶，茶具为铝制茶壶1只、白瓷茶杯（带托）2只、白糖杯1只、铁勺1只、茶巾1块。茶艺师身着穆斯林服饰。铺垫也选择了浓郁的巴基斯坦风格花纹。整个茶席不仅展示了巴基斯坦地区的茶饮风貌，还变现了一个主题：有茶的世界，不论在何方，都有真诚交流的心灵。

（九）《太极生两仪》

作者：茶文化092　吴家真　李圣雄（韩国留学生）

　　此茶席的创意缘于太极文化，是中韩两国的学生对于茶道茶礼的认知与看法，以及对于道家与茶的跨地域文化属性探索。太极生两仪，一中一韩、一男一女、一阴一阳，借着茶这种灵物进入玄妙的境界。

《太极生两仪》茶席

茶席的铺垫与坐席融为一体，呈现为一幅太极图，阴阳鱼眼分别摆放两套茶具，茶具图纹略有不同，但规制相同。运用桃花的意象源于桃花的隐逸与仙风，桃枝用做茶针，与桃花图案组成一枝。主体茶具为象征天、地、人的盖碗及公道。太极生两仪，两仪生四象，四象生八卦，阴阳两部分共八只品茗杯代表八卦。道生一，一生二，二生三，三生万物。万物源于一，终归于一，所以八只品茗杯的水最后入太极图中心的同一只水盂中。茶品为广西六堡茶，性温，安神理气，与养生契合。

人法地，地法天，天法道，道法自然。在自然中，人与物都要有和谐的状态。因此，茶具摆放有内有外，有主有次，各个相合，茶成！

（十）谁与芳魂共饮：《聊斋》

作者：茶文化092　杜静宇　王雨菲

茶席背景源自《聊斋志异》中的意境，某书生夜读困倦，正欲沏茶，温杯之际，发现面前画中有人影浮动，画中的女子也开始沏茶，婀娜身姿，倩影滑动。迷离之际，书生便同女子一同低斟高酌，相互应和，沏毕，书生走入画中，与女子共酌一杯香茗。浑黑一片之后，画中书生与女子皆去，只余茶席空悠悠。两张茶席表现阴阳两界，流水代表阴，浮灯代表阳，以茶作为介体连通两个世界及其中的人物，以茶做媒促和穿越阴阳的爱情。

茶席作者大胆地将茶席置于竹制水盘中，营造出在水一方的清新素雅。温润的青瓷器皿至于水中，粗糙的岩石，游动的小鱼，嫩绿的苔

《聊斋》茶席

藓，细腻与粗犷、动与静的结合，宛如亭台水榭的缩影呈现于世人眼前。另一张茶席上，布置成古朴的文人桌案。朱砂壶、孟臣罐，一卷书，一盏灯，一书生自斟自饮，不时凝望画中女子。整个茶席作品包含了中国鬼文化（聊斋）、皮影与茶的创新结合，结合光影的运用，以故事表演的形式呈现。

参考书目

[1]乔木森：《茶席设计》，上海文化出版社2005年版。

[2]蔡荣章：《茶席·茶会》，安徽教育出版社2008年版。

[3]池宗宪：《茶席：曼荼罗》，生活·读书·新知三联书店2010年版。

[4]池宗宪：《茶壶：有容乃大》，生活·读书·新知三联书店2010年版。

[5]池宗宪：《茶杯：寂光幽邃》，生活·读书·新知三联书店2010年版。

[6]古武南编著：《茶21席》，安徽人民出版社2013年版。

[7]［英］简·佩蒂格鲁（Jane Pettigrew）：《茶设计》，邵立荣译，山东画报出版社2013年版。

[8]刘枫主编：《历代茶诗选注》，中央文献出版社2009年版。

[9]中国非物质文化遗产保护基金会：《茶未荼蘼——茶事与生活方式》，凤歌堂出品，2013年。

[10]关剑平：《茶与中国文化》，人民出版社2001年版。

[11]江静、吴玲编著：《茶道》，杭州出版社2003年版。

[12]顾希佳、蔡海榕：《茶与传统文化》，作家出版社2007年版。

[13]王从仁：《中国茶文化》，上海古籍出版社2001年版。

[14]王建荣、郭丹英：《中国茶文化图典》，浙江摄影出版社2006年版。

[15]王国安、要英：《茶与中国文化》，汉语大词典出版社2000年版。

[16]陈文华主编：《中国茶艺馆学》，江西教育出版社2010年版。

[17]王玲：《中国茶文化》，九州出版社2009年版。

[18]徐晓村主编：《茶文化学》，首都经济贸易大学出版社2009年版。

[19]王旭烽等：《〈中国茶谣〉的创意与文化呈现》，中国社会出版社2008年版。

[20]王旭烽：《品饮中国：茶文化通论》，中国农业出版社2013年版。

[21]陈文华：《中国茶文化学》，中国农业出版社2006年版。

[22]周文棠：《茶道》，浙江大学出版社2003年版。

[23]董尚胜、王建荣编著：《茶史》，浙江大学出版社2003年版。

[24]汤一编著：《茶品》，浙江大学出版社2003年版。

[25]周文棠：《茶馆》，浙江大学出版社2003年版。

[26]胡小军：《茶具》，浙江大学出版社2003年版。

[27]王建荣、周文劲、高虹编著：《茶艺百科知识手册》，山东科学技术出版社2008年版。

[28]宋伯胤：《品味清香：茶具》，上海文艺出版社2002年版。

[29]姚国坤、胡小军：《中国古代茶具》，上海文化出版社1998年版。

[30]中国茶文化大观编辑委员会：《茶文化论》，文化艺术出版社1991年版。

[31]茶人之家编：《茶与文化》，春风文艺出版社1990年版。

[32]林清玄：《平常茶 非常道》，河北教育出版社2008年版。

[33]［唐］陆羽原著、紫图编绘：《图解茶经》，南海出版公司2007年版。

[34]姚国坤编著：《茶圣·茶经》，上海文化出版社2010年版。

[35]《品茶说茶》编辑委员会：《品茶说茶》，浙江人民美术出版社1999年版。

[36]姚国坤主编：《图说浙江茶文化》，西泠印社出版社2007年版。

[37]姚国坤主编：《图说中国茶文化》，浙江古籍出版社2008年版。

[38]周新华：《调鼎集》，杭州出版社2005年版。

[39]吴德隆主编：《茶魂之驿站》，杭州出版社2005年版。

[40]［明］文震亨原著、赵菁编：《长物志》，金城出版社2010年版。

[41]汪广松：《市井里的茶酒杂戏》，重庆出版社2007年版。

[42]俞鸣主编：《龙井茶图考》，西泠印社出版社2004年版。

[43]朱自振、沈冬梅、增勤编著：《中国古代茶书集成》，上海文化出版社2010年版。

[44]徐海荣主编：《中国茶事大典》，华夏出版社2000年版。

[45]陈宗懋主编：《中国茶经》，上海文化出版社1992年版。

[46]陈文华：《长江流域茶文化》，湖北教育出版社2005年版。

[47]中国茶叶博物馆编：《话说中国茶》，中国农业出版社2011年版。

[48]刘勤晋主编：《茶文化学》，中国农业出版社2000年版。

[49]于良子：《翰墨茗香》，浙江摄影出版社2003年版。

[50]于良子编著：《谈艺》，浙江摄影出版社1995年版。

[51]余悦编著：《问俗》，浙江摄影出版社1996年版。

[51]舒玉杰编著：《中国茶文化今古大观》，电子工业出版社2000年版。

[52]姚国坤、王存礼、程启坤：《中国茶文化》，上海文化出版社1991年版。

[53]庄晚芳、孔宪乐、唐力新、王加生：《饮茶漫话》，中国财政经

济出版社1981年版。

[54]刘志文：《烟酒茶俗》，辽宁大学出版社1988年版。

[55]王宣艳：《芳茶远播：中国古代茶文化》，中国书店2012年版。

[56]丁以寿：《中华茶艺》，安徽教育出版社2008年版。

[57]范增平：《中华茶艺学》，台海出版社2001年版。

[58]李曙韵：《茶味的初相》，安徽人民出版社2013年版。

[59]王仁湘、杨焕新：《饮茶史话》，社会科学文献出版社2012年版。

后　记

　　我与茶结缘，恐怕可以追溯到20多年前。有两件事情让我记忆犹新。

　　一是1987年的时候，那时我还在厦门大学考古专业读书，暑假里和同学一起到漳州地区的漳浦县做暑期文物调查。7月的某一天，赶上当地一座古墓被盗掘，我们就参与了抢救发掘工作。从墓里挖出石碑来，是我在现场释读的，得知是明代户部、工部侍郎（死后追封尚书）卢维桢的墓。墓里出土一只三足鼎紫砂壶，底刻"时大彬制"四字。出土时，壶里还满满装着茶叶（后经鉴定是安溪铁观音茶）。当时的我孤陋寡闻，这件大彬壶还上手摩挲过，并不知道它有多大的来头。后来才知这是一件堪称国宝的文物。我生平唯一的一次田野考古经历（考古实习除外），竟然就和茶器结上了缘。

　　再一次，是临近大四的那个暑假（1988年），我带着帮学校新图书馆搬书打工挣来的一百来块钱，独自跑到武夷山去玩。九曲溪、天游峰、大王峰、玉女峰、一线天、鹰嘴岩……一一都跑到了。后来忽然想起书上看到过，武夷山里有一株"大红袍"老茶树，生在峭岩上，寻常采茶人都爬不上去，还要训练猴子上去采茶叶（书上是这么写的），引起了我极大的兴趣。于是我决定一个人去山里寻访这株老茶树。

那时的武夷山还没有被列入《世界文化遗产》名录，不像现在这样游人如织，"大红袍"茶树这个景点也没有开发出来，非常难找。我边走边问，因为语言不通，不知不觉地走进了深山里的一个村落，竟然迷了路。眼看天色将黑，心下也不免有些忐忑。后来不知想了什么办法，竟然还是成功地找着路从山里出来了。在快回到中心景区的路上，无心插柳地，就和这株"大红袍"茶树照了面了。那一天走了不下几十里山路，又累又渴又饿，最后终于还是见到了这株传说中的老茶树，心下真是感慨万千。

现在回想起来，年轻时候与茶有关的这两个经历，真像冥冥中安排好似的，注定让我这一生的职业生涯会和"茶"有着脱不了的干系。

我大学毕业之后，并没有干成自己原先一心想干的田野考古，而是到了与古物打交道的博物馆工作，而且一做就是20年。这20年中，因为自己兴趣驳杂，举凡与古物相关的东西，像印章、铜镜、钱币、家具、玉器、陶器、瓷器、书画等，都有所涉猎，为此还曾被博物馆的老领导劝诫过，说年轻人应该心无旁骛，专注研究某一门类才好。我嘴上应承，不免还是有些腹诽，想博物馆就是应该姓"博"么，该当什么都知道一点比较好。不过我的兴趣杂归杂，对有一样东西却似乎情有独钟，兴趣一直未尝或辍，那就是中国古代茶具。

大概从1994年开始，持续有两三年的时间，我一直为一本叫《茶博览》的杂志写稿。每期一篇，介绍博物馆内收藏的与茶有关的文物，印象里记得写过丁敬的《论茶六绝句》手卷、晋代陶瓷茶具、宣化辽墓壁画中的《进茶图》、清扬州八怪汪士慎的《煎茶图》、黄易的茶印"茶熟香温且自看"等。2005年，杭州出版社约我写一本名叫《调鼎集》的学术小品集，内容专讲中国古代炊具食具文化，其中我花了两章的篇幅，专门谈唐宋时期的各类茶具。后来又参与编写了一本叫《茶魂之驿站》的书，专谈"茶都"杭州的各色茶馆的，我分到的任务是写西湖风景区内的各种茶馆。为了写这本书稿，我重把西湖三竺两峰又跑了个遍，为的就是寻访散布山水林壑间的风景茶室。回想这些年的烹文煮字生涯，我觉得除了在本职的考古研究之外，用力颇多的，恐怕还正是这中国茶文化呢，缘分可谓不浅。

2010年，我离开生活了20多年的杭州，从博物馆调到位于临安的浙江农林大学茶文化学院工作。很多朋友初始很不理解，我为什么会有这样大的跨越。其实我自己心里特别清楚，做出这样的决定，绝对不是一时冲动，其实也是渊源有自、有迹可循的。

刚到茶文化学院工作时，正赶上学院承办"2010杭州·国际茶席展"和"杭州国际茶文化空间（茶席）论坛"活动，我担任总统筹的工作。就在这时，我第一次接触到了"茶席"这种新鲜的事物，同时也对之产生了浓厚的兴趣。在征求王旭烽教授的意见后，我决定将"茶文化空间里的茶席设计"这个课题，作为我来校之后承担的第一个研究项目。

在本书前言里曾经提过，茶席设计这些年来在茶界非常热门，但对它的学术研究相对还是比较欠缺的，可资参鉴的成果并不多。浙江农林大学茶文化学院作为国内第一个茶文化本科生学院，自2006年创办以来，在教学实践中一直非常重视茶席创意设计这门课程。几年的实践下来，也确实积累了不少这方面的体会和经验。这次的课题研究，也正好是一个机会，将这些学术成果适时地做一个归纳和总结。课题组成员全部来自茶文化学院，每人都各有专长，各司其职，围绕茶席设计这条主线，从各自的学术领域加以阐发，最终汇集成这部20余万字的研究文集。

本书从开始筹划、撰稿到最后统稿付梓，前后历时四年。我在翻阅这三年的修改记录时，也是感慨万千。第一次统稿是在2012年初，适逢寒假期间，我在广东东莞一个小镇过冬，将各位老师的文稿汇总后作第一次的磨合与润色，当时的总字数大约是10万字。第二次统稿是在2013年初，也是寒假期间，我在云南西双版纳过冬，一边去考察山野中的老茶树和茶马古道遗迹，一边统稿修改，当时的总字数已有15万字。第三次统稿是在2013年的暑期，酷暑高温之下，每日伏案挥汗，其中甘苦唯有自知。最后统计了一下，总字数已达21万字，比第一次统稿时整整翻了一番。这说明在这三年之中，随着教学改革实践的不断深入，素材也越来越多，我们个人对于茶席设计的理念认识也在不断提升。这三年的沉淀与修炼过程，我现在回头想起来，是非常有必要的。

在课题研究的过程之中，我们参阅了不少茶文化界学者的学术成果，引用了他们的不少精辟见解，在书中都一一作了标注。尤其是乔木森先生的《茶席设计》，是国内第一本系统阐述茶席设计的专著，给予我们莫大的启发和帮助。其余参阅文献，则以参考书目的形式在书末作为附录加以说明，从中我们获益良多，在此一并致以谢忱。浙江农林大学茶文化学院2008—2011级的四届同学，他们在每年年底的茶席设计课程总结会上，总会呈现各种风格创意的精美茶席，给予我们一次又一次的惊喜。在本书中，也采纳了不少同学们的茶席创意作品个案，在此也向我们可爱的同学们表示感谢！

由于我们的课题研究也是在不断摸索实践的过程之中，书中观点或有不成熟抑或瑕疵谬误，敬请各界方家不吝赐教指正，以利我们今后不断提高进步。

浙江农林大学茶文化学科带头人、著名作家王旭烽教授自始至终对课题的研究给予高度重视，不断督促并指导课题组的研究实践，并亲笔为本书撰序。浙江大学出版社副社长、副总编黄宝忠兄是我多年好友，对本书出版亦给予大力支持和专业指导。经征得茶仙子鲍丽丽女士同意，本书插图采用了她《茶未茶蘼》一书中的部分精美图片。另外，我的两个研究生周佳灵和刘方冉在繁重的学业之余，也参与了部分文稿的整理工作。值此付梓之际，一并表示我们最衷心的感谢。

正如王旭烽教授序中所言，茶席"这是一方美好的所在"。我们希望这本小书的出版，能够给读者营造一个灵动生活的小小的美妙空间，是所愿焉。

周新华
癸巳初冬于浙江农林大学之两不厌室